气候变化对新疆种植制度的影响及麦豆两熟高产技术研究

◎ 徐文修　张永强　张山清　主编

中国农业科学技术出版社

图书在版编目（CIP）数据

气候变化对新疆种植制度的影响及麦豆两熟高产技术研究 / 徐文修，张永强，张山清主编. -- 北京：中国农业科学技术出版社，2024.7. -- ISBN 978-7-5116-6946-9

Ⅰ. S162.5；S512.1；S565.1

中国国家版本馆CIP数据核字第20248D5Z94号

责任编辑	张诗瑶
责任校对	李向荣
责任印制	姜义伟　王思文

出 版 者	中国农业科学技术出版社 北京市中关村南大街12号　　邮编：100081
电　　话	（010）82106625（编辑室）　　（010）82106624（发行部） （010）82109709（读者服务部）
网　　址	https://castp.caas.cn
经 销 者	各地新华书店
印 刷 者	北京建宏印刷有限公司
开　　本	185 mm×260 mm　1/16
印　　张	15
字　　数	365千字
版　　次	2024年7月第1版　2024年7月第1次印刷
定　　价	138.00元

◆◆◆ 版权所有·侵权必究 ◆◆◆

《气候变化对新疆种植制度的影响及麦豆两熟高产技术研究》
编委会

主　编　徐文修　张永强　张山清
副主编　唐江华　张　娜　普宗朝　杜孝敬　苏丽丽
编　者（按姓氏笔画排序）

王　娜　王荣晓　田彦君　只　娟　刘　文
安崇霄　苏丽丽　杜孝敬　李亚杰　李景林
张　娜　张山清　张永杰　张永强　陈传信
房彦飞　徐文修　徐娇媚　唐江华　黄红梅
符小文　彭姜龙　普宗朝

目 录
CONTENTS

第1章 绪　论 ··· 1
   1.1 研究背景与意义 ··· 1
   1.2 农业气候资源变化研究进展 ·· 1
   1.3 气候变化对种植制度影响研究进展 ·· 2
   参考文献 ··· 7

第2章 新疆自然资源概况 ·· 12
   2.1 新疆地貌 ·· 12
   2.2 新疆水资源 ··· 14
   2.3 新疆气候资源 ·· 14
   参考文献 ··· 16

第3章 研究方法 ··· 17
   3.1 农业气候资源分析方法 ·· 17
   3.2 种植制度概念和相关指标 ··· 21
   3.3 气象数据来源及要素 ·· 24
   3.4 研究区域划分 ·· 24
   参考文献 ··· 24

第4章 近50年来新疆农业气候资源时空变化特征 ································· 26
   4.1 新疆四季和年平均气温时空变化 ·· 26
   4.2 新疆无霜冻期时空分布及变化特征 ·· 30
   4.3 新疆≥0℃持续日数和积温时空变化 ··· 35
   4.4 新疆四季和年日照时数时空变化 ·· 39
   4.5 新疆旱作区气温、降水和日照时数的变化 ·································· 44
   参考文献 ··· 46

第5章 新疆气候变化对主要作物播种期及产量的影响 ·········· 49
5.1 气候变化对小麦播种期的影响 ·········· 49
5.2 气候变化对春玉米播种期的影响 ·········· 51
5.3 气候变化对棉花播种期的影响 ·········· 53
5.4 气候变化对棉花产量的影响 ·········· 57
5.5 气候变化对冬小麦产量的影响 ·········· 59
参考文献 ·········· 65

第6章 气候变化对新疆北疆多熟种植的影响 ·········· 66
6.1 气候变化对北疆熟制的影响 ·········· 66
6.2 主要热量资源变化对北疆熟制保证率的影响 ·········· 68
6.3 热量资源变化对北疆复种模式的影响 ·········· 70
参考文献 ·········· 75

第7章 气候变化对新疆棉花种植区划的影响 ·········· 76
7.1 研究区概况 ·········· 76
7.2 南疆热量资源变化特征 ·········· 77
7.3 气候变化对南疆棉花种植区划的影响 ·········· 80
7.4 天山北坡经济带热量资源变化特征 ·········· 82
7.5 气候变化对天山北坡经济带棉花区划的影响 ·········· 84
7.6 结论 ·········· 86
参考文献 ·········· 87

第8章 滴灌冬小麦水肥一体化技术研究 ·········· 89
8.1 冬小麦适宜滴灌量研究 ·········· 89
8.2 滴灌冬小麦适宜施氮量研究 ·········· 96
8.3 施氮量对麦田土壤氨挥发的影响研究 ·········· 106
8.4 结论 ·········· 109
参考文献 ·········· 110

第9章 复播大豆品种和种植模式的筛选研究 ·········· 111
9.1 复播大豆不同品种生育进程和产量比较 ·········· 112
9.2 复播大豆适宜种植密度研究 ·········· 115
9.3 复播大豆不同株行距配置研究 ·········· 123
参考文献 ·········· 132

第10章　复播大豆水肥一体化技术研究 ····· 133
10.1　滴灌量对复播大豆产量形成的影响 ····· 133
10.2　水氮耦合对复播大豆产量形成的影响 ····· 141
10.3　膜下滴灌量对复播大豆耗水特性及产量形成的影响 ····· 150
参考文献 ····· 166

第11章　冬小麦复播大豆土壤耕作措施研究 ····· 168
11.1　土壤耕作措施对麦后复播大豆产量形成的影响 ····· 168
11.2　土壤耕作措施对复播大豆农田土壤理化性质的影响 ····· 176
11.3　周年土壤耕作组合对麦-豆土壤氮素转化及产量的影响 ····· 180
参考文献 ····· 193

第12章　复播大豆土壤有机碳的研究 ····· 195
12.1　耕作措施对复播大豆农田土壤有机碳的影响 ····· 195
12.2　水氮耦合对麦后复播大豆农田土壤固碳效应的影响 ····· 200
12.3　有机肥和氮肥周年组合对麦豆轮作中复播大豆土壤碳的影响 ····· 208
12.4　膜下滴灌量对复播大豆农田土壤有机碳的影响 ····· 214
参考文献 ····· 218

第13章　冬小麦复播大豆周年高产栽培技术 ····· 220
13.1　冬小麦高产栽培技术 ····· 220
13.2　麦后复播大豆高产栽培技术 ····· 226
参考文献 ····· 229

第1章 绪 论

1.1 研究背景与意义

受人类活动向大气中排放CO_2、CH_4等温室气体影响,近百年来,全球气候呈现以暖为主的变化趋势。第五次联合国政府间气候变化专门委员会(IPCC)评估报告指出,1880—2012年,全球地表平均温度已经升高了0.85℃,较1906—2005年的全球地表平均温度增加了0.11℃。其中,1951—2012年全球平均地表温度的气候倾向率为0.12℃/10年,几乎是100年前的两倍,说明近61年全球增温趋势明显。众多学者对我国的气候变化研究得出,我国近百年来(1908—2007年)地表平均气温已升高1.1℃。其中,1961—2010年,我国年平均气温的气候倾向率为0.27℃/10年,较1951—2004年增加了0.02℃/10年,表明近50年我国增暖趋势较明显。由于我国地域广阔、地形差异大等原因,不同地区对气候变暖的响应各不相同。整体上,中国气候表现为大范围增温,以北方地区增温尤为显著。其中,地处我国西北边陲的新疆与全国气候变化的趋势相似,近50年气温上升明显,降水增多,呈"暖湿化"变化,这一改变将对新疆热量资源的增加起到积极促进作用。由于农业对气候变化尤为敏感,因此,热量资源的增加对当地熟制、作物区划、农作物生育期的延长、产量的增减以及品种的更新都具有举足轻重的意义。

新疆地域辽阔,热量和降水资源分布不均衡,在其特殊的地理、地形条件和干旱气候共同作用下,该地区生态环境非常脆弱,气候变化势必会影响到该区作物布局、熟制区划、棉花和玉米等主要作物的播期、产量和品种熟性等方面。因此,了解新疆特殊的生态环境对未来气候变化的响应,明确气候变化对新疆种植制度的影响极其重要,其对种植业结构优化、合理作物布局、提高作物复种指数、促进作物高产、增加农民收入和促进农业全面持续发展具有重要的现实意义,同时可为新疆维吾尔自治区制定农业综合发展战略、区域开发、主要作物种植区划和农业资源高效利用提供理论依据和参考。

1.2 农业气候资源变化研究进展

近年来,全球气候变暖已成为人类面临最复杂的挑战之一。为阻止或延缓全球气候变暖的趋势,各国的科学家开始广泛关注气候变化问题的研究,并取得了一些进展。国内总体上是基于全国，以及东北、华北、华南、西南和西北地区，对近几十年的年、季、月平均气温、降水和极端气候的变化进行了研究。学者们通过分析气象资料后得出，我国气候变化趋势与全球变化基本一致，将继续出现变暖趋势。1961—2000年全国除四川东北部和南部地区的气温略有下降外，全国大部地区气温呈明显上升趋势，其中，1961—2010年中国陆地年平均气温的上升速率为0.27℃/10年，比1951—2001年高出0.02℃/10年。从降水量上看，近百年（1900—2000年）我国年降水量呈下降趋势，平均下降了5.0~8.0 mm。秦大河等（2005）通过构建数据模型分析得出，到2100年，我国年平均气温将上升3.9~6.0℃，年降水量可能增加11%~17%。与此同时，我国各地气候变化呈现出明显的空间差异性，气温方面表现为纬度越高的地区变暖趋势越强，尤其是35°N以北地区变暖趋势明显，年降水量则有增有减，其中，华南大部分地区减少了0~5.0%，而新疆的中东部地区降水增加量可达到10.0%~20.0%，且气温上升明显。

新疆位于我国西部边陲，拥有独特的自然地貌，其干旱少雨的自然条件使其对气候变化显得十分敏感。有关新疆气候变化研究的区域主要集中在全疆、南北疆和部分县市，尤其是乌鲁木齐—昌吉地区、天山山区、阿勒泰地区、玛纳斯河流域和喀什地区的研究较多。研究内容主要涉及年平均气温、年降水量和极端气候变化。张家宝等（2002）对新疆20世纪50—80年代的气温变化进行分析得出，新疆气温变化存在明显上升趋势。1961—2010年，全疆、北疆、天山山区及南疆的年平均气温均呈上升态势，气温上升速率依次为0.32℃/10年、0.37℃/10年、0.34℃/10年、0.26℃/10年，均高于全球近50年气温上升速率0.13℃/10年。同时，1961—2010年新疆年平均气温上升速率为0.32℃/10年，高于1955—2000年新疆年平均气温上升速率0.27℃/10年。新疆各季平均气温总体均呈增温趋势，冬季气温上升速率为0.36~0.37℃/10年，1963年至今，乌鲁木齐市、伊宁市和克拉玛依市等地都出现了暖冬，北疆≥10℃的积温总体增幅高于南疆。从空间分布上看，新疆四季和年平均气温的空间分布呈现出"南疆高，北疆低；平原和盆地高，山区低"的空间分布格局。1961—2013年，新疆年平均气温和年降水量均呈显著上升趋势，气候倾向率分别为0.324℃/10年和16.238 mm/10年，四季平均气温和降水量亦呈上升趋势，其中冬季气温升高幅度最大，为0.39℃/10年；夏季降水量增多幅度最大，为4.799 mm/10年。在空间变化上，东疆、北疆西部和北部增温明显；北疆、南疆克孜勒苏柯尔克孜自治州、喀什地区西部和和田地区东部降水量明显增多。

1.3　气候变化对种植制度影响研究进展

各国学者在气候变化对农业影响的问题上也展开了诸多研究，研究内容主要围绕气候变化对作物种植界限及熟制、作物生育期和播期、种植区划、产量和品种布局等几个方面。

1.3.1　作物种植界限及熟制的变化

气候变化对不同作物种植北界也同样产生了影响，研究结果显示，全球气候变暖将使不同温度带向极地方向移动，年平均气温每增加1℃，北半球中纬度的作物带将在水平方向北移150～200 km，垂直方向上移150～200 m。而1985—2001年我国平均复种指数从143.0%增加到163.8%，气候变暖使我国两熟区界限北移至目前一熟制区域的中部，三熟制区域的界限向北向西扩展到目前大部分两熟制地区，其中，陕西省和辽宁省的一年一熟区和一年二熟区分界的空间位移最大。此外，冬小麦种植北界向北扩展了50.0～100.0 km，较20世纪60年代已向北推进近100.0 km，与1950—1980年相比，1981—2007年间热带作物种植面积增加了$0.8 \times 10^4 km^2$。若气候持续变暖，将促使我国的种植制度进一步发生重大变化，依据王馥棠（2002）对我国气候变化的推测结果，到2050年我国大部分地区的种植方式将发生史无前例的变革，在品种和生产水平不变的条件下，温度上升1.4℃，降水增加4.2%，将使中国多熟种植的面积发生变化：一熟种植面积可由当前的62.3%下降为39.2%，二熟种植由24.2%变为24.9%，三熟种植由13.5%提高到35.9%。如若不考虑水分条件及极端天气气候异常变化可能带来的不利影响，21世纪末期，全球平均气温上升4℃左右时，中国单季稻面积还可向北扩展50万hm^2，双季稻面积最大可扩展620万hm^2。

1.3.2 作物生育期和播期的变化

气候变化对作物生育期和播期的影响方面，各国研究的方向略有不同，Fitter等（2002）对英国南部植物开花进行研究得出，在20世纪90年代大约有350种植物的开花时间比前40年的平均提前了4.5～15.0 d。Menzel等（1999）依据1959—1993年国际物候花园（IPG）里的资料得出，近34年气温升高使欧洲作物的生长期增加了10.8 d。David等（2000）得出，高温将加速小麦叶片成熟，未来气候增暖可使小麦物候期缩短，生育期延长。

全国大面积的增温同样促使国内诸多作物的播期发生变化，虽然不同作物的播期改变存在一定差异，但气候变暖有利于我国大部分地区有效积温的增加，总体上有助于延长作物的生长周期。自1980年以来我国冬小麦各阶段的生育时期普遍提前，其中，返青期、起身期可提前1.0～14.0 d，拔节期、抽穗期可提早1.0～16.0 d。棉花的生育期变化与冬小麦趋势相似，当棉花生育期内气温偏高及日照时数增加，均有利于棉花生育期的缩短，尤其是棉花出苗期、现蕾期、开花期和吐絮期有明显提前趋势。研究表明，棉花播种时气温每上升1.0℃，其发芽和出苗时间将提前0.6～1.4 d。比较棉花整个生育期的平均值之后得出，20世纪90年代比60年代棉花生育期延长了5.2 d，其中，棉花的出苗可提前5.0～15.0 d，播种期至五叶期缩短2.5 d/10年，五叶期至现蕾期延长4.4 d/10年。另有研究结果显示，受温度、降水及太阳辐射量变化的影响，21世纪黄淮海地区以北的春玉米播种期较20世纪70年代普遍提前1～10 d，但东北局部地区春玉米平均播期则推迟1～2 d。

自20世纪80年代，新疆气候开始发生突变性的增温，加之新疆大面积采用地膜植棉技术，当地的棉花播期也同全国一样开始出现提前趋势。进入21世纪以来，北疆棉花播种时间和生育期均发生明显变化，北疆棉区棉花播种开始偏早，石河子市棉花的适宜播种时间提前到4月25日左右，较20世纪80年代提前了近1周，昌吉回族自治州的棉花适宜播期可从4月下旬提前至4月19日左右，乌苏市、沙湾县的棉花的适宜播期从4月下旬提前至4月中旬末。南疆两大棉区的适宜播期与北疆的变化不同，棉花的适播期并没有随着气温的增暖而有明显的改变。但是，冬小麦播期的变化较棉花具有一定差异，新疆冬小麦播种期在1991—2000年比1981—1990年推迟了4~8 d，冬前生长发育速度推迟，且随着气候增温，在过去认定的适播期里播种冬小麦，常会出现冬小麦冬前旺长现象，易使冬小麦在冬季和早春期间受到冻害侵袭。随着气候的变暖，新疆日平均气温通过10℃的初日越来越早，尤其是20世纪90年代以来偏早的趋势更加明显，10℃平均初日出现早的年份比迟的年份冬小麦平均生育期普遍提前。

1.3.3　作物种植区划的变化

农业生产的适宜性受自然条件的影响很大，其最直接的表现为作物种植制度和生产布局在不同区域之间的差异性。气候变化对作物种植区划的研究内容主要集中在两个方面，一是作物冷害风险区划，二是作物适宜播种区的区划。有学者应用综合风险指数和地理信息系统（GIS）方法，得出水稻的低、中和高的风险区，并提出避免冷害发生应适量减少水稻高风险区的种植面积。由于一些地区热量资源的不断增加，使以往因热量限制而不能种植作物的这些地区将有可能种植。为了更好地了解作物的适宜播种区，许多学者开始应用地理信息系统技术为作物做精细化的种植区划分析。陈艳华等（2014）应用GIS技术分析后得出，百合的可适宜种植区由西北向东南延伸扩大。闵程程等（2010）和刘灿等（2014）以年平均气温、油菜苗期降水量、蕾薹期平均气温和3—4月日照时数作为油菜的种植区划指标，将湖北省和重庆市的油菜种植区划分为油菜种植适宜区、次适宜区和不适宜区。刘明春等（2002）利用积分回归法得出棉花生产的区划指标，并运用模糊聚类方法更加细致地划分了河西走廊棉花适宜种植区。气候变暖已经使西北地区农作物种植面积和种植格局发生了较大改变。尤其是，20世纪90年代与80年代相比，由于温度升高，冬小麦种植北界向北扩展了50~100 km，且从海拔高度1 800~1 900 m向2 000~2 100 m扩展，种植面积扩大了10%~20%。马铃薯适宜种植区上限海拔高度也平均提高了100~200 m，马铃薯的适宜种植范围也有所扩大，尤其是甘肃陇中地区的种植面积扩大迅速。棉花适宜种植区海拔高度升高了100 m左右，仅甘肃种植面积就扩大了近10倍。冬油菜种植带向北扩展了约100 km，种植区海拔高度提高了100~200 m，种植面积扩大了大约1倍。胡麻的适宜种植上限高度提高了100~200 m，种植面积也明显扩大。

热量资源的增加，使新疆棉花的适宜种植范围也不断扩大。研究表明，随着气候变暖，新疆棉花的种植范围明显扩大。徐德源（1989）对新疆棉花生态气候区划研究表明，准噶尔盆地的精河、博乐、乌苏、沙湾、石河子、玛纳斯等县市的广大区域为次宜棉区。由于气候变暖、植棉技术水平的提高，研究者又对北疆棉区作了重新区划，宜棉区主要分布在准噶尔盆地海拔高度400 m以下地区。博乐、精河、乌苏、沙湾、石河子和新湖、芳草湖农场的广大平原地区已转变为宜棉区。王建刚等（2009）学者研究结果显示，新疆北疆的棉花可种植界限已从和布克赛尔蒙古自治县的184团向北扩展至乌伦古河的大片区域。棉花种植北界由45°01′N（莫索湾）北推到46°23′N（福海县），适宜种植区海拔高度提高了200 m左右。张山清等（2015）研究表明，1997年后较其之前，南疆地区中熟棉、中早熟棉区面积分别扩大17 682 km^{2}和43 033 km^2，早熟棉区面积变化不明显，特早熟棉区和不宜棉区分别减少

4 940 km² 和 56 589 km²。普宗朝等（2018）、张山清等（2019）研究气候变暖对果树适宜区的影响，结果表明，受气候变暖的影响，新疆杏、核桃气候适宜区和次适区明显扩大，气候变暖对新疆杏、核桃种植总体趋于有利。但新疆苹果适宜种植区明显减小，次适宜种植区明显扩大，不适宜种植区也有所减小；气候变暖对新疆苹果种植既有利也有弊，但总体弊大于利（张山清等，2018）。

1.3.4 作物产量的变化

气候变化对粮食产量的影响也逐渐成为气候变化研究的重点领域之一，且已有了大量研究成果。研究结果显示，在中高纬度地区，气温增暖会给当地农业生产带来有利影响，但在多数低纬度的地区，特别是干旱或半干旱地区，温度大幅升高会导致当地干旱加重从而造成作物减产。Battisti 等（2019）基于试验和模型分析结果指出，主要粮食作物在生长季节气温每升高 1℃ 直接造成减产 2.5%～16.0%，虽然存在区域差异，但总的趋势是减产，如美国生长季节内温度每增加 1℃，其中部地区的玉米、小麦、高粱和大豆等主要粮食作物将减产 5.3%。在全球气候变化研究中，温度升高对作物生长及产量的影响已经成为一个重要的研究主题。许多研究表明，随着温度的升高，作物的干物质及产量均会有所下降。模型模拟结果显示，在美国中部日平均温度增加 3℃，会导致玉米、小麦、高粱和大豆的产量下降 16% 左右，在亚洲水稻主产区，当前 CO_2 浓度状况下，平均温度每升高 1℃，水稻产量下降 7%。

气候变化对作物产量的影响因学者们所选研究区域不同而存在一定差异。居辉等（2005）研究表明，未来降水量的增加对华北和长江中下游的雨养冬小麦有增产趋势，而东北地区和西北地区的春小麦、西南地区的冬小麦则有减产趋势。熊伟等（2008）、金之庆等（2002）学者分别采用不同模型模拟未来我国气候变暖温室气体增加环境变化背景下玉米产量的变化，结果显示气候变化将导致我国玉米单产降低、总产下降，给我国玉米产业带来一定的损失，但却有利于东北大豆生产。秦大河等（2007）和林而达等（2006）的模拟研究表明，未来 30 年内我国种植业产量在总体上将因全球气候变暖而可能会减少 5%～10%，其中小麦、水稻和玉米三大作物均以减产为主。刘颖杰等（2007）认为，过去 20 年温度升高对东北地区粮食增产有明显促进作用，对华北、西北和西南地区粮食增产有一定的抑制作用，对华东、中南地区的粮食增产的影响不明显。肖国举等（2007）认为，气候变暖将会引起中国大部分地区的粮食产量下降，其中 1980—2000 年的气候变暖引起黄淮海农业区雨养小麦全面减产，并且黄淮海西部地区减产的幅度大于东部地区。邓振镛等（2008）研究表明，降水在适宜范围内，气候变暖可使旱作区农作物产量增加，但是在干旱地区，受气候变化的影响粮食产量可能增加。赵慧颖等（2008）对内蒙古大兴安岭东南部气候变化的研究却得出，当 ≥10℃ 积温每增加 100.0℃，玉米产量可增加 99.6 kg/hm²，小麦产量可增加 2.4 kg/hm²，马铃薯产量可增加 192.2 kg/hm²。依据 1961—2017 年气候资料，对黄土高原地区冬小麦生产潜力的研究表明，黄土高原地区冬小麦生育期内气温升高和降水量的增加使得冬小麦光温生产潜力和气候生产潜力均表现为显著增加趋势。缪丽娟等（2023）通过文献计量分析回顾了近 30 年黄淮海平原干旱研究的现状，20 世纪 60 年代以来，黄淮海平原气候总体上呈暖干化趋势，

1992—2021年黄淮海平原的干旱研究呈波动上升趋势，近年来干旱强度及频率增强减缓了粮食增产趋势，对北部粮食作物（夏玉米和冬小麦）产量的负面作用更为显著。有关气候变化对粮食产量影响的研究现状综述表明，气候变化主要通过温度、降水、CO_2浓度和极端气候等4个方面来影响中国的粮食产量，且区域性差异显著，利弊共存。赵彦茜等（2019）基于国内相关研究文献，综述了气候变化对小麦、玉米和水稻等主要粮食作物产量的影响，结果表明，近几十年来，小麦生育期内气温升高和辐射变化使我国北方小麦增产0.9%~12.9%，南方小麦减产1.2%~10.2%；气候变暖对玉米产量贡献率为-41.4%~0.4%；水稻生育期内气温升高和辐射增强有利于东北地区水稻产量增加，增产贡献率为1.01%~3.29%，而辐射减弱对长江流域等南方主要水稻种植区的水稻产量（长江流域晚熟稻除外）产生不利影响。苏芳等（2022）研究表明，积温和降水两大气候因子对粮食安全具有抑制作用。积温在1%的显著性水平上对粮食安全具有负向影响，降水在5%的显著性水平上对粮食安全产生不利影响。

一些学者对新疆部分县市作物产量受气候的影响研究得出，乌鲁木齐地区冬小麦冬前生长期间，气温升高和≥0℃积温增加，促进了冬小麦的产量增加。与冬小麦对气候变化的响应一致，气候变化也有利于棉花产量的增加，研究表明，棉花气候产量与同期≥10℃积温、无霜冻期以及棉花生长季不同时段的平均气温的相关性均为正相关。20世纪90年代棉花产量增产较多，相对于20世纪80年代增产了25.4 kg/hm²。虽然气候变暖对农作物的产量起到促进作用，但气候的逐步变暖也会给该地区带来突发性气象灾害，从而威胁到农业生产。

1.3.5 作物品种布局的变化

受气候变化的影响，作物品种布局发生明显改变。气候变暖引起的热量增加使中国南方水稻品种逐渐向北方扩展，冬小麦种植北界北移西扩，喜温作物播种面积比例增加。1950—2000年河南省冬小麦品种由以冬性为主演变到半冬性、弱春性占绝对优势，且其成熟期也明显提早。未来喜温作物的品种熟性可能向晚熟方向发展。原先我国东北地区北部不适宜种植玉米的区域，现在可种植早熟玉米；长江流域北部曾经只能种早熟稻和中熟稻的地区，现在可以种植中晚熟稻和晚熟稻；目前华北地区推广的强冬性冬小麦品种将被半冬性品种所取代，比较耐高温的水稻品种将在我国南方地区占主导地位。

综上所述，国内学者对我国部分省份作物种植北界、多熟种植区域变化以及棉花、小麦等主要作物的播期、产量进行了研究，也有部分学者研究了气候变化对新疆棉花区划以及个别县市作物产量、播期的影响，但对新疆的研究时间间距长短不一，且结果均缺乏区划空间上的描述。近年来，随着GIS在各个领域的广泛应用，GIS也被应用到了气候区划中，其可以很好地描述区划的空间范围和空间面积，为众多学者所采用。另外，研究的范围零散而少，更缺乏气候变化对整个新疆以及增温明显的北疆农业热量资源变化、作物熟制、主要作物种植区划及主要作物播期、产量等影响的研究。因此，课题组依托国家自然科学基金"新疆农业气候时空变化特征及对绿洲种植制度潜力影响及响应研究（31260312）""北疆干旱绿洲复播大豆高效低碳技术体系及机理研究（31560372）""新疆北疆绿洲麦豆轮作周年氮肥减施增效调控机理研究（31760371）"、2014—2015年新疆维吾尔自治区科技特派员法人承包县市技术服务项目"伊宁县复播大豆高产栽培关键技术研究与示范"、2023年新疆维吾尔自治区农业科技推广与服务项目"冬小麦复播大豆高产高效技术示范推广"以及新疆维吾尔自治区气象局科研项目（201127；201312）和公益性行业（气象）科研专项（GYHY201106025）等科研项目资助，历经10余年，全面系统研究了半个世纪以来新疆热量资源的时空变化以及其对作物熟制、作物播期、种植区划和产量等有关种植制度方面的影响，为气候变暖背景下提高新疆热量气候资源利用率、优化作物布局、提高复种指数、挖掘作物生产潜力和促进绿洲农田作物高产稳产提供科学的理论依据。同时，在此基础上针对北疆气温明显增加的现实，开展了北疆麦豆两熟周年高产高效栽培技术研究，一方面进一步验证气候变暖对北疆多熟种植的影响和发展多熟种植的可行性，另一方面，构建出北疆麦豆两熟周年高产高效栽培技术，为北疆充分利用热量资源，大力发展多熟种植，促进作物周年高产提供技术支撑，为北疆优化作物布局提供理论参考。

参考文献

白婷，2013. 北疆近50年负积温变化特征分析[J]. 吉林农业（4）：200-201.

曹占洲，毛炜峄，陈颖，等，2013. 近50年气候变化对新疆农业的影响[J]. 农业网络信息（6）：123-126.

曹占洲，毛炜峄，李迎春，等，2011. 近49年新疆棉区≥10℃终日和初霜期的变化及对棉花生长的影响，中国农学通报，27（8）：355-361.

巢清尘，周波涛，孙颖，等，2014. IPCC气候变化自然科学认知的发展[J]. 气候变化研究进展，10（1）：7-13.

陈鹏狮，米娜，张玉书，等，2009. 气候变化对作物产量影响的研究进展[J]. 作物杂志（2）：5-9.

陈艳华，郭俊琴，张旭东，2014. 基于GIS的兰州百合适生种植气候区划[J]. 干旱气象，32（1）：157-161.

邓振镛，张强，韩永翔，等，2006. 甘肃省农业种植结构影响因素及调整原则探讨[J]. 干旱地区农业研究，24（3）：126-129.

邓振镛，张强，蒲金涌，等，2008. 气候变暖对中国西北地区农作物种植的影响[J]. 生态学报，28（8）：3760-3768.

邓振镛，张强，万信，等，2005. 甘肃省农业种植结构性调整的发展战略与优化方案[J]. 地球科学进展，20（特刊）：108-112.

邓振镛，张强，徐金芳，等，2008. 全球气候增暖对甘肃农作物生长影响的研究进展[J]. 地球科学进展（10）：1070-1078.

翟治芬，胡玮，严昌荣，等，2012. 中国玉米生育期变化及其影响因子研究[J]. 中国农业科学，45（22）：4587-4603.

丁一汇，任国玉，赵宗慈，等，2007. 中国气候变化的检测及预估[J]. 沙漠与绿洲气象，1（1）：1-10.

冯利平，刘德章，韩学信，1990. 棉花生育阶段与温度、水分及日照的关系[J]. 华北农学报，5（1）：57-63.

付雨晴，丑洁明，董文杰，2014. 气候变化对我国农作物宜播种面积的影响[J]. 气候变化研究进展，10（2）：110-117.

傅玮东，2001. 终霜和春季低温冷害对新疆棉花播种期的影响[J]. 干旱区资源与环境，15（2）：38-43.

高俊灵，2009. 新疆界限温度10℃初日变化及其对冬小麦生育期的影响[J]. 中国农业气象，30（1）：120-122.

苟烈瑛, 孟之万, 马俊福, 1994. 石河子地区棉花播期的研究[J]. 新疆农业科技（1）：22-23.
郭建平, 2015. 气候变化对中国农业生产的影响研究进展[J]. 应用气象学报, 26（1）：1-11.
何清, 袁玉江, 李新建, 2000. 新疆主产棉区热量变化及对棉花生产的影响[J]. 新疆农业大学学报, 23（4）：27-36.
贺晋云, 张明军, 王鹏, 等, 2011. 新疆气候变化研究进展[J]. 干旱区研究, 28（3）：499-508.
胡琦, 潘学标, 邵长秀, 等, 2014. 1961—2010年中国农业热量资源分布和变化特征[J]. 中国农业气象, 35（2）：119-127.
胡婷, 胡永云, 2014. 对IPCC第5次评估报告检测归因结论的解读[J]. 气候变化研究进展, 10（1）：51-55.
霍治国, 李茂松, 王丽, 等, 2012. 气候变暖对中国农作物病虫害的影响[J]. 中国农业科学, 45（10）：1926-1934.
姜大膀, 富元海, 2012. 2℃全球变暖背景下中国未来气候变化预估[J]. 大气科学, 36（2）：234-246.
姜彤, 李修仓, 巢清尘, 等, 2014.《气候变化2014：影响、适应和脆弱性》的主要结论和新认知[J]. 气候变化研究进展, 10（3）：157-166.
金之庆, 葛道阔, 石春林, 等, 2002. 东北平原适应全球气候变化的若干粮食生产对策的模拟研究[J]. 作物学报（1）：24-31.
居辉, 熊伟, 许吟隆, 林而达, 2005. 气候变化对我国小麦产量的影响[J]. 作物（10）：1340-1343.
康丽娟, 巴特尔·巴克, 罗那那, 等, 2018. 1961—2013年新疆气温和降水的时空变化特征分析[J]. 新疆农业科学, 55（1）：123-133.
李富进, 2013. 谈新疆地区棉花生产中气候变化的影响[J]. 农业与技术, 33（4）：173-174.
李景林, 张山清, 普宗朝, 等, 2013. 近50年新疆气温精细化时空变化分析[J]. 干旱区地理, 36（2）：228-237.
李敬源, 钟晓云, 叶瑜, 等, 2014. 苍梧县砂糖桔低温冷害风险区划[J]. 气象研究与应用, 35（1）：63-66.
李克南, 杨晓光, 刘志娟, 等, 2010. 全球气候变化对中国种植制度可能影响分析Ⅲ中国北方地区气候资源变化特征及其对种植制度界限的可能影响[J]. 中国农业科学, 43（10）：2088-2097.
李兰, 杜军, 宋玉玲, 等, 2010. 近45年来新疆≥10℃期间积温和降水量的变化特征[J]. 中国农业气象, 31（增1）：35-39.
李立军, 2004. 中国种植制度近50年演变规律及未来20年发展趋势研究[D]. 北京：中国农业大学.
李庆祥, 彭嘉栋, 沈艳, 2012. 1900—2009年中国均一化逐月降水数据集研制[J]. 地理学报, 67（3）：301-311.
李硕, 沈彦俊, 2013. 气候变暖对西北干旱区农业热量资源变化的影响[J]. 中国生态农业学报, 21（2）：227-235.
李彦杰, 白学甫, 马琳, 等, 2010. 春季气温变化对塔城地区南部植棉区棉花播种期的影响[J]. 安徽农业科学, 38（28）：15745-15746, 15748.
李祎君, 王春乙, 2010. 气候变化对我国农作物种植结构的影响[J]. 气候变化研究进展, 6（2）：123-129.
李迎春, 谢国辉, 王润元, 等, 2011. 北疆棉区棉花生长期气候变化特征及其对棉花发育的影响[J]. 干旱地区农业研究, 29（2）：253-258.
李勇, 杨晓光, 王文峰, 等, 2010. 全球气候变暖对中国种植制度可能影响气候变暖对中国热带作物种植北界和寒害风险的影响分析[J]. 中国农业科学, 43（12）：2477-2484.
林春, 辜晓青, 祝必琴, 2010. 鄱阳湖区棉花种植气候区划[J]. 气象与减灾研究, 33（1）：58-62.
林而达, 吴绍洪, 戴晓苏, 等, 2007. 气候变化影响的最新认识[J]. 气候变化研究进展, 3（3）：125-131.
林而达, 许吟隆, 蒋金荷, 等, 2006. 气候变化国家评估报告（Ⅱ）：气候变化的影响和适应[J]. 气候变化研究进展, 2（2）：51-56.
刘灿, 徐前进, 陈志军, 等, 2014. 重庆地区油菜精细化气候区划研究[J]. 高原山地气象研究, 34（1）：

77-80.

刘德祥, 董安祥, 邓振镛, 2005. 中国西北地区气候变暖对农业的影响[J]. 自然资源学报, 20(1): 119-125.

刘德祥, 赵红岩, 董安祥, 等, 2005. 气候变暖对甘肃夏秋季作物种植结构的影响[J]. 冰川冻土, 27(6): 806-811.

刘明春, 刘慧兰, 张慧玲, 等, 2002. 河西走廊棉花适生种植气候区划[J]. 中国农业气象, 23(2): 53-56.

刘明春, 张峰, 蒋菊芳, 等, 2006. 河西走廊沿沙漠地区酿酒葡萄生态气候特征分析[J]. 干旱地区农业研究, 24(1): 143-148.

刘艳艳, 2010. 甘肃中东部旱作农业区气候变化特征及其对农业生产的影响[D]. 兰州: 西北师范大学.

刘颖杰, 林而达, 2007. 气候变暖对中国不同地区农业的影响[J]. 气候变化研究进展, 3(4): 229-233.

刘志娟, 杨晓光, 王文峰, 等, 2010. 全球气候变暖对中国种植制度可能影响Ⅳ. 未来气候变暖对东北三省春玉米种植北界的可能影响[J]. 中国农业科学, 43(11): 2280-2291.

陆嘉惠, 吕新, 2007. 新疆石河子垦区棉花生产区域优势评价[J]. 棉花学报, 19(1): 76-77.

罗瑞林, 2013. 气候变化对内蒙古春玉米产量影响的研究[D]. 呼和浩特: 内蒙古农业大学.

马世铭, 林而达, 马姗姗, 2011. 气候变化与农业产业、农村发展及农民民生[J]. 科学中国人(5): 20-23.

闵程程, 马海龙, 王新生, 等, 2010. 基于GIS的湖北省油菜种植气候适宜性区划[J]. 中国农业气象, 31(4): 570-574.

缪丽娟, 刘冉, 邹扬锋, 等, 2023. 黄淮海平原气候变化及对粮食产量影响研究综述[J]. 河南农业大学学报, 57(1): 10-20.

普宗朝, 张山清, 2018. 气候变暖对新疆核桃种植气候适宜性的影响[J]. 中国农业气象, 39(4): 267-279.

普宗朝, 张山清, 宾建华, 2012. 气候变暖对新疆乌昌地区棉花产量的影响——以玛纳斯、呼图壁县为例[J]. 干旱区资源与环境, 26(10): 28-35.

普宗朝, 张山清, 宾建华, 等, 2012. 气候变暖对新疆乌昌地区棉花种植区划的影响[J]. 气候变化研究进展, 8(4): 257-264.

普宗朝, 张山清, 王胜兰, 等, 2011. 近48 a新疆干湿气候时空变化特征[J]. 中国沙漠, 31(6): 1563-1572.

秦大河, STOCKER T, 2014. IPCC第五次评估报告第一工作组报告的亮点结论[J]. 气候变化研究进展, 10(1): 1-6.

秦大河, 陈振林, 罗勇, 等, 2007. 气候变化科学的最新认知[J]. 气候变化研究进展, 2(2): 63-73.

秦大河, 丁一汇, 苏纪兰, 等, 2005. 中国气候与环境演变研究中国气候与环境变化及未来趋势[J]. 气候变化研究进展, 1(1): 4-9.

任国玉, 郭军, 徐铭志, 等, 2005. 近50年中国地面气候变化基本特征[J]. 气象学报, 63(6): 942-956.

沈永平, 王国亚, 2013. IPCC第一工作组第五次评估报告对全球气候变化认知的最新科学要点[J]. 冰川冻土, 35(5): 1068-1076.

宋艳玲, 张强, 董文杰, 2004. 气候变化对新疆地区棉花生产的影响[J]. 中国农业气象, 25(3): 15-20.

苏芳, 刘钰, 汪三贵, 等, 2022. 气候变化对中国不同粮食产区粮食安全的影响[J]. 中国人口·资源与环境, 32(8): 140-152.

孙智辉, 王春乙, 2010. 气候变化对中国农业的影响[J]. 科技导报, 28(4): 110-117.

覃志豪, 唐华俊, 李文娟, 等, 2013. 气候变化对农业和粮食生产影响的研究进展与发展方向[J]. 中国农业资源与区划, 34(5): 1-7.

唐湘玲, 吕新, 2011. 石河子垦区气候变化与棉花产量的关系[J]. 湖北农业科学, 50(8): 1533-1536.

王馥棠, 2002. 近十年来我国气候变暖影响研究的若干进展[J]. 应用气象学报, 13(6): 756-764.

王馥棠, 赵宗慈, 王石立, 等, 2003. 气候变化对农业生态的影响[M]. 北京: 气象出版社.

王鹤龄, 王润元, 赵鸿, 等, 2009. 中国西北冬小麦和棉花生长对气候变暖的响应[J]. 干旱地区农业研究, 27(1): 258-263.

王建刚，王建林，徐建春，等，2009. 气候变化对北疆北部棉花生产的影响及对策[J]. 中国农业气象，30（增1）：103-106.

王荣晓，徐文修，只娟，2014. 阿勒泰地区近50 a积温时空变化趋势分析[J]. 新疆农业科学，51（7）：1246-1252.

王润元，2010. 中国西北主要农作物对气候变化的响应[D]. 兰州：兰州大学.

吴丽丽，2010. 川中丘陵区气候变化对粮食产量的影响——以四川省盐亭县为例[D]. 成都：四川师范大学.

肖国举，张强，王静，2007. 全球气候变化对农业生态系统的影响研究进展[J]. 应用生态学报，18（8）：1877-1885.

熊伟，杨婕，林而达，等，2008. 未来不同气候变化情景下我国玉米产量的初步预测[J]. 地球科学进展（10）：1092-1101.

徐斌，辛晓平，唐华俊，等，1999. 气候变化对我国农业地理分布的影响及对策[J]. 地理科学进展，18（4）：316-321.

徐德源，1989. 新疆农业气候资源及区划[M]. 北京：气象出版社.

许朗，刘金金，2013. 气候变化与中国农业发展问题的研究[J]. 浙江农业学报，25（1）：192-199.

杨飞，姚作芳，宋佳，等，2012. 松嫩平原作物生长季气候和作物生育期的时空变化特征[J]. 中国农业气象，33（1）：18-26.

杨恒山，侯立白，冯永祥，等，2000. 内蒙古西辽河平原冬小麦种植可行性分析[J]. 农牧产品开发（3）：28-30.

杨华，王巧莲，勾洪波，等，2007. 昌吉州棉区棉花生育期气候条件分析[J]. 沙漠与绿洲气象，1（3）：49-52.

杨明，2008. 近50年中国气候变化特征研究[D]. 南京：南京信息工程大学.

杨晓光，刘志娟，陈阜，2010. 全球气候变暖对中国种植制度可能影响Ⅰ——气候变暖对中国种植制度北界和粮食产量可能影响的分析[J]. 中国农业科学，43（2）：329-336.

杨晓光，刘志娟，陈阜，2011. 全球气候变暖对中国种植制度可能影响未来气候变化暖对中国种植制度北界可能影响[J]. 中国农业科学，44（8）：1562-1570.

叶尔克江，阿帕尔，尹建新，等，2011. 新疆近50年自然降水量气候变化特征分析[J]. 石河子大学学报（自然科学版），29（6）：737-741.

云雅如，方修琦，王丽岩，等，2007. 我国作物种植界线对气候变暖的适应性响应[J]. 作物杂志（3）：20-23.

张厚瑄，2000. 中国种植制度对全球气候变化响应的有关问题Ⅰ. 气候变化对我国种植制度的影响[J]. 中国农业气象，21（1）：9-13.

张厚瑄，2000. 中国种植制度对全球气候变化响应的有关问题Ⅱ. 我国种植制度对气候变化响应的主要问题[J]. 中国农业气象，21（2）：10-13.

张家宝，史玉光，2002. 新疆气候变化及短期气候预测研究[M]. 北京：气象出版社.

张强，邓振镛，赵映东，2008. 全球气候变化对我国西北地区农业的影响[J]. 生态学报，28（3）：1210-1218.

张庆彩，2010. 当代中国环境法治的演进及趋势研究[D]. 南京：南京大学.

张山清，吉春容，普宗朝，2019. 气候变暖对新疆杏种植气候适宜性的影响[J]. 中国农业资源与区划，40（9）：131-141.

张山清，普宗朝，李新建，2018. 气候变化对新疆苹果种植气候适宜性的影响[J]. 中国农业资源与区划，39（8）：255-264.

张延伟，李红忠，魏文寿，等，2013. 1961—2010年北疆地区极端气候事件变化[J]. 中国沙漠，33（6）：1891-1897.

张燕，刘洛春，李军建，2009. 五家渠地区气候变化及其对棉花产量的影响[J]. 沙漠与绿洲气象，3（2）：46-50.

赵慧颖，郝文俊，刘丽，等，2008. 内蒙古大兴安岭东南部气候变化对作物产量的影响[J]. 气候与环境研究，13（2）：199-204.

赵俊芳，郭建平，马玉平，等，2010. 气候变化背景下我国农业热量资源的变化趋势及适应对策[J]. 应用生态学报，21（11）：2922-2930.

赵彦茜，肖登攀，唐建昭，等，2019. 气候变化对我国主要粮食作物产量的影响及适应措施. 水土保持研究，26（6）：317-326.

郑冰婵，2012. 气候变化对中国种植制度影响的研究进展[J]. 中国农学通报，28（2）：308-311.

郑玉萍，张月华，2008. 秋冬气候变化对乌鲁木齐冬小麦播期的影响[J]. 沙漠与绿洲气象，2（2）：42-45.

周丹，张勃，李小亚，等，2014. 1961—2010年中国大陆地面气候要素变化特征分析[J]. 长江流域资源与环境，23（4）：549-558.

周曙东，周文魁，林光华，等，2013. 未来气候变化对我国粮食安全的影响[J]. 南京农业大学学报（社会科学版），13（1）：56-65.

周新保，2005. 河南省小麦品种更新及发展[J]. 种子世界（5）：5-7.

BATTISTI D S, NAYLOR R L, 2009. Historical warnings of future food insecurity with unprecedented seasonal heat[J]. Science, 323: 240-244.

BROWN R A, ROSENBERG N J, 1997. Sensitvity of crop yieled and water use to chang in a range of climate factors and CO_2 concentrationgs: a simulation study applying EPIC to the central USA[J]. Agricultural and Forest Meteorology, 83: 171-203.

DAVID W, REDDY K R, HODGES H F, 2000. Crop ecosystem responses to climate change and global crop Productivity[M]. New York: USA CABI Press: 45-73.

FITTER, 2002. Rapid changes in flowering time in British plants[J]. Science, 6: 1689-1691.

MATTHEWS RB, KROPFF MJ HORIE T, et al., 1997. Simulating the impact of climate change on rice production in Asia and evaluating options for adaptation[J]. Agriculture System, 54: 99-425.

MENZEL A, FABIAN P, 1999. Growing season extended in Europe[J]. Nature, 6: 397-659.

OLESEN J E, CARTER T R, DÍAZ-AMBRONA C H, et al., 2007. Uncertainties in projected impacts of climate change on European agriculture and terrestrial ecosystems based on scenarios from regional climate models[J]. Climate Change, 81: 123-143.

XIONG W, CONWAY D, LIN E D, et al., 2009. Potential impacts of climate change and climate variability on China's rice yield and production[J]. Climate Research, 40: 23-35.

第 2 章 新疆自然资源概况

新疆维吾尔自治区简称"新",也简称新疆,其地处亚欧大陆中心,既是古"丝绸之路"的重要通道,也是目前中国各省(自治区、直辖市)迈向中亚、西亚、南亚及欧洲的捷径。新疆位于我国西北边陲,位于34°25′~48°10′ N、73°40′~96°18′ E,除东南连接甘肃、青海,南部连接西藏外,与八个国家为邻,即东北部与蒙古国毗邻,北部同俄罗斯联邦接壤,西北部及西部分别与哈萨克斯坦、吉尔吉斯斯坦和塔吉克斯坦接壤,西南部与阿富汗、巴基斯坦、印度接界,边境线长达5 600 km之多,是我国边境线最长、对外口岸最多的一个省级行政区,这使新疆对外开放具有得天独厚的地缘优势,在历史上是古丝绸之路的重要通道,现在是第二个"亚欧大陆桥"的必经之地,战略地位十分重要。新疆土地总面积166.49×10⁴ km²,约占中国国土面积的1/6,是中国面积最大的省级行政区。

2.1 新疆地貌

地貌指地球表面各种起伏形态的总称。新疆地域辽阔,地形复杂,形成气候差异明显、水热分布极不均匀、自然条件多种多样的地貌特点。新疆独特的地形地貌可概括为"三山两盆"。新疆境内从北向南可分为北部的阿尔泰山、南部的帕米尔高原、喀喇昆仑山、昆仑山及阿尔金山组成的昆仑山系以及横亘于新疆中部的天山。天山把新疆分为南北两半,天山以南为南疆,南部是塔里木盆地;天山以北为北疆,北部是准噶尔盆地。高山环抱的地形结构对干旱环境的形成具有深刻影响。自山麓至盆地中心,规律地分布着倾斜洪积-冲积扇及洪积-冲积平原,盆地中心为广阔平坦的冲积平原和湖积平原,其上的疏松沉积物经风蚀而成大片沙漠。新疆沙漠面积43.04万km²,占中国沙漠面积的近60%。在两大盆地的四周分布着大小不等的点片绿洲。

2.1.1 北部和东部阿尔泰山脉

阿尔泰山脉是一条西北—东南走向的山脉,平均山脊线海拔不到3 000 m,最高的友谊峰海拔4 373 m。这块山地受断裂作用的影响,形成清晰的断崖并有地垒性的山间盆地镶嵌于低山区内,如春古尔、可可托海、青河以及东南部其他盆地。这些盆地规模不大,面积都不足500 km²。山地海拔多为2 000~3 000 m,4 000 m以上的高峰不多。在高山带,有小型的现代冰川。

2.1.2 准噶尔盆地及其西部山地

北疆的准噶尔盆地西宽东窄，在天山、阿尔泰山之间，总面积约38万km^2。其中盆地面积约18万km^2（其中含戈壁约7.2万km^2），呈不等边三角形形状，由东向西倾斜，盆地底部平均海拔为500 m，盆地边缘为绿洲和戈壁；中央为固定和半固定的古尔班通古特沙漠，沙漠面积5万km^2，是我国第二大沙漠；盆地西部山地，山体不高，且有阿拉山口、塔城盆地、伊犁河谷、老风口、和额尔齐斯河谷等向西开口的缺口，冷空气和水汽多由此进入新疆；盆地南缘的天山脚下，广大冲积扇平原上有辽阔的农业区。

2.1.3 天山山地

天山山脉东西横贯新疆中部，在新疆境内绵延1 700多km^2，把新疆分成自然条件差别明显的南疆、北疆两部分。习惯上又将吐鲁番、哈密一带称东疆。

山脊线海拔4 000 m以上，一般高度为4 000～5 000 m，最高峰托木尔峰海拔7 455 m。雪线高度，北坡为3 500～3 800 m，南坡为4 000～4 200 m。北坡较陡，有许多河流穿过，形成很深的峡谷。著名的风景胜地天池，位于博格达峰下的西北坡，为一狭长的堰塞湖，湖面海拔为1 940 m。新疆的天山山系，可分为数十个山段，夹有许多山间盆地和谷地。如昭苏—特克斯盆地、素称"新疆粮仓"的伊犁谷地、尤尔都斯盆地、乌什盆地、拜城盆地、焉耆盆地、吐鲁番盆地、哈密盆地等。其中，吐鲁番盆地中有低于海平面154 m的世界第二低地艾丁湖。

2.1.4 塔里木盆地

位于天山与昆仑山系之间，面积53万km^2，是我国最大的内陆盆地。盆地中部是面积为33万km^2的塔克拉玛干大沙漠，是我国面积最大的沙漠，是世界第二大沙漠。沙漠形态，大多为新月形流动沙丘。盆地平均海拔1 000 m，西高东低。我国最长的内陆河——塔里木河流经此盆地。盆地的北、西、南三面环山，只是东部形成一个"喇叭口"，冷空气经常会"东灌"进入南疆。

2.1.5 昆仑山系

南部昆仑山脉是西藏高原的一部分，它环绕塔里木盆地的南缘，形成一条向东突出的弧形山，其范围从帕米尔高原一直绵延到柴达木盆地的边缘及藏北高原的广大地区。在新疆境内，长达1 800 km以上，宽达150 km，平均山脊线海拔为5 000～6 000 m，新疆与克什米尔之间，耸立着海拔8 611 m的世界第二高峰乔戈里峰。整个山地可分为低山带、中山带和高山带，在高山带的起伏面上，耸立着皑皑雪山，雪线高度在4 000 m以上。

因受山地海拔高、气温低、坡度变化大以及盆地中部极端干旱缺水的限制，形成新疆主要的经济活动区分布在山麓与盆地中部之间的倾斜洪积-冲积平原上的格局；在水资源空间分布的制约下，又呈现绿洲沿盆地边缘镶嵌分布的特征。除塔里木盆地、准噶尔盆地外，在山地开阔处尚有许多山间盆地和谷地，这些谷地和盆地中，海拔较低的是重要的农业区，在海拔2 000 m以上的是重要的牧业区。

2.2　新疆水资源

全疆共有大小河流570多条，分布于天山南北的盆地，其中较大的有塔里木河、伊犁河、额尔齐斯河、玛纳斯河、乌伦古河、开都河等20多条。地表水年径流量882亿m^3，其中年径流量大于10亿m^3的河流18条，年径流量达526亿m^3，约占河川径流量的60%。人均地表水占有量5 146 m^3，是全国平均值的2.25倍，但是，单位面积产水量仅为5.3万m^3/km^2，位列全国倒数第三位。地下水资源量586.98亿m^3，但由于新疆地处欧亚大陆腹地，气候干旱，水资源受季节因素影响，时空分布极不平衡，地表水蒸发量大，致使一些地方水资源不足。伊犁州直属县（市）水资源总量最高，为195.81亿m^3，克拉玛依市水资源总量仅有0.6亿m^3。新疆有冰川2.27万条，冰川储量占全国冰川储量的43.8%。面积大于1 km^2的天然湖泊有139个，水域面积约5 500 km^2，占全国湖泊总面积的7.3%，居全国第四位。

2.3　新疆气候资源

新疆地处中纬度，不仅受温带天气系统左右，还常有极地冷气团侵袭，又受副热带天气系统甚至低纬度天气系统的影响，四周高山环绕，高度差悬殊，地貌多由盆地、谷地构成，地表分布着浩瀚的戈壁、沙漠，形成大陆性很强的温带大陆性气候。独特的自然地貌环境造就了新疆独特的气候条件。

2.3.1　光能充裕，日照时间长

新疆气候干燥，云量少，晴天多，光资源十分丰富，每年日照6 h以上的天数达250～325 d，全年日照时数平均达2 500～3 550 h，北疆2 588.6 h，南疆2 770.8 h，东疆2 866.5 h。新疆太阳总辐射量5 000～6 400 MJ/m^2，仅次于青藏高原。

2.3.2　热量丰富，气温年较差、日较差大

新疆远离海洋，四周高山环抱，是典型的温带大陆性干旱气候，全疆年平均气温为8.2℃，北疆6.7℃，南疆10.5℃，东疆10.9℃。准噶尔盆地南缘和北疆西部≥10℃积温为2 500～3 500℃·d，南疆在4 000℃·d以上，吐鲁番盆地高达5 400℃·d。新疆有中国最热的地方——俗称"火州"的吐鲁番盆地，最高气温曾达52.2℃（2023年7月16日）；也有中国第二寒极——富蕴县可可托海，最低气温达-52.3℃（2024年2月18日）。气温年较差多在

35℃以上，准噶尔盆地可达40~45℃；气温日较差平均为12~16℃，最大20~30℃。"早穿皮袄午穿纱"是气温变化剧烈的生动写照。

2.3.3 干燥少雨，蒸发量大

新疆深处内陆、远离海洋，属于大气水汽输送的末端，南有青藏高原阻隔印度洋水汽，所以随西风环流而来的大西洋的水汽成为西北干旱区唯一的水汽来源，大气降水是人类最主要的水资源，它也是河水、地下水的根本来源。新疆上空全年的水汽总流通量为13 797亿t，相当于长江流域的1/5左右，黄河流域的1/3。而新疆水汽的成雨（雪）率只有17.6%，而长江流域水汽的成雨（雪）率约为30%。新疆近30年（1991—2020年）的降水量171.8 mm，北疆264.79 mm，南疆126 mm，东疆降水量最少，只有57 mm。降水主要集中于夏季（6—8月），其次是春季，降水变率比较大。新疆年蒸发量大，一般为2 000~4 000 mm，蒸发量为降水量的几倍至几十倍。

2.3.4 山区水资源丰富

新疆总体上是一个缺水地区，但因地形条件，形成了部分丰水地带。新疆的西部、北部及中部的高大山脉为拦截深入内陆空中的由纬向西风环流带来的西来水汽和北冰洋的干冷水汽提供了有利条件，形成了干旱区山地降水远远大于盆地平原的特征。其中，天山山区、准噶尔盆地西部山区和阿尔泰山山区的年降水量达400~600 mm，与华北平原相当；山区迎风坡降水多于背风坡，其中，伊犁河谷的巩乃斯林场附近年降水量为800~1 000 mm，与淮河流域相当。山区总面积占全疆总面积的42.7%，多年平均降水量2 062亿m³，折合降水深度为294 mm，占全疆总降水量的81.1%。平原区面积（含沙漠和荒漠区）占全疆总面积的57.3%，多年平均降水资源量482亿m³，折合降水深度仅为51.1 mm，占全疆降水量的18.9%。就北疆和南疆分别而论，北疆山地降水一般在400~800 mm，盆地边缘降水一般在150~200 mm，盆地中心降水约为100 mm；南疆山地降水一般在200~500 mm，盆地边缘降水一般在50~80 mm，其东南边缘仅为20~30 mm，盆地中心降水仅为20 mm。山区的大气降水成为新疆河川径流的最主要来源。由于山区降水较多，山区降水量的年变化比我国东部要小很多，又有高山冰川的调节，使新疆河流流量的年际变化较小，因而在全国属于水源比较稳定、水资源比较多的省份之一，地表水年径流量为884亿m³。新疆山脉融雪形成众多河流，绿洲分布于盆地边缘和河流流域，绿洲总面积约占全区面积的5%，具有典型的绿洲气候特点。水源比较稳定是绿洲灌溉农业发展的重要基础。

2.3.5 风能资源丰富

风能是无污染、可再生的绿色能源，新疆风区多、风能储量大、开发潜力巨大，新疆陆上风能资源占全国总量近四成。新疆地面风速分布特点是北疆大，南疆小；北疆东部、西部和南疆东部大，准噶尔盆地和塔里木盆地腹部小；高山大，中、低山区小；风速较大区域呈孤岛状分布。在新疆有9个风能利用最有前途的风区。年平均风速，北疆、南疆东部及东疆多为4～5 m/s，其中阿拉山口、乌鲁木齐到达坂城等谷地可达6 m/s；全区每年近地面风能资源可提供的电力相当于9 000亿kW·h以上。其中，可以建立风力田的风能资源丰富区（即年平均风速6 m/s以上、年有效风能密度为2 000 kW·h/m²以上的地区）有阿拉山口、达坂城、哈密北戈壁等地。

2.3.6 新疆气象灾害频发

气象灾害种类多，一般常见的有干旱、寒潮、大风、暴风雪、雪灾、低温冷害、霜冻、雷暴、冰雹、暴雨山洪、干热风、沙尘暴、浓雾等，以及由其引发的次生灾害和衍生灾害，如洪水灾害、雪崩、泥石流、山体滑坡、塌方、沙害、病虫害、森林草原火灾等。新疆的气象灾害发生频率高、强度大、范围广，危害严重。但由于灾害发生的地区不同，相关因子也不尽相同。如南疆多"风沙"灾害，北疆多"雪、雾、冷"灾害。南疆5—9月干旱与否主要取决于该时段气温的高低，北疆冬春季干旱与同期降水量严重偏少密切相关。新疆气象灾害造成损失约占各种自然灾害数量的80%和直接经济损失的60%以上，已成为我国受气象灾害影响严重的省份之一。

参考文献

李景林，普宗朝，张山清，2018. 气候变化对新疆农业的影响及区划[M]. 北京：气象出版社.
孟现勇，王浩，刘志辉，等，2017. 基于CLDAS强迫CLM 3.5模式的新疆区域土壤温度陆面过程模拟及验证[J]. 生态学报，37（3）：979-995.
史玉光，2014. 新疆降水与水汽的时空分布及变化研究[M]. 北京：气象出版社.
史玉光，孙照渤，2008. 新疆水汽输送的气候特征及其变化[J]. 高原气象，27（2）：310-319.
苏宏超，沈永平，韩萍，等，2007. 新疆降水特征及其对水资源和生态环境的影响[J]. 冰川冻土，29（3）：343-350.
徐德源，1989. 新疆农业气候资源及区划[M]. 北京：气象出版社.
殷刚，李兰海，孟现勇，等，2017. 新疆1979—2013年降水量时空变化特征和趋势分析[J]. 华北水利水电大学学报（自然科学版），38（5）：19-27.
张学文. 张家宝，2006. 新疆气象手册[M]. 北京：气象出版社.
赵成义，施枫芝，盛钰，等，2011. 近50 a来新疆降水随海拔变化的区域分异特征[J]. 冰川冻土，33（6）：1203-1213.

第3章 研究方法

　　全书涉及的计算方法和研究指标主要包括农业气候资源分析方法和种植制度相关指标两大方面。气象数据均来自新疆维吾尔自治区气象局以及中国气象局国家气象信息中心数据共享网。研究区域为新疆维吾尔自治区全境，考虑到农业资源的区域性以及新疆主要绿洲种植区，将全疆分为南疆、北疆两大区域，其中北疆又划分为伊犁河谷、阿勒泰地区、天山北坡经济带等区域。

3.1 农业气候资源分析方法

3.1.1 气候倾向率

　　气候倾向率的算法通常用一元线性方程来描述气候要素的变化趋势，即

$$y_{(i)} = a + bt_i \ (i=1, 2, \cdots, n) \tag{3-1}$$

　　式中，t_i为年份，b为回归系数是线性方程的斜率，也就是气候要素的变化趋势。b为正表示随时间t的增加该气候要素有增加趋势，b为负表示随时间t的增加该气候要素有减少趋势，b为0则表示在计算时段无变化趋势。$b \times 10$年称为气候倾向率，其单位为℃/10年、d/10年或℃·d/10年等，a为常数。

3.1.2 距平和累积距平

　　距平是气象上常用的量，主要用来确定对正常情况的平均值的偏差，也就是某个时段或时次的数据，相对于该数据的某个长期平均值是高还是低。

$$x_i = x - \bar{x} \tag{3-2}$$

　　式中，x为气候要素某年数值，$\bar{x}$是气候要素的多年平均值，x_i为第i年距平值。

　　累计距平即距平值的累加，是一种判断某一气候要素变化趋势的方法，同时通过对累积距平的分析，可以知道某一气候要素的变化阶段性。

$$\hat{x} = \sum_{i=1}^{k}(x - \bar{x}) \quad (t=1, 2, \cdots, n) \tag{3-3}$$

3.1.3 气候要素的Mann-Kendall法突变检测

检验气候突变的方法有多种，本书采用Mann-Kendall检验来确定，即对于具有n个样本量的时间序列x，构成一个序列：

$$S_k = \sum_{i=1}^{k} r_i \quad (k=1, 2, \cdots, n) \tag{3-4}$$

秩序列的S_k是第i时刻数值大于j的时刻数值个数的累计值。在时间序列的随机独立的假设下，可以定义统计量：

$$UF_k = \frac{[S_k - E(S_k)]}{\sqrt{Var(S_k)}} \quad (k=1, 2, \cdots, n) \tag{3-5}$$

通过公式可以绘出两条曲线，分别代表的是UF_k和UB_k曲线。假设UF_k或UB_k的值大于0时，则表示该序列的检测结果是呈上升的趋势。反之，如果小于0则表明该序列的检测结果是呈下降的趋势。倘若UF_k或UB_k的值超过置信的水平，且UF_k与UB_k两条曲线出现交点时，则表明这个交点所对应的时间是所检测的序列的突变上升或下降开始的时间。

Mann-Kendall突变检验过程中，会出现多个交点，结合SPSS 19.0统计软件的独立样本t检验对多个交点再进行一次突变检验，以确定突变点。

3.1.4 气候要素的t检验法突变检测

基于SPSS 19.0软件，使用两独立样本的滑动t检验的方法检验各气象要素的突变点。对于具有n个样本量的时间序列x，认为设置某一时刻为基准点（例如所要检测序列累积距平的最小值或最大值），将基准点的前后两段子序列x_1和x_2的样本分别代表n_1和n_2，而两段子序列平均值分别代表$\bar{x}_1$和$\bar{x}_2$，方差为s_1^2和s_2^2来定义统计量。

$$t = \frac{\bar{x}_1 - \bar{x}_2}{s \cdot \sqrt{\frac{1}{n_1} + \frac{1}{n_2}}} \tag{3-6}$$

$$s = \sqrt{\frac{(n_1 - 1)s_1^2 + (n_2 - 1)s_2^2}{n_1 + n_2 - 2}} \tag{3-7}$$

3.1.5 气候保证率

气候保证率指在某一时段内，某一气候要素的值高于或低于某一界限的频率的总和，用于说明该种状况出现的可靠程度。

$$P(\%) = \frac{m}{n+1} \times 100 \quad (3-8)$$

式中，n 为整个序列，即资料的年代数，m 为新序列，即为出现这种气候现象的次数。

3.1.6 Inverse Distance Weighting 插值法

基于前人对比研究结果，反距离加权法（inverse distance weighting，IDW）对复杂地形下的气象要素插值模拟效果较好，因此，用 Arcgis 9.3 软件中此插值方法模拟新疆 ≥10℃ 积温、北疆年平均气温、无霜冻期和 ≥10℃ 积温等各气象要素的空间分布。

反距离权重法根据地理学的第一定律，若距离越近的两个事物，则它们的属性就越相似且被赋予权重越大，反之则权重越小，并以样本点与插值点间的距离为权重进行加权平均，公式如下。

$$Z = \sum_{i=1}^{n} \frac{z(x_i)}{d_i^p} \bigg/ \sum_{i}^{n} d_i^p \quad (3-9)$$

式中，Z 为待估算的年平均气温、无霜冻期和 ≥10℃ 积温等各气象要素数值的栅格值；$z(x_i)$ 为第 i（i=1，2，3，…，n）个气象站点的年平均气温、无霜冻期和 ≥10℃ 积温等各气象要素数值，n 为用于插值站点的个数，d_i 为插值点到第 i 个站点的距离，p 为距离的幂，即反距离平方插值，本研究 p 取值为 2。

3.1.7 Kriging 插值法

Kriging 法也称空间局部估计法或空间插值法，是地理统计学的主要内容之一。其内涵是利用区域化变量的原始数据和变异函数的结构特点，对未采样点的区域化变量的取值进行线性无偏最优化估计的一种方法。由于 Kriging 法对于未观测点处的估值较普通平均法的估值精确度较高，并且避免了系统误差的出现。因此，该方法是一种从二维平面上来描述气象要素空间分布特征较有效的工具，被广泛使用。

Kriging 法用以下公式来表示需要估样点的内插值。

$$Z = \sum_{i}^{n} W_i Z_i \quad (3-10)$$

式中，n 是区域内有效样点的个数；W_i 是邻域内有效样点 P_i 的权重系数；Z_i 是样点的实际测量值。空间内插的估计方差能够反映其取样本身的变异及空间内插需要分散样点内在的不确定性，其计算公式如下。

$$\sigma^2 = \sum_{i}^{n}\left[W_I \times r(h_{oi})\right] + \lambda \tag{3-11}$$

其中，$r(h_{oi})$是需要估样点与已知样点p_i距离为h_{oi}时的半方差差值；λ是最小的可能估计差。

3.1.8 趋势产量和气候产量

在不考虑随机因素对作物产量影响的前提下，作物产量由农业生产水平决定的"趋势产量"和气候条件的年际间差异造成的"气象产量"两部分组成。

$$y = y_t + y_w \tag{3-12}$$

式中，y为实际产量（kg/hm²），y_t为趋势产量（kg/hm²），y_w为气象产量（kg/hm²）。

3.1.9 日期转化序列

由于≥0℃和≥10℃的初日及终日等日期不能做数据直接进行处理，为便于统计计算和分析，以1月1日为起点，将日期转换为日序，即1月1日计为"1"，1月2日计为"2"，并依次类推，平年2月均按照28 d计算，12月31日计为365，闰年2月均按照29 d计算，12月31日计为"366"，将1961—2012年历年日期依次转换成日序资料。

3.1.10 相关性分析

基于SPSS 19.0软件，使用双变量的相关分析法检验各气象要素的相关性，使用线性回归做出各气象要素的逐步回归方程。

3.1.11 气温、日照时数和云量空间分布的栅格化数学模型

新疆地域辽阔，地势起伏悬殊，"三山夹两盆"的复杂地貌形成了新疆复杂多样的气候类型。为提高气温、日照时数和云量空间分布式模拟的精度，采用混合插值法（宏观地理因子的三维二次趋势面模拟+残差内插）对新疆春、夏、秋、冬四季和年气温、日照时数以及总云量和低云量进行200 m×200 m栅格点的空间插值模拟。

$$w = w(\lambda, \phi, h) + \varepsilon = (b0 + b1\lambda + b2\phi + b3h + b4\lambda\phi + b5\lambda h + b6\lambda h + b7\lambda 2 + b8\phi 2 + b9h2) + \varepsilon(1) \tag{3-13}$$

式中，w为气温、日照时数或云量的栅格点模拟值；$w(\lambda, \phi, h)$为宏观地理因子影响的日照时数或云量的栅格点模拟值；ε为局部小地形因子和随机因素对各气温要素或日照时数或云量的影响，即残差项；λ为栅格点的平均经度（°）；ϕ为栅格点的平均纬度（°）；h为栅格点的平均海拔高度（100 m）；b0~b9为待定系数。残差项的插值运算方法较多，经对比试验，反距离加权法（IDW）对新疆气温要素残差项的栅格点插值模拟效果较好。普通

Kriging法对新疆日照时数和云量残差项的栅格点插值模拟效果较好。

气温要素残差项的栅格点具体的插值计算式如下。

$$\varepsilon = \sum_{i=1}^{n}\frac{\varepsilon_i}{d_i^k} \bigg/ \sum_{i=1}^{n}d_i^k \qquad (3-14)$$

式中，ε为气温要素残差项的栅格点模拟值；n为用于插值的气象观测站点的数目；ε_i为第i个气象站点气温要素的实际残差值；d_i为插值的栅格点与第i个气象站点之间的欧氏距离，k为距离的幂，其选择标准是平均绝对误差最小，本研究取$k=3$。

普通Kriging法是地统计学中最常用的插值方法，对于任意栅格点某要素的估计值，均可以研究区域内n个已知测站该要素的实际值的线性组合得到。

$$\phi(x_0) = \sum_{i}^{n} p_i \varepsilon(x_i) \quad (i=1, 2, \cdots, n) \qquad (3-15)$$

式中，$\phi(x_0)$为日照时数和云量残差项的栅格点模拟值；n为用于插值的气象站点的数目；$\phi(x_i)$为第i个气象站点日照时数和云量的残差值；p_i是第i个气象站点的权重系数。为了达到线性无偏估计，使估计方差最小，权重系数由以下Kriging方程组得到。

$$p_i = \begin{cases} \sum_{i=1}^{n} p_i c(x_i, x_j) - u = c(x_i, x_0) \\ \sum_{n=1}^{n} p_i = 1 \end{cases} \qquad (3-16)$$

式中，$c(x_i,x_j)$为站点间要素的协方差函数，$c(x_i,x_0)$为站点i与待插值栅格点间的协方差函数，u为极小化处理时的拉格朗日乘子。

利用上述方法，在ArcGis 10.0平台上分别完成基于1∶50 000数字高程模型数据的新疆200 m×200 m栅格中1961—2010年四季和年平均气温、日照时数以及总云量和低云量的精细化分布式模拟。采用同样方法，分别对发生突变的气温、日照时数要素进行突变前和突变后多年平均值的精细化分布式模拟，将突变后的栅格数据减突变前的栅格数据，即可获得突变前后气温、日照时数变化量的空间分布式模拟。

3.2 种植制度概念和相关指标

3.2.1 种植制度概念

种植制度：指一个地区或生产单位的作物组成、配置、熟制与种植方式的综合。其包括作物布局、种植模式、种植体制等主要内容。

作物布局：指一个地区或生产单位作物结构与配置的总称。作物结构包括作物种类、品种、面积比例等，配置指作物在区域或田地上的分布，作物布局即解决种什么作物、种多少与种在哪里的问题。

种植模式：由作物结构与种植熟制两部分组成。作物结构指田间作物种群组成与空间配置，包括单一作物结构（单作）和由多种作物组成的复合作物结构（多作）。种植熟制指一年内种植作物的季数，包括一熟制和多熟制。由不同作物结构和种植熟制组合形成种植模式的4种基本类型：单作一熟型、单作多熟型、多作一熟型和多作多熟型。

多熟种植：指在一年内，在同一块农田上前后或同时种植两种或两种以上作物的种植方式。多熟种植是时间和空间上的种植集约化，通常包括复种、套作、间作和混作，也就是除单作一熟型外，其余3种种植模式都属于多熟种植的范畴。多熟种植是国际上常用的概念。

复种：指在一年内，在同一田地上顺序接茬种植二季或二季以上作物的种植方式。复种的代表符号为"—"，如小麦—玉米，为一年二熟；小麦—玉米—玉米，为一年三熟。

套作：指在同一田地上，在前季作物生长后期的株行间或预留的空带内播种或移栽后季作物的种植方式。其代表符号为"/"，如小麦/棉花。

间作：指在同一田地上于同一生长期内，分行或分带相间种植两种或两种以上作物的种植方式。其代表符号为"‖"，如玉米‖大豆。

种植体制：指根据作物对地力的影响、作物与作物之间的协调关系，作物对生态环境的适应能力以及有利于病虫草害控制等原则所制定的能体现作物布局总体要求与种植模式特色的作物种植顺序的组配。通常是由轮作、连作及其组合方式组成。

轮作：指在同一块田地上不同年际之间有顺序地轮换种植不同种类作物的种植方式。其代表符号为"→"，如豆类→小麦→玉米。

连作：指在同一块地上连年种植相同作物的种植方式。如连年种植小麦，小麦→小麦→小麦。

3.2.2 指标的确定

3.2.2.1 播期的确定

依据棉花播种对温度的要求，可以认为日平均气温稳定≥12℃初日是适宜棉花大面积播种的初始日。

依据春玉米播种对温度的要求，结合北疆地区灌溉农业的资源优势，可以认为日平均气温稳定≥10℃初日即为适宜春玉米大面积播种的初始日。

3.2.2.2 棉区区划指标

鉴于姚源松（2001）和普宗朝等（2012）的研究均使用≥10℃积温、7月平均气温和无霜期这三个气候要素作为分析棉花区划的指标，为了便于和前人研究棉花区划的结果比较，本书仍选择≥10℃积温、7月平均气温和无霜期这三个气候要素作为衡量棉花气候区划的指标（表3-1）。

表3-1 新疆棉区区划指标

棉区	气候指标		
	≥10℃积温/(℃·d)	7月平均气温/℃	无霜期/d
风险棉区	[3 175, 3 450]	[23, 24]	[150, 160]
次宜棉区	(3 450, 3 600]	(24, 25]	(160, 170]
宜棉区	>3 600	>25	>170

3.2.2.3 作物熟制划分指标

依据文献中提出的我国熟制带确定所需的农业热量指标，选定年平均气温、无霜冻期以及≥10℃积温作为判断某一地区熟制的主要指标（表3-2）。判断时首先用年平均气温指标评价各县市的总体热量状况，大致推算各县市的熟制情况；其次针对北疆无霜冻期较短的特点，为保证复播作物安全成熟，进一步采用无霜冻期指标推断各县市的熟制类型，最后结合≥10℃积温指标综合判断各县市熟制并评估其种植风险，种植风险由保证率的高低来判断。

表3-2 熟制类型判断指标

熟制类型	年平均气温/℃	临界无霜冻期/d	≥10℃积温/(℃·d)
一年一熟	<8	140	<2 600
二年三熟	[8, 12)	150	[2 600, 3 600)
一年二熟	[12, 16]	180	[3 600, 5 000]
一年三熟	(16, 18]	230	>5 000

棉花品种熟性划分指标：为保证棉花安全成熟和有较高的经济价值，依据相关参考文献，采用≥10℃积温作为棉花品种熟性主要判断指标（表3-3）。

表3-3 棉花品种熟性与≥10℃年积温的关系　　　　　　　　　　单位：℃·d

早熟品种	早中熟品种	中熟品种	晚熟品种
[2 800, 3 500]	[3 800, 4 000]	(4 000, 4 500]	>4 500

玉米和大豆品种熟性划分指标：根据玉米及大豆熟性和所需积温的指标，将玉米品种熟性划分为早熟、中熟、中晚熟和晚熟四种类型，将大豆品种熟性划分为早熟、中熟和晚熟三种类型（表3-4）。

表3-4 玉米、大豆品种与≥10℃、≥0℃积温年的关系　　　　　　　　　　单位：℃·d

品种	不适区	早熟	中熟	中晚熟	晚熟
玉米（≥10℃积温）	<2 100	[2 100, 2 400)	[2 400, 2 700)	[2 700, 3 000)	≥3 000
大豆（≥0℃积温）	<1 900	[1 900, 2 500)	[2 500, 3 000)	—	[3 000, 3 500)

3.3 气象数据来源及要素

采用新疆101个资料序列较长的气象站1961—2012年气象资料（部分数据至2020年）。涉及的气象数据主要有年平均气温、初霜冻日、终霜冻日、无霜冻期，≥0℃和≥10℃初日、终日、持续日数和积温、年极端最低温等。气象数据均来自新疆维吾尔自治区气象局以及中国气象局国家气象信息中心数据共享网，并通过Excel软件整理对各站点的各项数据进行计算处理。1∶50 000地理信息数据（包括行政区界矢量数据和数字高程栅格数据）由新疆气象信息中心提供。

3.4 研究区域划分

新疆气温增加显著，尤其以北疆更为明显，北疆即为天山以北的广大地区，行政区划上包括新疆首府乌鲁木齐地区、昌吉回族自治州、石油名城克拉玛依地区、塞外江南伊犁哈萨克自治州、农垦之星石河子地区、塔城地区、博尔塔拉蒙古自治州、阿勒泰地区、火洲吐鲁番和哈密盆地，北疆农业区便位于阿尔泰山和天山之间的广大绿洲。该区位于40°52′~49°11′N、79°53′~96°23′E，总面积为$8.25 \times 10^6 hm^2$，占新疆总面积的49.53%。南疆为环塔里木盆地的广大绿洲。

参考文献

陈鹏翔，毛炜峄，2012. 基于GIS的新疆气温数据栅格化方法研究[J]. 干旱区地理，35（3）：438-445.
房世波，2011. 分离趋势产量和气候产量的方法探讨[J]. 自然灾害学报，20（6）：13-18.
符淙斌，王强，1992. 气候突变的定义和检测方法[J]. 大气科学，16（4）：482-493.
龚绍先，1988. 粮食作物与气象[M]. 北京：中国农业大学出版社.
胡刚，宋慧，2012. 基于Mann-Kendall的济南市气温变化趋势及突变分析[J]. 济南大学学报（自然科学版），26（1）：96-101.
黎浩许，颉耀文，2013. 额济纳旗气候变化特征分析[J]. 甘肃农业大学学报，48（1）：112-117.
刘巽浩，1992. 耕作学[M]. 北京：中国农业出版社.
刘巽浩，邹超亚，李凤超，1992. 耕作学[M]. 北京：中国农业出版社.

刘永强，戴维，刘志辉，2011. 基于DEM的分布式融雪汇流模型关键算法和实现[J]. 干旱区地理，34（1）：143-149.

毛炜峄，曹占洲，邹陈，2010. 新疆棉花播种期气候服务指标分析及应用[J]. 沙漠与绿洲气象，4（6）：1-5.

彭楠峰，2008. 反距离插值算法与Kriging插值算法的比较[J]. 大众科技（5）：57-58.

普宗朝，张山清，宾建华，等，2011. 新疆乌-昌地区干湿气候要素时空变化分析[J]. 资源科学，33（12）：2314-2322.

普宗朝，张山清，宾建华，等，2011. 新疆乌昌地区热量资源精细化时空变化分析[J]. 中国农业气象，32（4）：598-606.

普宗朝，张山清，宾建华，等，2012. 基于GIS的乌-昌地区冬季热量资源时空变化分析[J]. 干旱区研究，29（2）：303-311.

普宗朝，张山清，宾建华，等，2012. 气候变暖对新疆乌昌地区棉花种植区划的影响[J]. 气候变化研究进展（4）：257-264

普宗朝，张山清，宾建华，等，2012. 新疆乌-昌地区太阳能资源精细化时空变化分析[J]. 干旱区资源与环境，26（6）：33-39.

沈学年，刘巽浩，1983. 多熟种植[M]. 北京：农业出版社.

王立祥，李军，2003. 农作学[M]. 北京：科学出版社.

王荣栋，尹经章，2005. 作物栽培学[M]. 北京：高等教育出版社.

魏凤英，2008. 现代气候统计诊断与预测技术[M]. 北京：气象出版社.

姚源松，2001. 新疆棉花区划新论[J]. 中国棉花，28（2）：2-5.

于洋，卫伟，陈利顶，等，2015. 黄土高原年均降水量空间差值及其方法比较[J]. 应用生态学报，26（4）：999-1006.

张山清，普中朝，李景林，等，2013. 气候变暖背景下新疆无霜冻期时空变化分析[J]. 资源科学，35（9）：1908-1916.

张山清，普宗朝，2011. 新疆参考作物蒸散量时空变化分析[J]. 农业工程学报，27（5）：73-79.

赵鸿，王润元，王鹤龄，等，2008. 西北干旱区棉花对气候变化响应的评价指标体系[J]. 干旱气象，26（4）：29-34，60.

郑小波，罗宇翔，于飞，等，2008. 西南复杂山地农业气候要素空间插值方法比较[J]. 中国农业气象，29（4）：458-462.

中国农业科学院，1999. 中国农业气象学[M]. 北京：中国农业出版社.

周世怀，植石群，2000. 两系法水稻制种安全期气候分析[J]. 中国农业气象，21（4）：23-28.

第4章
近50年来新疆农业气候资源时空变化特征

以气候变暖为主要特征的全球变化已成为一个不争的事实。我国近百年来地面气温变化趋势与全球的情况相似,变暖趋势为0.2~0.8℃/100年,近50年变暖趋势达到0.6~1.1℃/50年。新疆位于中国西北边陲,是我国地域面积最大的省级行政区,因地处影响我国的西风带天气的上游,其气候变化不仅对新疆的社会经济发展、生态环境保护具有重要影响,同时对我国中东部地区的天气、气候变化、社会经济和生态环境也产生广泛而深刻的影响。因此,近年来有关全球变化背景下的新疆气温变化的研究引起了许多学者的关注,很多研究表明,在过去的40年里,新疆的气温变化趋势与全球和全国总体一致,也呈显著上升趋势。但前人的研究具有以下局限性:一是资料序列较短,研究时段大多截至2000年,而对最近10年气温变化的研究则很少涉及;二是使用的气象站点较少,一般都是选用部分代表站来研究全疆或部分区域气温的变化,研究结果的代表性有待商榷;三是大多没有考虑地理因素对气温时空变化的影响,精细化程度较低,这对地域辽阔、地形地貌复杂、气候类型多样的新疆来说,难以适应现代社会经济发展和生态环境保护对气温精细化时空变化信息的需求。因此,本章在前人研究工作的基础上,选用新疆境内尽可能多的气象站点的历史气候数据(1961—2010年,部分数据截至2020年),结合ArcGIS的空间插值技术,研究分析新疆春、夏、秋、冬四季和年平均气温的精细化时空变化规律;新疆无霜冻期时空分布及变化特征;日平均气温稳定≥0℃初日、终日、持续日数和活动积温的精细化时空变化规律;新疆春、夏、秋、冬四季和年日照时数的精细化时空变化规律,新疆旱作农业区气温、降水和日照时数的变化规律,为适应和应对气候变化,科学有效地开发应用热量资源,采取趋利避害的农业管理和技术措施,促进新疆社会经济的持续稳定发展和生态环境保护以及农业生产力的持续发展提供参考依据。

4.1 新疆四季和年平均气温时空变化

4.1.1 新疆四季和年平均气温时间变化

线性趋势分析表明,1961—2010年,新疆春季平均气温总体以0.24℃/10年的倾向率呈显著($\alpha=0.01$)的上升趋势,50年来已升高了1.2℃。由近50年春季平均气温序列的M-K检验可以看出(图4-1a),其正序特征曲线(UF)在2000年以前基本均为负值,但进入21世纪以来迅速由负变正,这说明2000年以前新疆春季平均气温总体较低,并多处于负距平状态,进入21世纪后气温明显上升。UF和逆序特征曲线(UB)在2003—2004年有一个明显的交点,之后,UF还于2009年突破了($\alpha=0.05$)的临界线1.96,这说明,近50年新疆春季平均气温在2004年发生了突变性的升高。突变后(2004—2010年)较突变前(1961—2003年)全疆平均春季气温升高了1.5℃(表4-1),但突变年前后,全疆各地春季平均气温的上升幅度在空间分布上差异较大,总体呈现"北疆大,南疆小;西部大,东部小"的格局。北疆大部春季平均气温上升幅度一般在1.4℃以上,其中,北疆的中、西部地区上升1.6~1.9℃;南疆除西部的个别区域上升1.4~1.9℃外,大部分区域上升幅度在1.3℃以下,其中,南疆东南部上升幅度只有0.0~1.0℃。

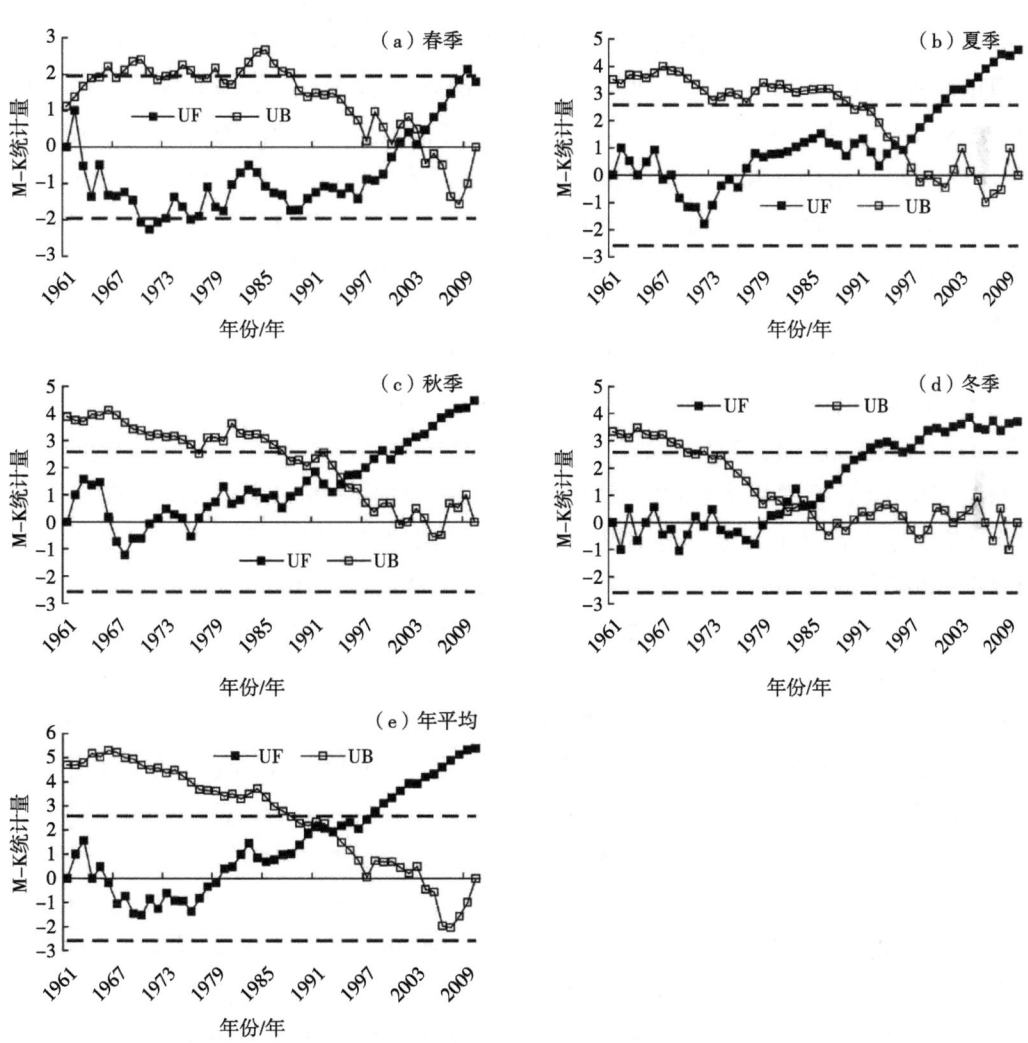

图4-1 1961—2010年新疆春、夏、秋、冬四季和年平均气温序列的M-K检验

表4-1　1961—2010年新疆四季和全年平均气温突变前、后多年平均值及其变化量　　单位：℃

季节/全年	突变发生时间	突变前平均值	突变后平均值	突变前后变化量
春季	2004年	10.1	11.6	1.5
夏季	1997年	22.0	22.8	0.8
秋季	1995年	7.7	8.9	1.2
冬季	1985年	-9.8	-8.2	1.6
全年	1994年	7.6	8.6	1.0

1961—2010年，新疆夏季平均气温以0.21℃/10年的倾向率呈显著（$\alpha=0.01$）的上升趋势，50年来升高了1.0℃，其上升速率是四季中最小的。由近50年夏季平均气温序列的M-K检验可以看出（图4-1b），其UF在20世纪60—70年代波动较大且多为负值，80年代至90年代中期UF有所上升，但不明显，20世纪90年代后期以来UF表现为持续快速上升的趋势，并于1996—1997年与UB有一个明显的交点，之后，UF曲线于2001年突破了（$\alpha=0.01$）的临界线2.58。说明20世纪60—70年代新疆夏季平均气温总体偏低且变化不稳定。20世纪80年代开始有所上升，尤其20世纪90年代后期以来，夏季气温上升迅速，并且还于1997年发生了突变性的升高。突变后（1997—2010年）较突变前（1961—1996年）全疆平均夏季气温升高了0.8℃（表4-1），但突变年前后，全疆各地夏季平均气温的变化具有明显的区域性差异，除准噶尔盆地西部、塔里木盆地西部和北部以及吐鲁番盆地的零星区域夏季平均气温以-1.5~0℃的幅度有所下降外，全疆的绝大部分地区升高了0.1~2.7℃，其中天山山区和南疆东部地区上升幅度较大，为1.1~2.7℃。

1961—2010年，新疆秋季平均气温以0.39℃/10年的倾向率呈极显著（$\alpha=0.001$）的上升趋势，50年来已升高了1.9℃，上升速率仅次于冬季。M-K检验表明（图4-1c），秋季平均气温序列的UF在20世纪60—70年代波动较大，且正负值交替出现，20世纪80年代开始上升，尤其20世纪90年代中期以来UF表现为持续快速上升的趋势，并于1994—1995年与UB有一个明显的交点，之后，UF于1999年突破了$\alpha=0.01$的临界线2.58。这说明，20世纪60—70年代新疆秋季平均气温总体偏低且变化不稳定，20世纪80年代开始有所上升，20世纪90年代中期以来上升迅速，并且还于1995年发生了突变性的升高。突变后（1995—2010年）较突变前（1961—1994年）全疆平均秋季气温升高了1.2℃（表4-1），但突变年前后，全疆各地秋季平均气温的变化具有明显的区域性差异，北疆大部和"三山"山区秋季平均气温上升幅度较大，为1.1~2.6℃；南疆大部上升幅度较小，为0.6~1.5℃，其中塔里木盆地上升幅度不足1.0℃。

1961—2010年，新疆冬季平均气温以0.49℃/10年的倾向率呈极显著（$\alpha=0.001$）的上升趋势，50年来已升高了2.5℃，上升速率位居四季之首。M-K检验表明（图4-1d），其正序特征UF在20世纪60—70年代波动较大，正负值交替出现，20世纪80年代开始持续快速上升，并于1984—1985年与UB有一个明显的交点，之后，UF于1992年突破了$\alpha=0.01$的临界线2.58，说明20世纪60和70年代新疆冬季平均气温总体偏低，20世纪80年代开始迅速上升，1985年发生了突变性的升高。突变后（1985—2010年）较突变前（1961—1984年）全疆平均冬季气温升高了1.6℃（表4-1）。但突变年前后，全疆各地冬季平均气温的变化具有明显的区域性差异，除昆仑山的中、高山带冬季平均气温以-2.1~0℃的幅度有所降低外，全疆绝大部分区域均表现为不同程度的升高，其中，北疆大部和吐鲁番盆地、哈密盆地上升幅度较大，为1.6~2.8℃；南疆次之，为1.3~1.5℃；天山山区上升幅度小于1.2℃。

受四季平均气温变化的共同影响，1961—2010年，新疆年平均气温以0.33℃/10年的倾向率呈极显著（$\alpha=0.001$）的上升趋势，50年来升高了1.6℃。M-K检验表明（图4-1e），其UF在20世纪60年代至80年代中期波动较大，且正负值交替出现，20世纪80年代后期开始UF表现为持续快速上升的趋势，并于1993—1994年与UB有一个明显的交点，之后，UF于1998年突破了$\alpha=0.01$的临界线2.58。这说明，20世纪60—80年代中期新疆年平均气温总体偏低且变化不稳定，20世纪80年代后期开始，尤其20世纪90年代中期以来，年平均气温上升迅速，并且于1994年发生了突变性的升高。突变后（1994—2010年）较突变前（1961—1993年）新疆年平均气温升高了1.0℃（表4-1），但突变年前后，全疆各地年平均气温的变化具有明显的区域性差异，其增温幅度总体呈纬向分布，北疆北部增温幅度最大，为1.3~1.4℃；北疆沿天山一带、伊犁河谷为1.1~1.2℃；天山山区、南疆北部地区以及吐鲁番盆地、哈密盆地为0.9~1.0℃；塔里木盆地大部为0.7~0.8℃；昆仑山山区增温幅度小于0.6℃。

4.1.2 新疆四季和年平均气温空间分布

新疆春季平均气温为10.1℃（93个气象站1961—2010年的平均值，下同），但空间差异明显，总体呈现"南疆高，北疆低；平原和盆地高，山区低"的特点。南疆大部一般在10.0℃以上，其中塔里木盆地南部以及吐鲁番、哈密盆地为15.1~18.0℃，是新疆春季平均气温最高的区域，塔里木盆地北部和盆地周边海拔2 000 m以下的山前倾斜平原为10.1~15.0℃；北疆大部春季平均气温在5.1~5.0℃，其中北疆沿天山一带为10.1~15.0℃，北疆北部平原地带为5.1~10.0℃；阿尔泰山、天山和昆仑山（以下简称"三山"）山区春季气温较低，一般在5.0℃以下，其中，阿尔泰山南坡、天山北坡海拔2 400 m以上的中、高山带以及天山南坡、昆仑山北坡海拔3 400 m以上的高山带，春季平均气温在0℃以下。

夏季是新疆气温最高的季节，也是南、北疆温差最小的季节，全疆夏季平均气温为22.3℃，其空间分布总体呈现"平原和盆地高，山区低"的格局。南、北疆平原地带夏季平均气温一般在20.0℃以上，其中，塔里木盆地东部和南部、吐鲁番、哈密盆地以及准噶尔盆地西南部为25.1~30.0℃，是新疆夏季平均气温最高的区域；"三山"山区夏季平均气温较低，一般在15.0℃以下，其中，阿尔泰山南坡和天山北坡海拔2 500 m以上的中、高山带以及天山南坡、昆仑山北坡海拔3 500 m以上的高山带，夏季平均气温在10℃以下。

新疆秋季平均气温为8.1℃，其空间分布与春季相似，也总体呈现"南疆高，北疆低；平原和盆地高，山区低"的格局。南疆大部秋季平均气温一般在8.0℃以上，其中塔里木盆地南部以及吐鲁番、哈密盆地为11.1~13.0℃，是新疆秋季平均气温最高的区域，塔里木盆地北部和盆地周边海拔1 800 m以下的山前倾斜平原为8.1~11.0℃；北疆大部秋季平均气温4.1~11.0℃，其中北疆沿天山一带为8.1~11.0℃，北疆北部平原地带为4.1~8.0℃；

"三山"山区秋季平均气温较低，一般在4.0℃以下，其中，阿尔泰山南坡、天山北坡海拔2500 m以上的中、高山带以及天山南坡、昆仑山北坡海拔3500 m以上的高山带，秋季平均气温在0℃以下。

冬季是新疆气温最低的季节，也是南北疆温差最大的季节，全疆冬季平均气温-9.0℃，其空间分布总体呈现"南疆高，北疆低；平原和盆地高，山区低"的格局。南疆大部冬季平均气温一般在-10.0℃以上，其中，塔里木盆地南部为-4.9～-2.0℃，是新疆冬季气温最高的区域，塔里木盆地北部以及吐鲁番、哈密盆地为-9.9～-5.0℃；北疆除伊犁河谷冬季平均气温较高，为-9.9～-2.0℃外，大部分区域在-10.0℃以下，其中，北疆北部和准噶尔盆地腹地冬季平均气温较低，为-20.0～-15.0℃；"三山"山区的中山带、低山带受冬季逆温的影响，冬季平均气温相对较高，为-15.0～-8.0℃，高山带气温较低，海拔4500 m以上的高寒地带可降至-20.0℃以下。

新疆年平均气温为7.9℃，其空间分布也呈现"南疆高，北疆低；平原和盆地高，山区低"的格局。南疆大部年平均气温一般在7.0℃以上，其中塔里木盆地和吐鲁番、哈密盆地为11.1～15.0℃，是新疆年平均气温最高的区域；北疆大部年平均气温在0.1～11.0℃，其中北疆沿天山一带气温较高，为7.1～11.0℃，北疆北部为0.1～7.0℃；"三山"山区年平均气温较低，一般在4.0℃以下，其中，阿尔泰山南坡、天山北坡海拔2500 m以上的中、高山带以及天山南坡、昆仑山北坡海拔3300 m以上的高山带，年平均气温在0℃以下。

综上所述，1961—2010年新疆春、夏、秋、冬四季和年平均气温分别为10.1℃、22.3℃、8.1℃、-9.0℃和7.9℃。春、夏、秋、冬四季和年平均气温的空间分布总体均呈现"南疆高，北疆低；平原和盆地高，山区低"的格局。在全球气候变暖背景下，1961—2010年新疆春、夏、秋、冬四季和年平均气温分别以0.24℃/10年、0.21℃/10年、0.39℃/10年、0.49℃/10年和0.33℃/10年的倾向率呈显著的上升趋势，并分别于2004年、1997年、1995年、1985年和1994年发生了突变，突变后较突变前，春、夏、秋、冬四季和年平均气温分别升高了1.5℃、0.8℃、1.2℃、1.6℃和1.0℃，气温上升幅度具有明显的区域性差异，总体呈现"北疆大，南疆小"空间分布的格局。

4.2 新疆无霜冻期时空分布及变化特征

霜冻是一种较为常见的农业气象灾害，是指空气温度突然下降，地表温度骤降到0℃以下，使农作物受到损害，甚至死亡。将春季最后一次霜冻出现的日期称作终霜冻日，秋季第一次出现霜冻的日期称作初霜冻日，一年中终霜冻日至初霜冻日之间的天数称作无霜冻期。在新疆一般以日最低气温≤0℃作为霜冻灾害的指标。无霜冻期是衡量一个地区热量资源多寡的重要指标之一，因此，近年来有关全球气候变暖背景下初、终霜冻日和无霜冻期变化的研究受到了国内外学者的广泛关注。有研究表明，过去几十年受气候变暖的影响，北欧、美国、加拿大等国家的霜冻日数呈不同程度的减少趋势，无霜冻期呈延长趋势。叶殿秀等

（2008）、马柱国（2003）、翟盘茂等（2003）、周雅清等（2010）和王国复等（2009）研究认为，近50年我国大部分地区，尤其是东部地区终霜冻日提早，初霜冻日推迟，无霜冻期和作物生长季延长。杜军等（2006）对雅鲁藏布江中游1961—2000年初、终霜冻进行分析表明，流域东段初霜冻日有所推迟、终霜冻日提早、无霜冻期表现出延长的趋势，而江孜则表现为终霜冻推迟、无霜冻期缩短的趋势。李辑等（2010）认为，气温升高是导致辽宁省绝大部分地区近50年初霜冻日推迟、终霜冻日提前、无霜冻期延长的根本原因。王冀等（2008）利用联合国政府间气候变化专门委员会（IPCC）提供的7个模式的模拟结果，对中国未来极端气温变化进行分析表明，21世纪，随着温室气体的持续排放，中国的气候将继续变暖，受其影响，霜冻日数呈减少趋势，无霜冻期及作物生长季将延长。以上研究表明，气候变暖已经并将继续对各地初、终霜冻日和无霜冻期产生重要影响，但这种影响存在一定的区域差异。在全球气温变暖的背景下，新疆气温初、终霜冻日、无霜冻期势必也发生着变化。

4.2.1 无霜冻期空间分布

终霜冻日是新疆主要农作物适宜播种的重要农业气候指标之一。新疆终霜冻日的空间分布总体呈现"南疆早，北疆晚；平原和盆地早，山区晚"的分布格局。塔里木盆地中、西部以及吐鲁番盆地终霜冻日出现最早，在3月中下旬；塔里木盆地东部、哈密盆地大部以及北疆沿天山一带、伊犁河谷在4月上中旬；北疆北部平原地带和南疆中山带、低山带为4月下旬至5月上旬；阿尔泰山、天山和昆仑山1 500～4 500 m的中高山带在5月中旬至7月上旬；各山体海拔4 000～5 000 m以上的高寒地带终年有霜冻。

初霜冻日是新疆主要农作物停止生长的重要农业气候指标。新疆初霜冻日空间分布特征与终霜冻日大体相反，呈现"北疆早，南疆晚；山区早，平原和盆地晚"的分布格局。吐鲁番盆地以及塔里木盆地中、西部初霜冻日出现较迟，在10月下旬至11月上旬；塔里木盆地东部、哈密盆地大部以及北疆沿天山一带、伊犁河谷在10月上中旬；北疆北部为9月下旬至10月上旬；阿尔泰山、天山以及昆仑山1 500～4 500 m的中山带、高山带初霜冻日出现较早，在7月下旬至9月中旬；海拔4 000～5 000 m以上的高寒地带终年有霜冻。

无霜冻期是衡量农业热量资源丰富程度，是确定农业种植结构和作物品种熟性的重要农业气候指标之一。受初霜冻日和终霜冻日出现早晚的综合影响，新疆的无霜冻期表现为"南疆长，北疆短；平原和盆地长，山区短"的空间分布格局。南疆大部无霜冻期为180～220 d；北疆沿天山一带、伊犁河谷为160～200 d；北疆北部和南疆中山带、低山带少于160 d，海拔4 000 m以上的高寒地带基本没有无霜冻期。从上述分析可以看出，新疆初、终霜冻日和无霜冻期的空间分布与年平均气温具有非常密切的对应关系，总体来说，年平均气温较高的区域，终（初）霜冻日较早（迟）出现，相应地，无霜冻期也较长。反之，年平均气温较低的区域，终（初）霜冻日较迟（早）出现，无霜冻期也较短。

4.2.2 无霜冻期变化趋势

在全球气候变暖背景下，1961—2010年新疆年平均气温以0.33℃/10年的倾向率呈上升趋势（图4-2），50年来升高了1.7℃，气候变暖十分明显。但全疆各地年平均气温的变化具有较明显的区域性差异，气温上升倾向率总体呈现"北疆和天山山区大，南疆小"的空间分布格局。北疆和天山山区大部以及塔里木盆地南缘的局部区域年平均气温上升相对较快，其倾向率多为0.31~0.60℃/10年，南疆大部倾向率较小，一般为0.01~0.40℃/10年。

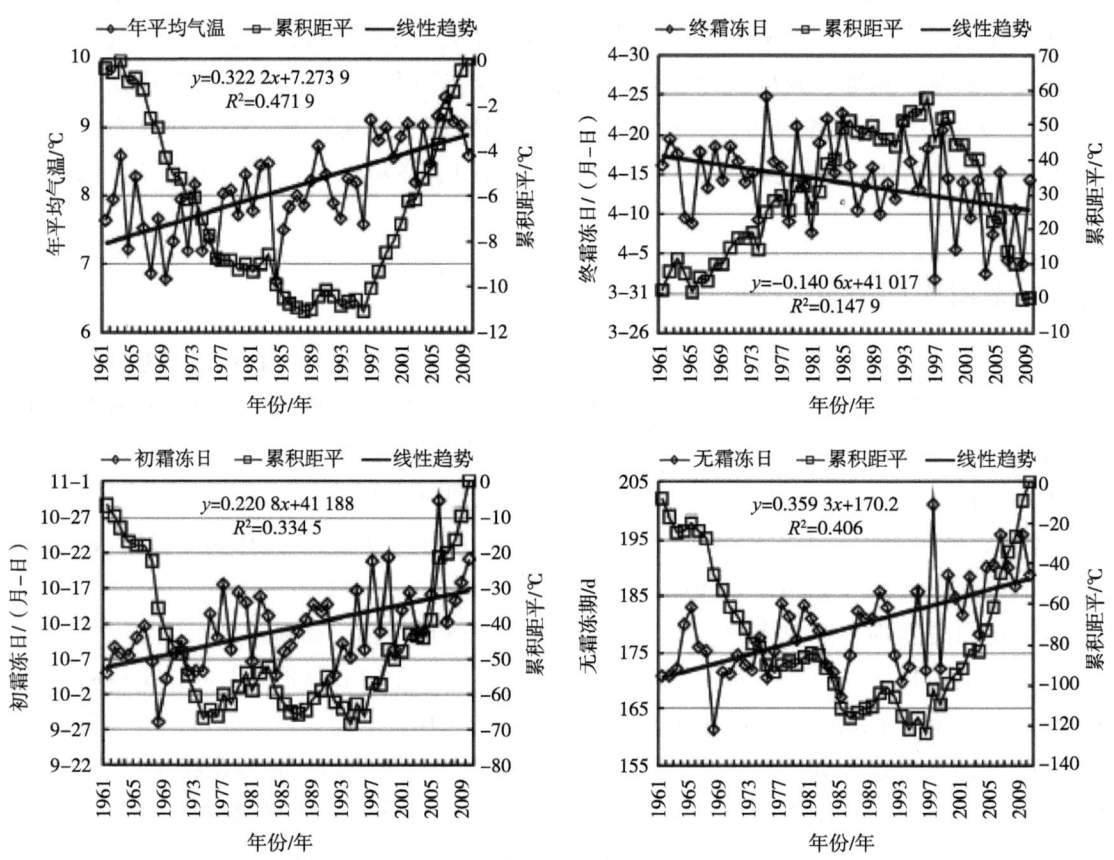

图4-2　1961—2010年新疆年平均气温、初、终霜冻日和无霜冻期及其累积距平变化

新疆1961—2010年的终霜冻日总体以-1.41 d/10年的倾向率呈提早趋势（图4-2），50年来全疆平均终霜冻日提早了7 d。但各地的变化有较明显的区域性差异，除个别站点以0.1~1.5 d/10年的倾向率略呈推迟趋势外，全疆绝大部分区域以-4.4~0 d/10年的倾向率提早，其中，北疆北部、天山山区大部、吐鲁番盆地以及塔里木盆地南缘终霜冻日提早趋势较明显，倾向率多为-3.4~-1.0 d/10年，部分站点甚至达-4.4~-3.5 d/10年，其余地区提早倾向率为-1.0~0 d/10年。

新疆1961—2010年的初霜冻日以2.21 d/10年的倾向率呈推迟趋势（图4-2），50年来全疆平均初霜冻日推迟了11 d。但各地的变化有较明显的区域性差异，除塔里木盆地西北部的局部区域初霜冻日以-1.5~0 d/10年的倾向率略呈提早趋势外，全疆绝大部分区域以0.1~4.5 d/10年的倾向率推迟，其中，北疆和天山山区大部、吐鲁番、哈密盆地推迟趋势较明显，倾向率多为2.6~4.5 d/10年，部分站点甚至达4.6~5.5 d/10年，其余地区推迟倾向率为0.1~2.5 d/10年。

无霜冻期受终霜冻日提前、初霜冻日推迟的共同影响，1961—2010年，新疆无霜冻期以3.59 d/10年的倾向率延长（图4-2），50年来延长了18 d。但全疆各地的变化有较明显的区域性差异，除塔里木盆地西北部的零星区域以-2.2~0 d/10年的倾向率略有缩短外，全疆绝大部分区域无霜冻期以0.1~7.0 d/10年的倾向率延长，其中，北疆和天山山区大部、吐鲁番、哈密盆地以及塔里木盆地南缘延长趋势较明显，倾向率多为3.1~7.0 d/10年，部分站点甚至达7.1~9.0 d/10年，其余地区延长倾向率为0.1~3.0 d/10年。从上述分析可以看出，近50年，新疆初霜冻日、终霜冻日和无霜冻期变化倾向率的空间分布与年平均气温的变化具有较好的对应关系，总体来说，年平均气温上升倾向率较大的区域，终（初）霜冻日提早（推迟）以及无霜冻期延长的倾向率也相应较大，反之亦然。相关分析表明，新疆初霜冻日、终霜冻日的早晚、无霜冻期的长短与年平均气温的相关性均达到了$\alpha=0.001$的极显著水平，就全疆平均而言，年平均气温每上升1℃，终霜冻日提早4.3 d，初霜冻日推迟6.2 d，无霜冻期延长10.5 d。

4.2.3 无霜冻期突变特征分析

由1961—2010年新疆年平均气温累积距平序列的变化可以看出，1996年出现累积距平的最小值（图4-2）。对1961—1996年和1997—2010年平均气温进行t检验，结果表明（表4-2），$|t_0|=7.280\ 3>t$，$\alpha=0.001$，通过了$\alpha=0.001$的信度水平检验，这说明，近50年新疆年平均气温于1997年发生了突变性的升高。突变后（1997—2010年）较突变前（1961—1996年）年平均气温升高了1.1℃（表4-3），但突变年前后全疆各地年平均气温的变化差异较大，气温上升幅度总体呈现"北疆和天山山区大，南疆小；盆地边缘大，盆地腹地小"的空间分布格局。北疆大部和天山山区年平均气温上升幅度多在1.0~2.5℃；南疆的塔里木盆地南缘上升1.0~1.5℃，其余大部上升幅度在1.0℃以下。

终霜冻日由1961—2010年新疆终霜冻日序列的累积距平可看出（图4-2），1996年出现累积距平的最大值，对1961—1996年和1997—2010年终霜冻日进行t检验，结果表明（表4-2），$|t_0|=3.747\ 6>t$，$\alpha=0.001$，通过了$\alpha=0.001$的信度水平检验，说明近50年新疆终霜冻日于1997年发生了突变性的提前。突变后（1997—2010年）较突变前（1961—1996年）全疆平均终霜冻日提前了5 d（表4-3）。但突变年前后各地终霜冻日的变化差异较大，除西天山的零星区域推迟了1~7 d外，全疆绝大部分区域提前了0~17 d。其中，北疆大部、塔里木盆地周边地区以及吐鲁番盆地提前了5~17 d，全疆其余地区提前幅度多在5 d以下。

初霜冻日1961—2010年新疆初霜冻日序列的累积距平于1994年出现了最小值（图4-2），对1961—1994年和1995—2010年初霜冻日进行t检验，结果表明（表4-2），$|t_0|=4.249\ 4>t$，$\alpha=0.001$，通过了$\alpha=0.001$的信度水平检验，说明近50年新疆初霜冻日于1995年发生了突变性

的推迟。突变后（1995—2010年）较突变前（1961—1994年）全疆平均初霜冻日推迟了7 d（表4-3）。但突变年前后各地初霜冻日的变化差异较大，除塔克拉玛干沙漠北缘的零星区域初霜冻日提早了0~5 d外，全疆绝大部分区域推迟了1~24 d，其中，北疆大部、天山山区以及吐鲁番盆地推迟7~24 d，南疆大部推迟幅度多在6 d以下。

无霜冻期1961—2010年新疆无霜冻期累积距平序列于1996年出现了最小值（图4-2），对1961—1996年和1997—2010年无霜冻期进行t检验，结果表明（表4-2），$|t_0|=6.0606>t$，$\alpha=0.001$，通过了$\alpha=0.001$的信度水平检验，说明近50年新疆无霜冻期于1997年发生了突变性的延长。突变后（1997—2010年）较突变前（1961—1996年）全疆平均无霜冻期延长了12 d（表4-3）。但突变年前后全疆各地无霜冻期的变化差异较大，除塔克拉玛干沙漠西北缘的零星站点无霜冻期缩短0~4 d外，全疆绝大部分区域延长了1~32 d，其中，北疆大部、天山山区、吐鲁番和哈密盆地以及塔里木盆地南缘延长了11~32 d，南疆大部延长幅度多在10 d以下。

表4-2　新疆年平均气温、初霜冻日、终霜冻日和无霜冻期突变点信度检验

指标	检测时间	n_1	n_2	$|t_0|$
年平均气温	1997年	36	14	7.2803***
终霜冻日	1997年	36	14	3.7476***
初霜冻日	1995年	34	16	4.2494***
无霜冻期	1997年	36	14	6.0606***

注：***表示通过0.001的显著性检验；n_1、n_2分别为突变年前后的样本数。

表4-3　1961—2010年新疆年平均气温、初霜冻日、终霜冻日和无霜冻期突变前后多年平均值及其变化量

指标	突变发生时间	突变前平均值	突变后平均值	突变前后变化量
年平均气温	1997年	7.8℃	8.9℃	1.1℃
终霜冻日	1997年	4月14日	4月9日	-5 d
初霜冻日	1995年	10月8日	10月15日	7 d
无霜冻期	1997年	176 d	188 d	1 d

上述分析表明，1961—2010年，新疆初霜冻日、终霜冻日和无霜冻期的突变特性也与年平均气温具有较好的对应关系，具体表现：第一，初霜冻日、终霜冻日和无霜冻期发生突变的时间与年平均气温基本一致，均发生在20世纪90年代中期；第二，突变后较突变前，年平均气温上升幅度较大的区域，终霜冻日提早和初霜冻日推迟的幅度以及无霜冻期延长的幅度也相应较大，反之，年平均气温上升幅度较小的区域，终霜冻日提早和初霜冻日推迟的幅度以及无霜冻期延长的幅度也相应较小。

通过上述研究分析可知，总体来说，年平均气温较高的区域，终（初）霜冻日出现较早（迟），无霜冻期也较长，反之，年平均气温较低的区域，终（初）霜冻日出现较迟（早），无霜冻期也较短。新疆年平均气温呈现"南疆高，北疆低；平原和盆地高，山区低"的空间分布格局，相应地，终（初）霜冻日呈现"南疆早（晚），北疆晚（早）；平原和盆地早（晚），山区晚（早）"的特点，无霜冻期表现为"南疆长，北疆短；平原和盆地长，山区短"的空间分布格局。在全球气候变暖背景下，1961—2010年新疆年平均气温以0.33℃/10年的倾向率上升，受其影响，终霜冻日和初霜冻日分别以-1.41 d/10年和2.21 d/10年的倾向率提早和推迟，无霜冻期以3.59 d/10年的倾向率延长，并且年平均气温、终霜冻日、初霜冻日和无霜冻期还分别于1997年、1997年、1995年和1997年发生了突变。各要素变化倾向率和突变前后变化量具有明显的区域性差异，年平均气温上升倾向率或突变前后的上升幅度具有"北疆和天山山区大，南疆小"的分布特点，相应地，终（初）霜冻日提前（推迟）、无霜冻期延长的倾向率或幅度也呈现"北疆和天山山区大，南疆小"的空间分布格局。过去的50年，尤其是20世纪90年代中期以来气候变暖使新疆绝大部分区域终（初）霜冻日提前（推迟），无霜冻期延长，热量资源得到了不同程度的改善，这对扩大新疆部分喜温作物尤其是一些名、优、特农产品的可种植区域，提高农产品产量和品质均具有重要意义。但无霜冻期延长也使部分病虫害的繁殖世代数增加，农业干旱趋于严重，对农牧业生产也造成了一定的不利影响。因此，根据气候变化的区域性特点，适时调整作物种植结构和布局，改变作物品种熟性，加大病虫害的防治力度，推广高效节水灌溉技术，是适应和应对气候变化，高效利用农业气候资源，促进新疆农牧业经济持续稳定发展和生态环境保护的有效对策措施。值得说明的是，新疆春、秋季地面最低温度一般较最低气温低2～3℃，即当日最低气温降至≤2℃时，地面最低温度就将低至≤0℃，这时对温度较敏感的部分喜温作物（如棉花）就有可能发生轻度霜冻危害，因此，本研究以日最低气温≤0℃作为霜冻指标确定的初（终）霜冻日对部分喜温作物来说可能略有推迟（提早），无霜期则略有偏长，因此本研究结果在实际应用中还需因时因地因作物进行适当订正。

4.3 新疆≥0℃持续日数和积温时空变化

日平均气温稳定≥0℃的初日与土壤昼消夜冻、冬小麦返青、牧草萌发等春季物候以及早春作物开始顶凌播种等农事活动相吻合。日平均气温稳定≥0℃的终日与越冬作物停止生长、土壤开始冻结、牧草休眠的时间相当。因此，春季日平均气温稳定≥0℃初日至秋季日平均气温稳定≥0℃终日的天数被认为是作物、牧草和多年生树木的广义生长期，或称农耕期，该期间≥0℃的活动积温也称为年总积温，是农牧业生产重要的热量指标。近年来，有关气候变化背景下各界限温度持续日数和活动积温时空变化的研究受到学术界越来越广泛的关注。张运福等（2009）分别对辽宁、河北等省区以及黄河流域近几十年≥0℃和≥10℃初日、终日、持续日数和活动积温的变化研究表明，≥0℃、≥10℃初日总体呈提前趋势，终日为推迟趋势，初终日间日数延长，积温增加。柏秦凤等（2008）对中国1951—2005年≥10℃的积温及持续日数变化的研究表明，1979—2005年较1951—1978年全国大部分地区≥10℃积温和持续日数有所增加，其中东北、华北、华南地区增幅较大。汤绪等（2011）基于区域气候模式PRECIS和农业生态地带模型AEZ模拟气候变化对我国农业气候资源的可能影响表明，21世纪，随着全球温室气体的持续排放，我国稳定≥10℃积温将增加，作物生长期延长，各种植被界限将明显北移。

新疆位于中国西北边陲，是我国地域面积最大的省区和重要的农牧业生产基地，由于热量条件是影响新疆农牧业生产的主要气候因素，因此，农业热量资源的时空变化一直是广大气象和农业科技工作者关注的焦点。20世纪80年代中期，徐德源等（1989）曾对新疆各界限积温的空间分布开展过研究。近年来，有学者对新疆气候变化的研究表明，过去的40多年，新疆气温呈显著上升趋势，但有关气候变暖背景下新疆界限温度初日、终日、持续日数和活动积温变化趋势的研究目前还很少见，为此，在前人研究工作的基础上，本章使用新疆境内资料序列较长的95个气象站1961—2010年的历史气候数据，结合ArcGIS的空间插值技术，分析近50年新疆日平均气温稳定≥0℃初日、终日、持续日数和活动积温的精细化时空变化规律。以期为适应和应对气候变化，充分合理地应用农业气候资源，促进新疆农牧业经济的持续稳定发展和环境保护提供参考依据。

4.3.1 ≥0℃初日、终日、持续日数和积温的空间分布

新疆日平均气温稳定≥0℃初日的空间分布总体呈南疆早，北疆晚；平原和盆地早，山区晚的格局。塔里木盆地和吐鲁番盆地腹地≥0℃初日出现较早，一般在2月中下旬，其中塔里木盆地西南部的喀什、和田地区大部为2月上中旬，是新疆≥0℃初日出现最早的地区。塔里木盆地周边海拔1 500 m以下的山前倾斜平原，吐鲁番、哈密盆地大部以及北疆沿天山一带、伊犁河谷≥0℃初日出现在3月上中旬；北疆北部平原地带和南疆中山带、低山带出现在3月下旬至4月中旬；阿尔泰山南坡、天山北坡2 500~4 000 m和天山南坡、昆仑山北坡3 500~5 000 m的中高山带≥0℃初日出现在4月下旬至6月中旬，海拔4 000~6 000 m的高山带出现在6月下旬至7月中旬，各山体6 000 m以上的高寒地带终年日平均气温<0℃。

新疆日平均气温稳定≥0℃终日的空间分布与≥0℃初日大体相反，总体呈北疆早，南疆晚；山区早，平原和盆地晚的分布格局。塔里木盆地大部、吐鲁番盆地腹地以及伊犁河谷西部≥0℃终日出现最迟，一般在11月下旬；塔里木盆地周边海拔1 800 m以下的山前倾斜平原，吐鲁番、哈密盆地大部以及准噶尔盆地西南缘、伊犁河谷中东部出现在11月中旬；准噶尔盆地大部以及塔里木盆地周边海拔1 800~2 500 m的低山和丘陵地带在11月上旬；北疆北部、天山北坡海拔1 100~2 300 m的山前倾斜平原和低山带以及塔里木盆地周边海拔2 500~3 800 m的中山带在10月中下旬；南北疆海拔3 000~6 000 m的高山带出现在7月中旬至10月上旬，各山体6 000 m以上的高寒地带终年日平均气温<0℃。

新疆日平均气温稳定≥0℃持续日数表现为南疆长，北疆短；平原和盆地长，山区短的空间分布格局。塔里木盆地大部、吐鲁番盆地腹地以及伊犁河谷西部≥0℃持续日数较长，

一般在261～280 d，其中塔里木盆地西南部的喀什、和田地区为281～292 d，是新疆≥0℃持续日数最长的地区。塔里木盆地周边海拔2 200 m以下的山前倾斜平原，吐鲁番、哈密地区大部以及北疆沿天山一带，伊犁河谷中、东部为231～260 d；北疆北部、天山北坡海拔1 000～1 800 m的山前倾斜平原和低山带以及塔里木盆地周边海拔2 200～3 000 m的中山带、低山带为201～230 d；阿尔泰山南坡、天山北坡1 800～4 700 m和天山南坡、昆仑山北坡2 900～5 300 m的中山带、高山带为101～200 d；海拔5 000～6 000 m的高山带不足100 d，各山体6 000 m以上的高寒地带终年日平均气温<0℃。

≥0℃积温的空间分布格局与≥0℃持续日数大体一致，也表现为南疆多，北疆少；平原和盆地多，山区少的特点。塔里木盆地大部和吐鲁番、哈密盆地≥0℃积温较多，一般在4 501～5 000℃·d，其中吐鲁番、哈密盆地腹地以及塔里木盆地东北部的罗布泊地区≥0℃积温高达5 001～5 885℃·d，是新疆≥0℃积温最多的地区。北疆沿天山一带、塔里木盆地周边海拔1 500 m以下的山前倾斜平原、伊犁河谷西部为4 001～4 500℃·d；北疆北部以及天山北坡1 000～2 500 m、塔里木盆地周边海拔1 500～3 000 m的中山带、低山带为2 001～4 000℃·d；阿尔泰山南坡、天山北坡2 500～5 000 m和天山南坡、昆仑山北坡4 000～6 000 m的高山带为0～2 000℃·d；各山体6 000 m以上的高寒地带无≥0℃积温。

4.3.2　≥0℃初日、终日、持续日数和积温的变化趋势、突变特征

新疆1961—2010年≥0℃初日总体以-0.86 d/10年的倾向率呈显著（α=0.01）的提早趋势（图4-3a），50年来提早了4.3 d。由1961—2010年新疆≥0℃初日序列的累积距平可以看出（图4-3a），1996年出现了累积距平的最大值，为检测1996年前后≥0℃初日是否发生了突变，对1961—1996年和1997—2010年≥0℃初日的变化进行t检验，结果表明（表4-4），|t_0|=2.761 1>t，α=0.01，通过了α=0.01的信度水平检验，这说明，近50年新疆≥0℃初日于1997年发生了突变性的提前。突变后（1997—2010年）较突变前（1961—1996年）全疆平均≥0℃初日提前了4 d，但突变年前后全疆各地≥0℃初日的变化差异较大，除北疆北部的零星区域≥0℃初日推迟了1～7 d外，全疆绝大部分区域提前了0～15 d，提前幅度的空间分布总体呈现由南到北递减的格局。南疆的中西部和昆仑山、中天山大部提前了5～15 d，北疆大部、南疆东部以及东疆的吐鲁番、哈密地区提前了0～4 d。

新疆1961—2010年≥0℃的终日总体以1.72d/10年的倾向率呈极显著（α=0.001）的推迟趋势（图4-3b），50年来全疆平均≥0℃终日推迟了8.6 d。由1961—2010年新疆≥0℃终日序列的累积距平可以看出（图4-3b），1993年出现了累积距平的最小值，为检测1993年前后≥0℃终日是否发生了突变，对1961—1993年和1994—2010年≥0℃终日的变化进行t检验，结果表明（表4-4），|t_0|=3.691 4>t，α=0.001，通过了α=0.001的信度水平检验，这说明，近50年新疆≥0℃终日于1994年发生了突变性的推迟。突变后（1994—2010年）较突变前（1961—1993年）全疆平均≥0℃终日推迟了6 d，但突变年前后全疆各地≥0℃终日的变化差异较大，推迟幅度的空间分布总体呈北疆大、南疆小，山区大、盆地小的格局。北疆和昆仑山、中天山大部推迟幅度较大，一般为6～14 d；南疆的塔里木盆地大部、哈密盆地以及

伊犁河谷推迟幅度较小，只有1～5 d。

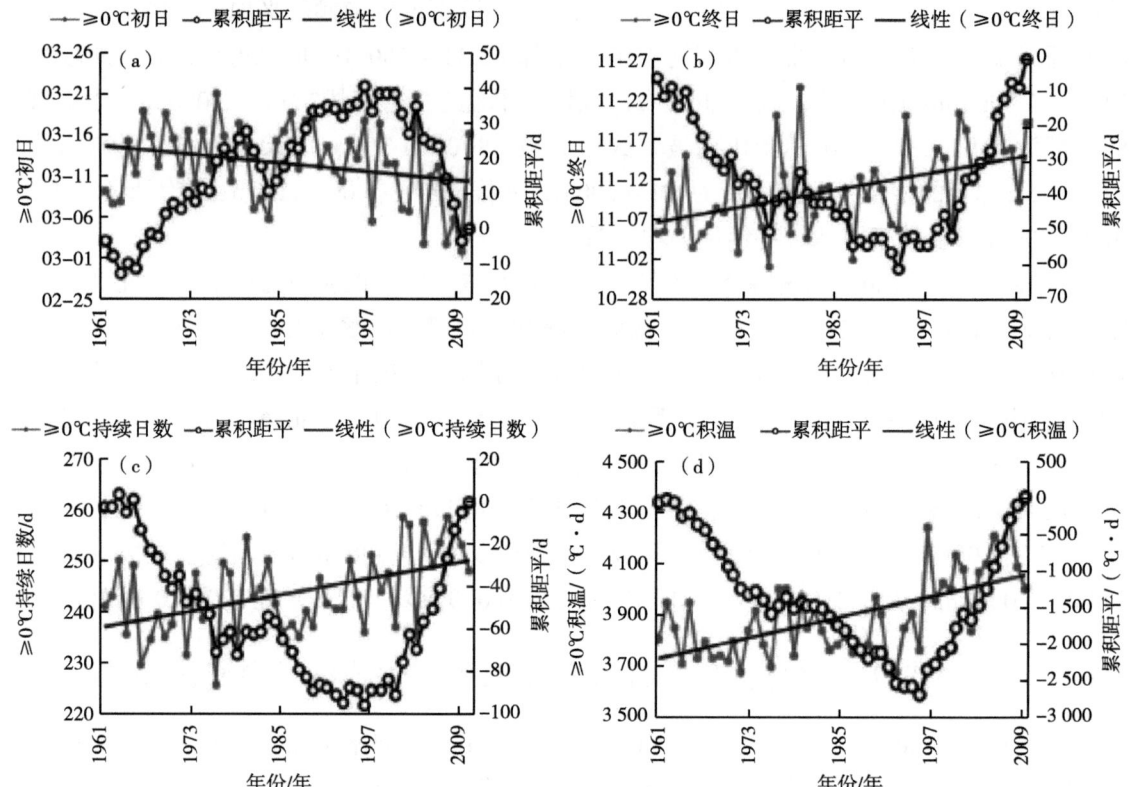

图4-3　1961—2010年新疆≥0℃初日、终日、持续日数和积温及其累积距平变化

表4-4　新疆≥0℃初日、终日、持续日数和积温突变点信度检验

指标	检测点	n_1	n_2	$|t_0|$
≥0℃初日	1997年	36	14	2.761 1**
≥0℃终日	1994年	33	17	3.691 4***
≥0℃持续日数	1997年	36	14	4.325 0***
≥0℃积温	1997年	36	14	8.169 3***

注：**和***分别表示通过$\alpha=0.01$和$\alpha=0.001$的显著性检验；n_1、n_2分别为突变年前后的样本数。

≥0℃持续日数受≥0℃初日提前、终日推迟的共同影响，1961—2010年，新疆≥0℃的持续日数以2.58 d/10年的倾向率呈极显著（$\alpha=0.001$）的延长趋势（图4-3c），50年来延长了12.9 d。由1961—2010年新疆≥0℃持续日数序列的累积距平可以看出（图4-3c），1996年出现了累积距平的最小值，为检测1996年前后≥0℃持续日数是否发生了突变，

对1961—1996年和1997—2010年≥0℃持续日数的变化进行t检验，结果表明（表4-4），$|t_0|=4.3250>t$，$\alpha=0.001$，通过了$\alpha=0.001$的信度水平检验，说明近50年新疆≥0℃持续日数于1997年发生了突变性的延长。突变后（1997—2010年）较突变前（1961—1996年）全疆平均≥0℃持续日数延长了10 d，但突变年前后全疆各地≥0℃持续日数的变化具有一定差异，天山、昆仑山区大部和准噶尔盆地腹地≥0℃持续日数延长幅度较大，为11~20 d；塔里木盆地边缘和哈密盆地的局部区域延长幅度较小，不足5 d；新疆大部分地区延长6~10 d。

1961—2010年，新疆≥0℃积温以66.26℃·d/10年的倾向率呈极显著（$\alpha=0.001$）的增多趋势（图4-3d），50年来增多了331.3℃·d。由1961—2010年新疆≥0℃积温序列的累积距平可以看出（图4-3d），1996年出现了累积距平的最小值，为检测1996年前后≥0℃积温是否发生了突变，对1961—1996年和1997—2010年≥0℃积温的变化进行t检验，结果表明（表4-4），$|t_0|=8.1693>t$，$\alpha=0.001$，通过了$\alpha=0.001$的信度水平检验，说明近50年新疆≥0℃积温于1997年发生了突变性的增多。突变后（1997—2010年）较突变前（1961—1996年）全疆平均≥0℃积温增多了267.4℃·d，但突变年前后全疆各地≥0℃积温的变化差异较大，积温增加幅度总体呈平原和盆地多，山区少的空间分布格局。塔里木盆地、准噶尔盆地和吐鲁番、哈密盆地以及伊犁河谷≥0℃积温增加幅度较大，一般增加201~300℃·d，其中盆地边缘地带的部分地区增幅达301~480℃·d。阿尔泰山、天山和昆仑山区≥0℃积温增加较少，增幅多在200℃·d以下。

气候变暖使新疆绝大部分区域日平均气温稳定≥0℃的初日提前、终日推迟、持续日数延长、积温增多，农业热量资源得到了较明显的改善，这对延长作物生长季节，扩大主要农作物的可种植区域，提高农产品产量和质量都具有重要意义。但是，热量资源增多也将导致部分病虫害的繁殖世代数增加，作物需水量增多，农业干旱趋于严重，对农牧业生产也将造成一定的不利影响。因此，根据气候变化的区域性特点，调整作物种植结构和布局，改变作物品种熟性，加大病虫害的防治力度，积极推广喷灌、滴灌等高效节水灌溉技术，以适应和应对气候变化，趋利避害地开发应用农业气候资源，促进新疆农牧业生产持续稳定发展。

4.4 新疆四季和年日照时数时空变化

4.4.1 新疆四季和年日照时数空间分布

新疆春季日照时数为763.3 h，但空间差异明显，其空间分布总体呈现"东北多，西南少"的特点。北疆的阿勒泰地区和东疆的吐鲁番、哈密地区大部以及昌吉回族自治州中、东部春季日照时数较多，为800~950 h；塔城、克拉玛依、石河子等地、市以及巴音郭楞蒙古自治州东北部为750~800 h；伊犁州和阿克苏地区大部以及巴音郭楞蒙古自治州东、南部为700~750 h；"南疆三地州"的喀什、和田和克孜勒苏州春季日照时数较少，只有600~700 h。

夏季是新疆日照时数最多的季节，全疆平均为899 h，其空间分布总体呈现"北疆多，南疆少，东部多、西部少，平原和盆地多，山区少"的格局。北疆大部和东疆的吐鲁番、哈密地区夏季日照时数最多，一般在900 h以上；南疆大部为700～900 h，塔里木盆地南缘和天山、昆仑山山区夏季日照时数较少，一般在700 h以下。

新疆秋季平均日照时数为696.3 h，其空间分布总体呈现"由东南向西北递减"的格局。东疆的哈密地区大部和南疆的巴音郭楞蒙古自治州东南部、和田地区东部秋季日照时数较多，为750～840 h；南疆的其余大部、东疆的吐鲁番地区以及北疆的昌吉回族自治州州东部为700～750 h；北疆大部和天山山区秋季日照时数不足700 h，其中北疆北部、西部只有560～650 h。

冬季是新疆日照时数最少的季节，全疆平均509.9 h，其空间分布总体呈现"东部多，西部少"的格局。东疆的吐鲁番、哈密地区，南疆的巴音郭楞蒙古自治州东部和南部、和田地区大部以及北疆的阿勒泰地区东部秋季日照时数较多，为550～700 h；南疆的其余大部和北疆的准噶尔盆地周边地区以及天山山区为450～550 h；准噶尔盆地腹地因冬季多阴雾天气，秋季日照时数不足450 h。

新疆平均年日照时数为286 8.1 h。受四季日照时数空间分布的影响，年日照时数空间分布呈现"东部多，西部少；平原和盆地多，山区少"的格局。北疆东部、东疆大部和南疆东部年日照时数较多，为2 900～3 450 h；南疆、北疆的其余大部为2 700～2 900 h；天山和昆仑山山区年日照时数较少，一般不足2 700 h。按照文献以年日照时数为指标的太阳能资源丰富程度划分标准，新疆除天山和昆仑山区为太阳能资源较丰富区外，全疆大部为太阳能资源丰富区，开发潜力巨大。

4.4.2 新疆四季和年日照时数时间变化

线性趋势分析表明，1961—2010年，新疆春季日照时数总体以3.722 3 h/10年的倾向率呈不显著的增多趋势（图4-4a），50年来增多了18.6 h。由其年代际变化来看，20世纪60—90年代稳定少变，为760 h左右，进入21世纪的2001—2010年略有增多，为776.4 h（表4-5）。由近50年春季日照时数序列的M-K检验可以看出（图4-4f），虽然UF和UB在$\alpha=0.05$的临界线±1.96之间有数个交点，但在这些交点之后UF未突破临界线±1.96，这说明，近50年新疆春季日照时数没有发生突变。

1961—2010年新疆夏季日照时数以-4.27 h/10年的倾向率呈较显著（$\alpha=0.05$）的递减趋势（图4-4b），50年来减少了21.3 h。其年代际变化，20世纪60—90年代分别为909.6 h、907.8 h、898 h和883.4 h，呈持续减少的趋势，但2001—2010年又有所增多，为896.0 h（表4-5）。由近50年夏季日照时数序列的M-K检验可以看出（图4-4g），UF总体呈明显的下降趋势，并和UB于1987—1988年在$\alpha=0.05$的临界线±1.96之间有一个交点，之后UF于2000年突破了临界线-1.96，这说明，近50年新疆夏季日照时数于1988年发生了突变性的减小。突变后较突变前新疆平均夏季日照时数减少了15.3 h（表4-6）。但突变年前后，新疆各地夏季日照时数的变化具有明显的区域性差异，除准噶尔盆地、塔里木盆地西部以及吐鲁番盆地、哈密盆地东部和塔额盆地、伊犁河谷等地的局部区域夏季日照时数增多了1～80 h外，新疆大部减少了0～105 h，其中，阿尔泰山、天山和东昆仑山山区减少幅度较大，为-105~-50 h。

1961—2010年，新疆秋季日照时数总体以-4.30 h/10年的倾向率呈较显著（α=0.05）的递减趋势，50年来减少了21.5 h（图4-4c）。其年代际变化，20世纪60年代为701.7 h，20世纪70年代有所增多，为713.7 h，20世纪80年代降至686.6 h，之后各年代的秋季日照时数稳定少变（表4-5）。由近50年秋季日照时数序列的M-K检验可以看出（图4-4h），UF总体呈明显的下降趋势，和UB于1985—1986年在α=0.05的临界线±1.96之间有一个交点，之后UF于2010年突破了临界线-1.96，这说明，近50年新疆秋季日照时数于1986年发生了突变性的减小。突变后较突变前全疆平均秋季日照时数减少了15.2 h（表4-6）。但突变年前后，全疆各地秋季日照时数的变化具有明显的区域性差异，北疆北部、东疆大部、南疆的南部和西北部、伊犁河谷等地秋季日照时数有所增多，增多幅度一般为1~20 h，个别区域增多21~50 h。北疆沿天山一带，天山山区大部，南疆中东部等地秋季日照时数有所减少，减少幅度一般为0~20 h，个别区域减少20~80 h。1961—2010年，新疆冬季日照时数以-14.36 h/10年的倾向率呈极显著（α=0.001）的递减趋势，50年来减少了71.8 h（图4-4d）。其年代际变化，20世纪60年代、70年代、80年代和90年代以及21世纪的2001—2010年冬季日照时数分别为541.5 h、517.9 h、513.2 h、498.5 h和478.1 h，呈逐年代持续递减之势，其中20世纪80年代以来递减速率有所加快（表4-5）。由近50年冬季日照时数序列的M-K检验可以看出（图4-4i），UF总体呈明显的下降趋势，和UB于1986—1987年在α=0.01的临界线±2.58之间有一个交点，之后UF于1991年突破了临界线-2.58，这说明，近50年新疆冬季日照时数于1987年发生了突变性的减小。突变后较突变前全疆平均冬季日照时数减少了40.0 h（表4-6）。但突变年前后，全疆各地冬季日照时数的变化具有明显的区域性差异，除南天山和西昆仑山山区冬季日照时数增多了1~42 h外，全疆大部为减少的态势，其中，准噶尔盆地大部、伊犁河谷以及吐鲁番、哈密盆地冬季日照时数减少较明显，减少幅度一般为50~160 h；上述盆地、谷地周边的山麓地带和塔里木盆地北部减少30~50 h；阿尔泰山、中天山、东昆仑山及其山前冲、洪积平原减少0~30 h。

受四季日照时数变化的共同影响，1961—2010年，新疆年日照时数以-19.42 h/10年的倾向率呈极显著（α=0.001）的减少趋势（图4-4e），50年来减少了97.1 h。其年代际变化，20世纪60—70年代稳定少变，分别为2 908.4、2 905.5 h。20世纪80—90年代持续递减，分别为2 858.7 h、2 828.3 h，2001—2010年又略有回升，为2 839.7 h（表4-5）。由近50年的年日照时数序列M-K检验可以看出（图4-4j），UF总体呈明显的下降趋势，和UB于1981—1982年在α=0.01的临界线±2.58之间有一个交点，之后UF于1994年突破了临界线-2.58，这说明，近50年新疆年日照时数于1982年发生了突变性的减少。突变后较突变前全疆平均年日照时数减少了64.4 h（表4-6）。但突变年前后，全疆各地年日照时数的变化具有明显的区域性差异，除吐鲁番盆地、哈密盆地，塔里木盆地南缘，拜城盆地、焉耆盆地，以及北疆的塔额盆地、伊犁河谷等少部分地区年日照时数增多了1~260 h外，全疆大部减少了0~320 h，其中，北疆沿天山一带、天山山区大部、塔里木盆地东部年日照时数减少较明显，减少幅度一般为100~320 h。

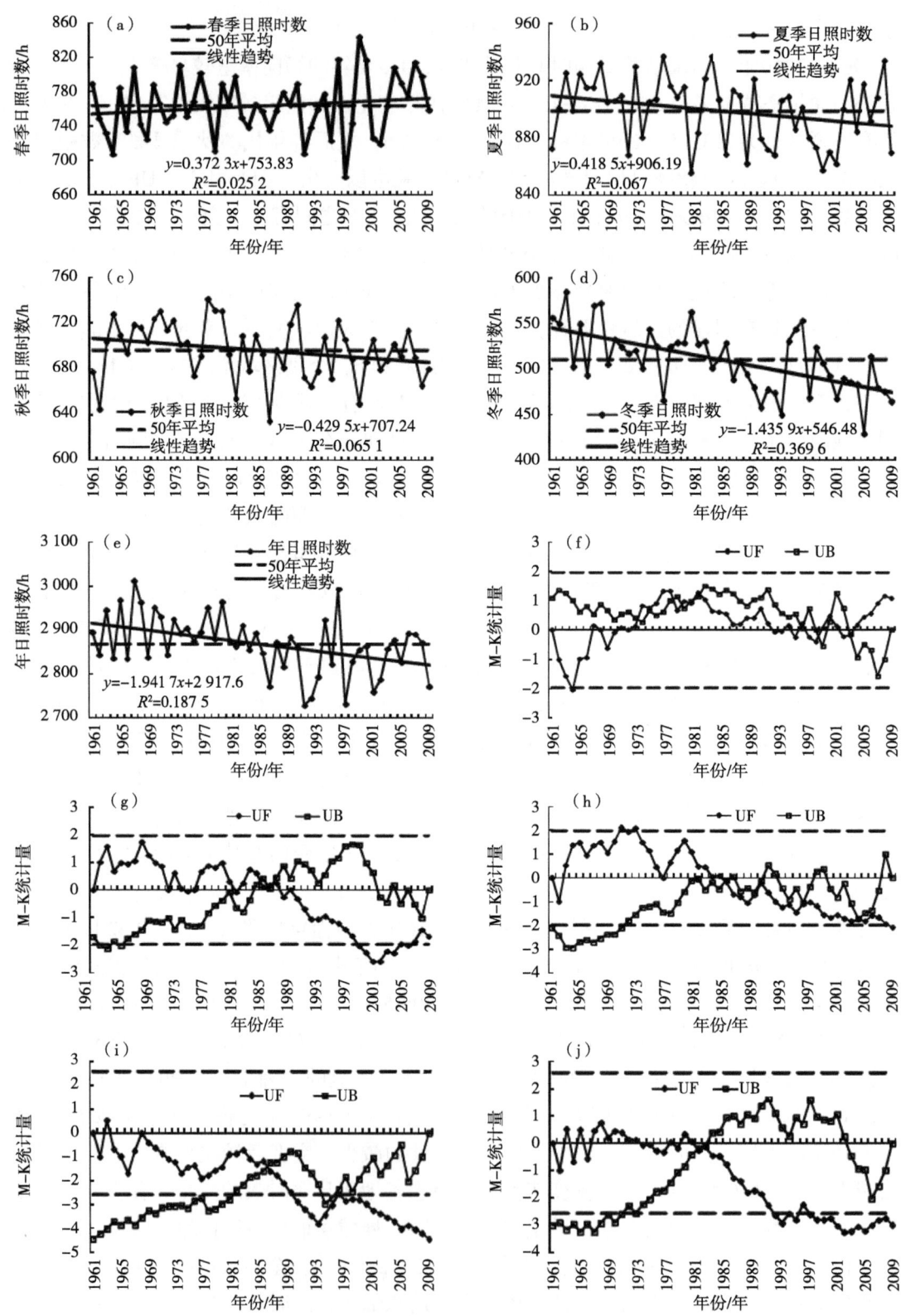

图4-4 1961—2010年新疆春、夏、秋、冬四季和年日照时数变化及其M-K检验

表4-5 新疆各年代春、夏、秋、冬四季和年日照时数平均值   单位：h

指标	1961—1970年	1971—1980年	1981—1990年	1991—2000年	2001—2010年
春季日照时数	755.6	766.0	760.9	757.7	776.4
夏季日照时数	909.6	907.8	898.0	883.4	896.0
秋季日照时数	701.7	713.7	686.6	689.6	689.9
冬季日照时数	541.5	517.9	513.2	498.5	478.1
年日照时数	2 908.4	2 905.5	2 858.7	2 828.3	2 839.7

表4-6 1961—2010年新疆夏、秋、冬季和年日照时数突变前、后多年平均值及其变化量   单位：h

指标	突变发生时间	突变前平均值	突变后平均值	突变前后变化量
夏季日照时数	1988年	906.0	890.7	-15.3
秋季日照时数	1986年	703.9	688.7	-15.2
冬季日照时数	1987年	529.1	489.1	-40.0
年日照时数	1982年	2 905.5	2 841.1	-64.4

4.4.3 云量对日照时数时空分布的影响

（1）云量对日照时数空间分布的影响。大量研究表明，云量是影响日照时数的最主要因素。为揭示新疆日照时数空间分布与云量的关系，以年平均总云量、低云量和年日照时数为例加以说明。新疆年平均总云量空间分布总体呈现"东部少，西部多；南疆少，北疆多；平原和盆地少，山区多"的格局。北疆东部、东疆大部和南疆东部总云量较少，只有38%~46%；塔里木盆地大部和准噶尔盆地东部为48%左右；北疆大部、南疆西部和天山山区总云量较多，为50%~58%。低云量的空间分布与总云量大体相似，塔里木盆地及其以东地区以及东疆的吐鲁番盆地、哈密盆地大部低云量一般不足10%；准噶尔盆地大部、塔里木盆地周边山前倾斜平原为11%~15%；北疆西部和阿尔泰山、天山、昆仑山区较多为16%~25%。对比年日照时数的空间分布可以看出，总体来说，新疆总云量、低云量较少的区域日照时数相对较多；反之，总云量、低云量较多的区域日照时数较少。统计全疆101站年日照时数与年平均总云量和低云量的相关性，其相关系数分别为-0.542 9和-0.349 3，均通过了$\alpha=0.001$的显著性检验，这说明，云量是影响新疆日照时数空间分布的主要气候因素。

（2）云量对日照时数时间变化的影响。线性趋势分析表明，1961—2010年，新疆年平均总云量无显著变化趋势，但低云量以1.172%/10年的倾向率呈显著（$\alpha=0.001$）的增多趋势（图4-5），50年来已增多5.9%。就全疆低云量变化倾向率的空间分布来看，除东疆的哈密地区大部以及南疆西部等局部区域年低云量以-1.8%~0/10年的倾向率略有减少外，全疆大部以0.1%~3.0%/10年的倾向率增多，其中，塔里木盆地和准噶尔盆地以及南疆西南部山区低云量增多较明显，倾向率为1.1%~3.0%/10年，局部可达3.1%~6.6%/10年；南疆东部和天山山区大部倾向率为0.1%~1.0%/10年。对照1982年前后年日照时数变化量的空间分布可知，两者的分布格局大体相反，即近

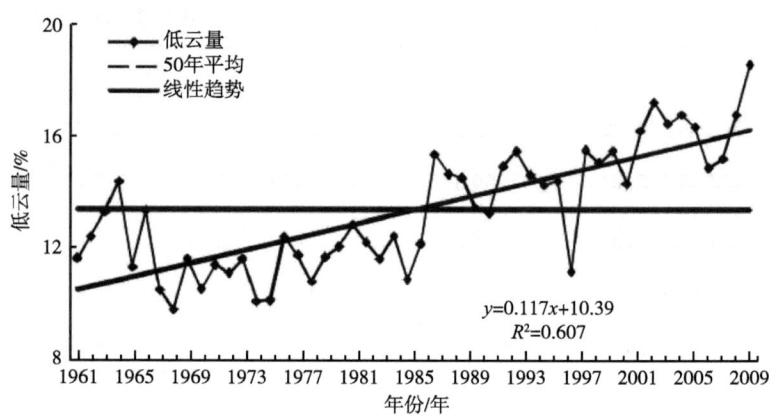

图4-5　1961—2010年新疆年平均低云量变化

50年低云量减少的主要区域（哈密地区）日照时数有所增加。反之，低云量明显增多的区域（塔里木盆地和准噶尔盆地），日照时数的减少幅度也相对较大。这说明，近50年新疆低云量的增加是导致日照时数减少的主要原因。

4.5　新疆旱作区气温、降水和日照时数的变化

新疆是我国典型的绿洲灌溉农业区，但是仍然有4%左右的雨养旱作区，虽然新疆旱区面积很少，但其分布较为集中，主要分布于伊犁河谷中上游山间平原谷地、塔额盆地边缘、昌吉回族自治州东部、天山北坡、阿尔泰山南坡等低山地带。为此，选取旱作农区较大的11个气象站点1961—2020年逐月平均气温、降水量、日照百分率等气象资料，研究该区域半个世纪以来的气温、降水量和日照时数气候变化特征，以期为应对气候变化提高旱作区作物生产力提供理论依据。

如图4-6a所示，近60年来新疆旱作农区年平均气温随时间变化呈波动上升趋势，平均气温变化倾向率为0.38℃/10年，变暖趋势较为明显；其中，年平均气温均值为6.7℃，2016年达最高值8.2℃，较多年平均值高1.5℃，最低值是1969年4.4℃，较多年平均值偏低2.3℃。

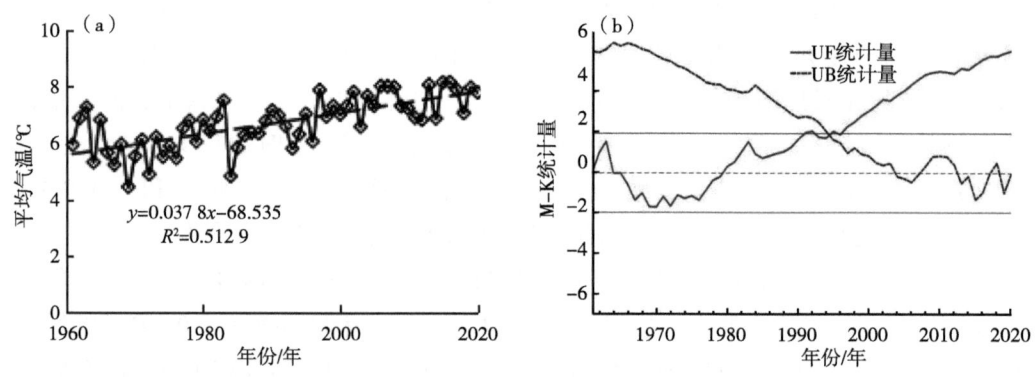

图4-6　1961—2020年新疆旱作农区年平均气温（a）以及突变情况（b）

近60年来，随着年代的增加，新疆旱作农区年平均气温呈梯度增加的趋势（表4-7），尤其近10年新疆旱作农区年平均气温增温最为显著。由图4-6b可知，年平均气温在1963—1979年期间的温度呈下降趋势，而1980—2020年年平均气温均呈上升趋势，其中在1994年（$\alpha=0.05$）UF和UB曲线相交，发生暖突变，突变年后的年平均气温比突变前的年平均气温上升了1.25℃，且年平均气温UF曲线在1996年超过0.05显著性水平临界线，开始呈显著上升态势。

表4-7　1961—2020年新疆旱作农区各气象要素的年代际变化

时间	平均气温/℃	降水量/mm	日照时数/h	平均风速/（m/s）	相对湿度/%
1961—1970年	5.90	305.0	2 865	2.13	62.8
1971—1980年	6.03	302.4	2 911	2.11	62.3
1981—1990年	6.45	318.7	2 820	1.79	62.5
1991—2000年	6.80	338.3	2 845	1.53	62.7
2001—2010年	7.54	354.0	2 784	1.59	61.5
2011—2020年	7.58	351.3	2 751	1.49	59.2

如图4-7a所示，旱作农区年降水量随时间变化呈波动上升趋势，均值为328.3 mm，平均每10年以12.46 mm的速率增加。其中年降水量最高值为504.2 mm，较多年平均值高175.9 mm，最低值为228.8 mm，较多年平均值偏低99.5 mm。分析各年代际可知（表4-7），20世纪60—70年代降水量较少，平均仅为303.7 mm，较多年平均值少24.6 mm，至20世纪80年代降水量开始逐渐增多，20世纪90年代至21世纪10年代年降水量均高于多年降水量的平均值，降水量相对较为丰富，但近10年降水量又有略微下降趋势，较21世纪最初10年减少了2.7 mm。分析图4-7b得出，1963—2020年UF值基本均处于0值以上，表明从1963年之后年降水量均呈增加趋势。但在临界线之间，UF和UB两条曲线出现多个相交点，其中年降水量分别为1969年、1973年和1986年（$\alpha=0.05$），经t检验进一步分析，1973是年降水量的突变点。UF在2010年基本均超过0.05显著性水平临界线，表明新疆旱作农区年降水量从2010年开始呈显著上升态势。

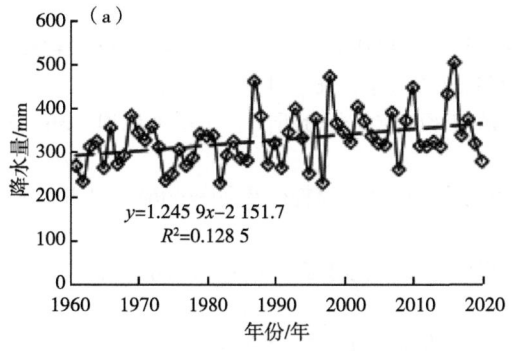 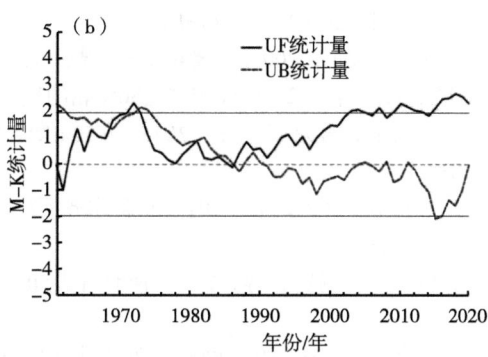

图4-7　1961—2020年新疆旱作农区年降水总量（a）以及突变情况（b）

新疆旱作农区近60年历年日照时数均值为2 829 h，并呈波动递减趋势（图4-8a），变化倾向率为-26.96 h/10年，最高值出现在1995年高达3 062 h，最低值出现在2016年仅为2 559 h。各年代年日照时数呈"增—减—增—减"的趋势（表4-6），20世纪70年代达到最高，较60年代增加了46 h，进入21世纪后，年日照时数下降幅度逐渐增大，2020年下降至最低，较20世纪60年代减少了114 h。使用M-K检验年日照时数的突变得知（图4-8b），1961—1986年年日照时数呈现增加的趋势，1986年之后呈波动下降趋势，滑动t检验，1998年为年日照时数的突变点，突变后的均值达到2 773 h，比突变前降低了89 h。

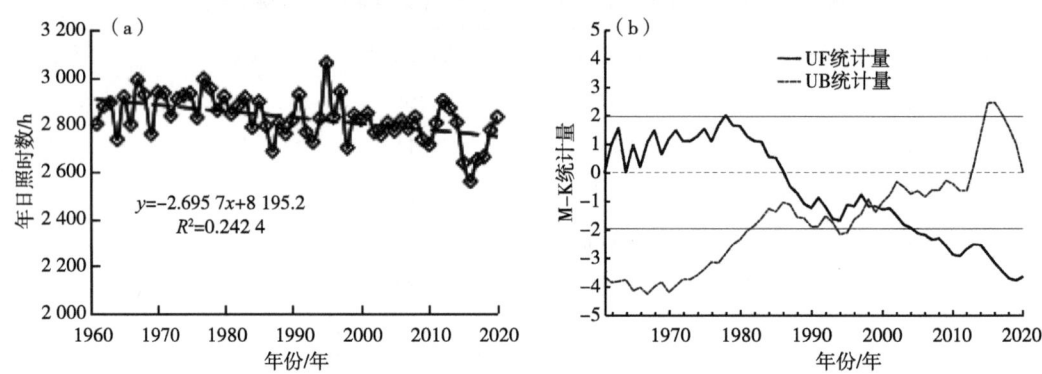

图4-8　1961—2020年新疆旱作农区年日照时数（a）以及突变情况（b）

参考文献

柏秦凤，霍治国，李世奎，等，2008. 1978年前、后中国≥10℃年积温对比[J]. 应用生态学报，19（8）：1810-1816.

陈汉耀，邱宝剑，左大康，等，1963. 新疆气候及其和农业的关系[M]. 北京：科学出版社.

陈鹏翔，毛炜峄，2012. 基于GIS的新疆气温数据栅格化方法研究[J]. 干旱区地理，35（3）：438-445.

翟盘茂，潘晓华，2003. 中国北方近50年温度和降水极端事件变化[J]. 地理学报，58（S1）：1-10.

杜军，宁斌，2006. 雅鲁藏布江中游近40年异常初终霜冻分析[J]. 气象，32（9）：84-89.

房彦飞，罗晓颖，唐江华，等，2024. 播种方式对旱地春小麦产量、干物质及水分利用效率的影响[J]. 中国农业科技导报，26（1）：173-181.

何清，杨青，李红军，2003. 新疆40 a来气温、降水和沙尘天气变化[J]. 冰川冻土，25（4）：423-428.

李辑，严晓瑜，王颖，2010. 辽宁省近50年霜的气候变化特征[J]. 气象，36（11）：38-45.

李景林，张山清，普宗朝，等，2013. 近50 a新疆气温精细化时空变化分析[J]. 干旱区地理，36（2）：228-237.

李瑞雪，张明军，金爽，等，2010. 乌鲁木齐河流域气候变化的区域差异特征及突变分析[J]. 干旱区地理，33（2）：95-102.

李元华，田国强，杨贤，等，2011. 河北省近50年农业界限温度变化特征分析[J]. 干旱区资源与环境，25（5）：83-88.

刘勤，严昌荣，何文清，等，2009. 黄河流域近40 a积温动态变化研究[J]. 自然资源学报，24（1）：147-153.

刘艳艳，张勃，张耀宗，等，2009. 1960年至2005年河西干旱区的日照时数变化时空特征分析[J]. 资源科学

[J]，31（9）：1581-1586.

刘义花，汪青春，王振宇，等，2011. 1971年—2007年青海省日照时数的时空分布特征[J]. 资源科学，33（5）：1010-1016.

刘永强，戴维，刘志辉，2011. 基于DEM的分布式融雪汇流模型关键算法和实现[J]. 干旱区地理，34（1）：143-149.

罗晓颖，房彦飞，孙婷婷，等，2023. 播种量对旱地春小麦干物质积累、灌浆特性及产量的影响[J]. 新疆农业科学，60（11）：2704-2711.

马柱国，2003. 中国北方地区霜冻日的变化与区域增暖相互关系[J]. 地理学报，58（S1）：31-37.

买苗，曾燕，邱新法，等，2005. 黄河流域近40年日照百分率的气候变化特征[J]. 气象，32（5）：62-66.

普宗朝，张山清，2011. 近49 a乌鲁木齐地区农业热量资源时空变化[J]. 干旱地区农业研究，29（2）：243-252.

普宗朝，张山清，宾建华，等，2012. 气候变暖对新疆乌昌地区棉花种植区划的影响[J]. 气候变化研究进展，8（4）：257-264.

普宗朝，张山清，李景林，等，2008. 近36 a新疆天山山区气候暖湿变化及其特征分析[J]. 干旱区地理，31（3）：409-415.

普宗朝，张山清，李景林，等，2013. 近50 a新疆≥0℃持续日数和积温时空变化[J]，干旱区研究，30（5）：776-783.

任国玉，郭军，徐铭志，等，2005. 近50年中国地面气候变化的基本特征[J]. 气象学报[J]，63（6）：942-956.

任国玉，徐铭志，初子莹，等，2005. 近54年中国地面气温变化[J]. 气候与环境研究，10（4）：717-727.

汤绪，杨续超，田展，等，2011. 气候变化对中国农业气候资源的影响[J]. 资源科学，33（10）：1962-1968.

王国复，许艳，朱燕君，等，2009. 近50年我国霜期的时空分布及变化趋势分析[J]. 气象，35（7）：61-67.

王冀，江志红，丁裕国，等，2008. 21世纪中国极端气温指数变化情况预估[J]. 资源科学，30（7）：1084-1092.

王健，徐德源，高永彦，等，2006. 新疆优势瓜果与气候[M]. 北京：气象出版社.

辛宏，张明军，李瑞雪，等，2011. 近50年中国天山日照时数变化及其影响因素[J]. 干旱区研究，28（3）：485-491.

徐德源，1989. 新疆农业气候资源及区划[M]. 北京：气象出版社.

杨晓光，于沪宁，2006. 中国气候资源与农业[M]. 北京：气象出版社.

叶殿秀，张勇，2008. 1961—2007年我国霜冻变化特征[J]. 应用气象学报，19（6）：661-665.

袁玉江，何清，魏文寿，等，2003. 天山山区与南、北疆近40 a来的年温度变化特征比较研究[J]. 中国沙漠，23（5）：521-526.

张家宝，陈洪武，毛炜峄，等，2008. 新疆气候变化与生态环境的初步评估[J]. 沙漠与绿洲气象，2（4）：1-11.

张山清，普宗朝，伏晓慧，等，2010. 气候变化对新疆自然植被净第一性生产力的影响[J]. 干旱区研究，27（6）：905-914.

张山清，普宗朝，李景林，2013. 近50年新疆日照时数时空变化分析[J]，地理学报，68（11）：1481-1492.

张山清，普宗朝，李景林，等，2013. 气候变暖背景下新疆无霜冻期时空变化分析[J]，自然科学，35（9）：1908-1916.

张运福，金巍，曲岩，2009. 1951—2007年辽宁省农业界限温度变化及其成因探讨[J]. 气象，35（12）：109-117.

赵勇，崔彩霞，李扬，2011. 新疆天山地区日照时数的气候特征变化及其影响因素[J]. 干旱区研究，28（4）：688-693.

赵宗慈，王绍武，徐影，等，2005. 近百年我国地表气温趋势变化的可能原因[J]. 气候环境研究，10（4）：808-817.

中国农业百科全书（农业气象卷）编辑委员会，1986. 中国农业百科全书（农业气象卷）[M]. 北京：农业出版社.

中国自然资源丛书编撰委员会，1995. 中国自然资源丛书：气候卷[M]. 北京：中国环境科学出版社.

周雅清，任国玉，2010. 中国大陆1956—2008年极端气温事件变化特征分析[J]. 气候与环境研究，15（4）：405-417.

EASTERLING D R, 2002. Recent changes in frost days and the frost-free season in the United States[J]. Bulletin of the American Meteorological Society, 83（9）：1327-1332.

IPCC，2007. Summary for Policymakers of Climate Change 2007. The Physical Science Basis. Contribution of Working Group I to the Fourth Assessment Report of the Intergovernmental Panel on Climate Change[M]. Cambridge：Cambridge University Press.

KUNKEL K E，EASTERLING D R，HUBBARD K，et al.，2004. Temporal variations in frost-free season in the United States：1895—2000[J]. Geophysical Research Letters, 31（3）：1-4.

MENZEL A，JAKOBI G，AHAS R，et al.，2003. Variations of the climatological growing season（1951—2000）in Germany compared with other countries[J]. International Journal of Climatology, 23（7）：793-812.

NORDLI P O，GRIMENES A A，2004. The climate of Atndalen[J]. Hydrobiologia, 521（1-3）：7-20.

SHEN S S P，YIN H，CANNON K，et al.，2005. Temporal and spatial changes of the agroclimate in Alberta, Canada, from 1901 to 2002[J]. Journal of Applied Meteorology, 44（7）：1090-1105.

第5章
新疆气候变化对主要作物播种期及产量的影响

适宜的播期是作物获取苗齐苗壮乃至高产的基础,在全球气候变暖的背景下,新疆各区域气温的增加使作物播期受到不同程度的影响。依据第4章对热量资源的研究可知,北疆较南疆增温显著,为此,选取增温最明显的阿勒泰地区、天山北坡经济带和伊犁河谷为典型代表区域,研究这些区域小麦、玉米、棉花播期可能受到的影响,并且研究气候变化对新疆乌鲁木齐—昌吉地区部分县市冬小麦、春小麦和棉花产量,以及伊犁河谷冬小麦主产区的伊宁、霍城、巩留、新源四县冬小麦产量的影响,进而分析气候变化对作物产量影响的利弊,以期为适应和应对气候变化,采取趋利避害的栽培技术措施,促进新疆主要农作物生产的持续稳定发展提供理论依据。

5.1 气候变化对小麦播种期的影响

5.1.1 伊犁河谷春小麦播期的变化

春小麦种子在0～3℃发芽,5℃以上出苗,适宜播种期可在日平均气温稳定通过0℃,积雪融化,土壤表层解冻到可播深度开始,越早播产量越高。对伊犁河谷各地稳定通过0℃初日的分析得出,在80%保证率下,伊犁河谷通过0℃初日的日期在3月17日至4月10日。平原地区在3月17—19日,各县之间差距较小,丘陵地区在3月21—24日,昭苏盆地更晚要到4月10日气温才稳定通过0℃。若以稳定通过0℃为春小麦播种的开始日期,伊犁河谷春小麦的播种期一般在3月中下旬至4月上旬。春小麦播种期总体表现为平原早,山区晚,且平原和山区间的差距大。

从伊犁河谷≥0℃初日的年际变化来看(表5-1),1960—1989年间的年代际波动较小,差值在2～3 d,而自1990年始≥0℃初日年代际之间的变化差异开始明显,伊犁河谷各年代际0℃初日在2001年发生突变,突变后较突变前0℃初日提前了11 d,其中平原地区提前了14 d,丘陵地区提前了9 d,山间盆地提前了2 d。依据春小麦适宜播种期的温度条件,也就是说春小麦的播种期与2000年前的播种期相比,2000年后的春小麦在伊犁河谷理论的播种期平均提前了11 d,平原地区提前了14 d,在丘陵地区提前了9 d,在山间盆地提前了2 d。

表5-1 伊犁河谷≥0℃和≥10℃初日年代际变化

时间	≥0℃初日	≥10℃初日
1960—1969年	3月15日	4月27日
1970—1979年	3月15日	4月21日
1980—1989年	3月13日	4月29日
1990—1999年	3月17日	4月27日
2000—2010年	3月3日	4月19日

5.1.2 阿勒泰地区春小麦播期的变化

阿勒泰地区也是增温最为显著的地区，阿勒泰地区春季强冷空气频繁发生，时常会出现寒潮天气，在播种期及苗期常会受到强冷空气影响，故而发生低温冷害、冻害等农业灾害，造成春播作物缺苗断垄甚至会造成直接毁种重播，因此，春季低温冷害、冻害成为影响阿勒泰地区春播作物生产的一大难关。从≥0℃初日的历年变化值来看（图5-1），阿勒泰地区近50年≥0℃初日以0.2 d/10年的倾向率提前，1961—2016年仅提前了1 d。从≥0℃初日的累积距平曲线来看，≥0℃初日累积距平在2000年出现了最小值，经t检验未通过显著性水平检验，因此≥0℃初日无突变年份。

从≥0℃初日的年代际发展变化来看，阿勒泰地区春小麦播种期总体上基本呈先提前后推迟的趋势（表5-2），20世纪80年代较60年代平均提前4 d，而21世纪初较20世纪80年代反而推迟了3 d。各县市基本上也表现出20世纪80年代之前为提前而后呈推迟变化。与20世纪60年代相比，20世纪80年代提前最多的县市依次是富蕴县、福海县、青河县，分别提前7 d、6 d、6 d。21世纪最初10年比20世纪80年代播期推迟最多的是青河县，推迟10 d，其他县市推迟天数均不超过5 d，所以，总体而言，阿勒泰地区尽管气候

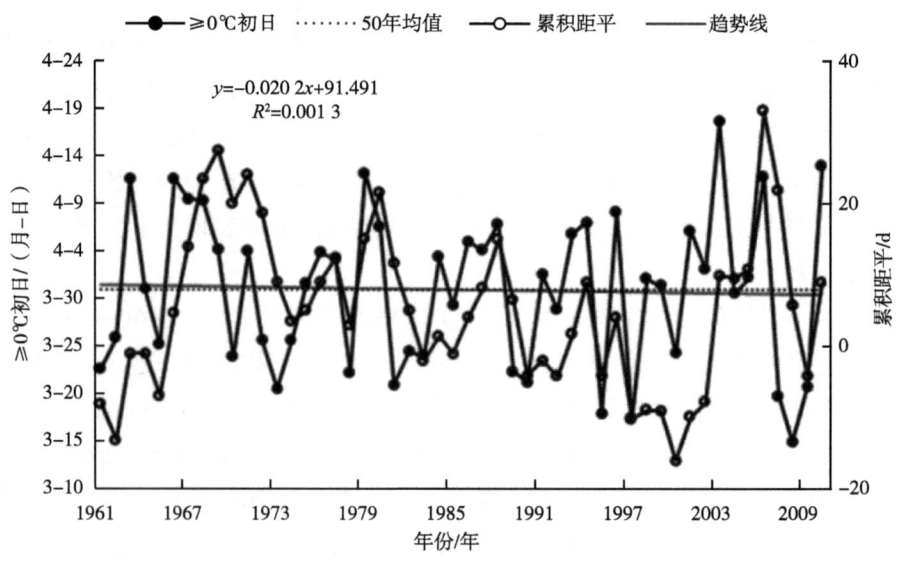

图5-1 1961—2010年阿勒泰地区≥0℃初日及累积距平变化趋势

增温显著,但从≥0℃初日的变化来说,各县市春小麦的播期并未有显著变化。因此,在当地种植春小麦过程中,不宜提早播种,选择品种时需谨慎,不能盲目引入早熟品种,在春小麦播种后出苗前一定要采取适当的保温措施,以确定齐苗、全苗,进而才能获得高产。

表5-2 1961—2010年阿勒泰地区及各县市≥0℃初日年代际变化

时间	哈巴河	吉木乃	布尔津	福海	阿勒泰	富蕴	青河	全区
1961—1970年	4月1日	4月6日	3月29日	3月30日	3月31日	4月2日	4月5日	4月2日
1971—1980年	3月28日	4月8日	3月26日	3月28日	3月28日	3月29日	4月6日	3月31日
1981—1990年	3月28日	4月5日	3月25日	3月24日	3月27日	3月26日	3月30日	3月29日
1991—2000年	3月29日	4月3日	3月28日	3月26日	3月29日	3月29日	3月31日	3月30日
2001—2010年	4月1日	4月4日	3月29日	3月25日	4月1日	3月30日	4月9日	4月1日

5.2 气候变化对春玉米播种期的影响

一般气温稳定在10~12℃时春玉米即可播种,因此将≥10℃初日确定为春玉米开始播种日期。

5.2.1 伊犁河谷玉米播期变化

伊犁河谷1961—2010年≥10℃初日一般出现的时序为108~138,即4月18日至5月28日。由于伊犁河谷地势复杂,≥10℃初日出现的日期在各地区具有明显的差异性。对≥10℃初日时序的空间分布分析得出,平原地区的霍尔果斯、霍城县、察布查尔县、伊宁县、伊宁市、巩留县≥10℃初日较早一般在4月18日,丘陵地区的新源县、尼勒克县和特克斯县≥10℃初日一般在4月28日,而昭苏县山间盆地≥10℃初日最晚至5月28日。该县积温条件不能满足玉米的种植。

由伊犁河谷1961—2010年≥10℃初日的倾向率变化可知(图5-2),≥10℃初日

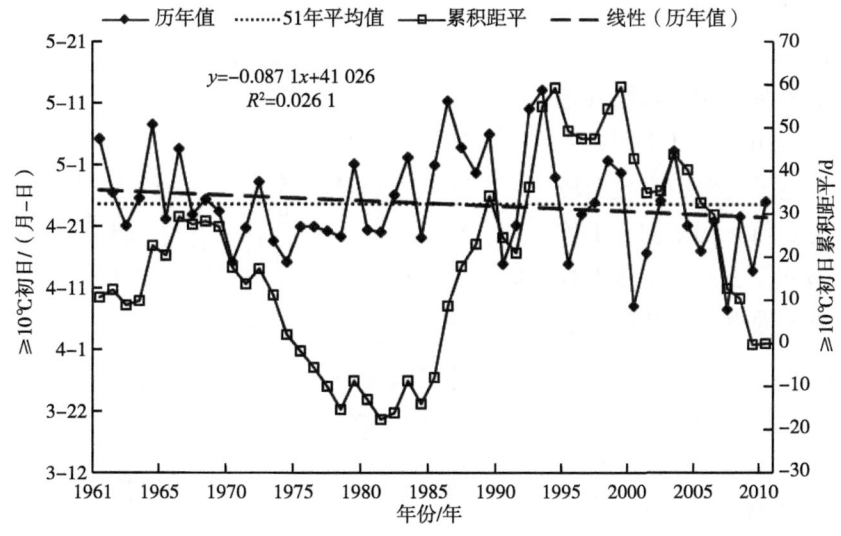

图5-2 1960—2010年伊犁河谷≥10℃初日变化及其累积距平变化

以-0.87 d/10年的倾向率在提前，51年里提前了4.4 d。进一步分析其累积距平曲线发现，≥10℃初日在1999年出现累积距平绝对值最大，经过t检验表明≥10℃初日在2000年发生了转折性突变，≥10℃初日在2000年发生突变后，较突变前伊犁河谷≥10℃初日平均提前了5 d，其中平原地区提前了3 d，丘陵地区提前了7 d，也就是说较2000年后，平原地区可以提前播种3 d，在4月15日播种玉米，丘陵地区可以在4月21日播种玉米。

5.2.2 阿勒泰地区玉米播期变化

从≥10℃初日的年代际变化来看（表5-3），1961—2010年阿勒泰整个地区春玉米播种期基本维持在5月2—7日，20世纪80年代之后，玉米播期总体呈现提前变化的趋势，全区平均提前了5 d，各县市的玉米播期也均表现为提前变化，平均提前4~7 d，其中哈巴河县和福海县播期提前最多为7 d，吉木乃县和布尔津县提前最少均为4 d。

表5-3 1961—2010年阿勒泰地区及各县市≥10℃初日年代际变化

时间	哈巴河	吉木乃	布尔津	福海	阿勒泰	富蕴	青河	全区
1961—1970年	5月6日	5月9日	4月29日	4月27日	4月30日	5月3日	5月11日	5月4日
1971—1980年	4月28日	5月16日	4月26日	4月27日	4月29日	5月1日	5月14日	5月3日
1981—1990年	5月6日	5月16日	5月2日	5月3日	5月4日	5月5日	5月16日	5月7日
1991—2000年	4月29日	5月15日	4月26日	4月27日	5月2日	5月2日	5月16日	5月4日
2001—2010年	4月29日	5月12日	4月28日	4月26日	4月29日	4月30日	5月11日	5月2日

进一步从阿勒泰地区≥10℃初日的突变年进行分析。1961—2010年阿勒泰地区≥10℃初日总体以0.3 d/10年的倾向率呈提早趋势，50年来提早了1.5 d（图5-3），对阿勒泰地区1961—2010年≥10℃初日序列进行t检验，结果表明近50年阿勒泰地区≥10℃初日于1996年发生了突变，突变后较突变前≥10℃初日平均提前了5 d，各县市提前天数也各不相同（表5-4），其中哈巴河县仍然是≥10℃初日提前最多的县为8 d，阿勒泰市最少为3 d。哈巴河县春玉米播种面积占

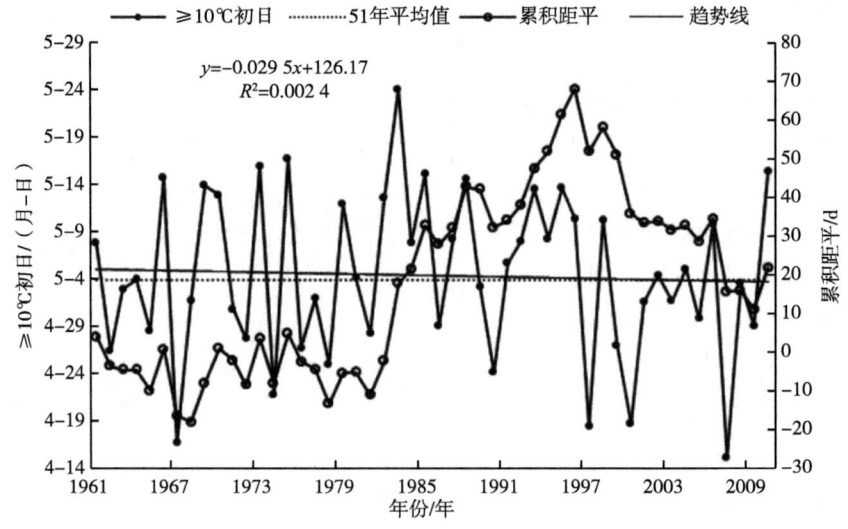

图5-3 近50年阿勒泰地区≥10℃初日及累积距平变化趋势

全区的38%，≥10℃初日提前对该县春玉米播种期有较积极的影响。

表5-4 阿勒泰地区各县市≥10℃初日突变前后差值　　　　　　　　　　　　　　　单位：d

哈巴河	吉木乃	布尔津	福海	阿勒泰	富蕴	青河	全区
-8	-4	-4	-5	-3	-5	-4	-5

此外，对突变年前后时序的等值线分布分析得出，突变前最早播种期出现在5月1日（时序等值线为122），而且仅出现在布尔津县东南—阿勒泰市西南部—福海县北部的少部分地区。5月1—5日（等值线为122~126）可以开始播种的地区在布尔津县—阿勒泰市—福海县北部地区—富蕴县西部部分地区。然而，随着气候逐渐变暖到突变后，5月1日（等值线为122）可以开始播种的地区延伸至整个布尔津县、阿勒泰市以及吉木乃东部—福海北部—富蕴西部—哈巴河大部分地区，并且布尔津县西北部和福海县北部的少部分地区播种日期已经提前至4月26日（等值线为117）。5月1—5日可以开始播种的地区在突变前的基础上延伸至整个哈巴河县、福海县以及富蕴大部分地区，突变后青河县可以开始播种日期较突变前（5月9—15日，等值线130~136）提前了4 d。吉木乃县可以开始播种日期较突变前（5月3—14日，等值线124~135）提前4~5 d。总之，从各个角度对阿勒泰地区玉米播期的分析均得出随着气候变暖，阿勒泰地区玉米的播期呈现提前的变化趋势。

5.3 气候变化对棉花播种期的影响

春季棉花早播有利于延长棉花生长季节，提高霜前花比例，促进棉花产量和品质的提高，尤其是对于北疆来说更是如此，但是，春季是新疆强冷空气活动最频繁的时期，北疆常常发生倒春寒，导致早播棉花受害。在全球气候变暖的背景下，以天山北坡经济带为典型地区，研究50多年气温变化可能对棉花播期的影响，以揭示北疆春季气温的增加是否有利于棉花早播、避免春季冷害的发生。

5.3.1 突变年前后播期的变化

依据棉花播种对温度的要求，可以认为日平均气温稳定通过≥12℃初日是适宜棉花大面积播种的初始日。由天山北坡经济带气象要素的累积距平曲线可以看出（图5-4），3月下旬至4月下旬以及≥12℃初日的累积距平绝对值的最低值，依次分别出现在是1999年、1996年、1991年、1990年和1994年，使用t检验得出3月下旬气温、4月上旬气温、4月中旬气温、4月下旬气温和≥12℃初日日序依次分别在1999年、1996年、1991年、1990年和1994年发生了显著性突变（表5-5）。

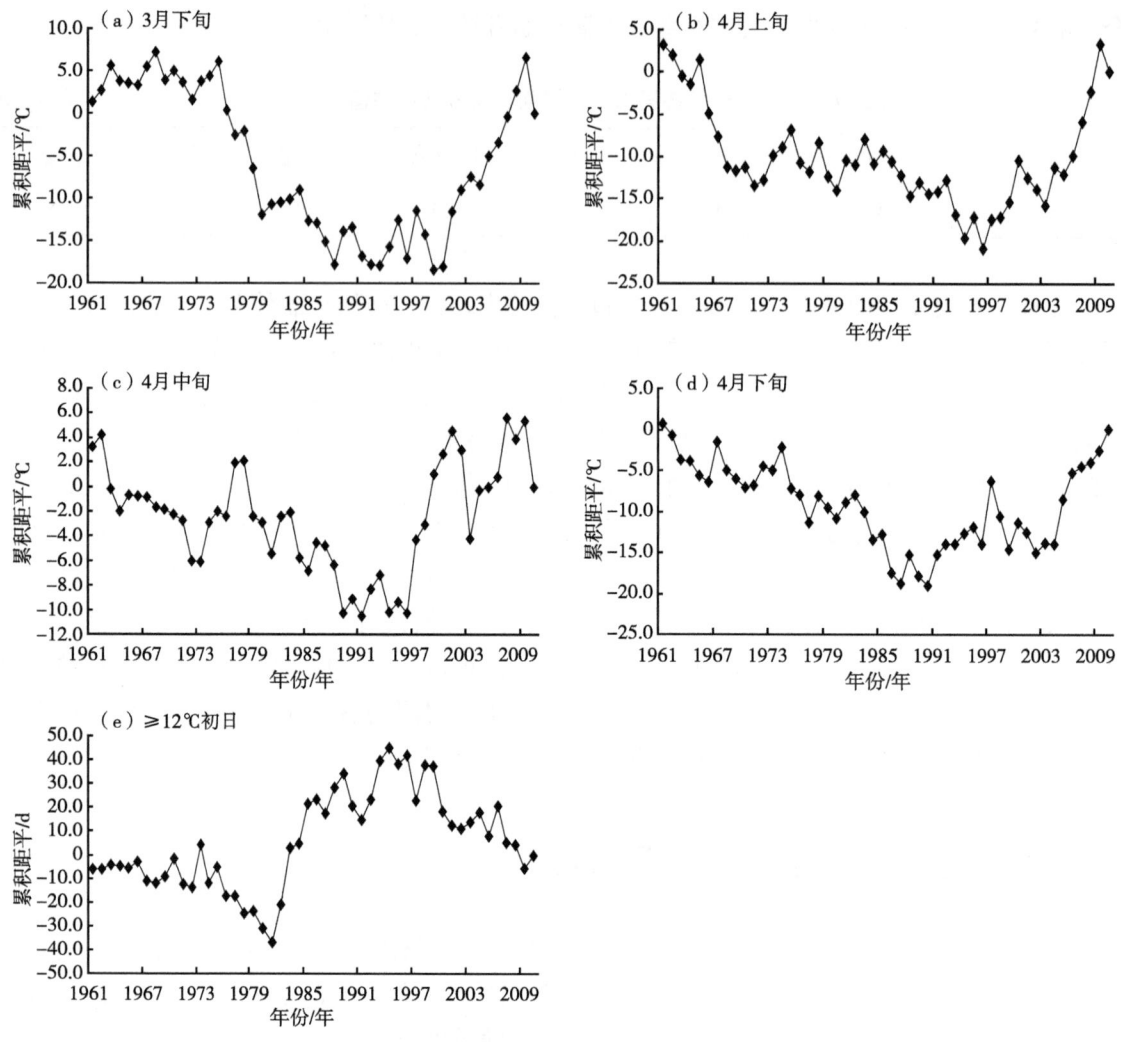

图5-4 天山北坡经济带1961—2010年气候要素累积距平变化情况

表5-5 天山北坡经济带1961—2010年气候要素突变性检验

气候要素	年份	$|t_0|$值	气象要素	年份	$|t_0|$值
3月下旬平均气温	1999年	4.28**	4月上旬平均气温	1996年	2.63*
4月中旬平均气温	1991年	3.24**	4月下旬平均气温	1990年	3.32**
≥12℃初日	1994年	3.84**			

注:*表示显著水平达到0.05;**表示极显著水平达到0.01。

对3月下旬至4月下旬气温突变前后气温空间分析后得出,突变年前整个天山北坡3月下旬平均气温呈西北部向东南部递减的趋势,整体上温度范围为4.0~6.1℃,达到12℃棉花可播种温度的保证率仅为0~2.6%。突变年后整个天山北坡3月下旬平均气温的温度范围在7.0~7.5℃，达到12℃棉花可播种温度的保证率略有提高达0~8.3%。在突变年前4月上旬平均气温的温度范围整体上在7.5~8.5℃，其播种棉花的保证率是2.7%~18.9%。突变年后整个天山北坡4月上旬平均气温的温度范围在9.6~10.1℃，其播种棉花的保证率是20.0%~40.0%。综上所述，在气候变暖的大背景下，不管是突变年前还是突变年后，天山北坡经济带各县市在3月下旬和4月上旬不适宜棉花播种，若播种其风险性很高。其中，高值区仍位于克拉玛依市站点周围，温度范围为12.7~13.3℃，其播种棉花的保证率是67.6%~75.7%；低值区在乌鲁木齐市以南区域，温度范围为10.9~11.5℃，其播种棉花的保证率是43.2%~48.6%。

进一步分析得出，突变年前4月中旬平均气温的温度范围是10.9~13.3℃，以沙湾县以北的广大地区气温略超过12℃，但突变年后整个天山北坡4月中旬平均气温均超过12℃，新疆全区的温度范围在12.8~13.3℃，而且播种棉花的保证率是53.3%~80.0%。其中，高值区从原先克拉玛依市附近向南扩大至乌苏市以西大部分县市，温度范围为13.2~13.3℃，达到12℃保证率为66.7%~80.0%；低值区范围在昌吉市以东大部分县市，温度范围为12.8~12.9℃，但其达到12℃的保证率为53.3%~66.7%。综上所述，突变前天山北坡各县市在4月中旬气温均未到达棉花可播种温度，但气温突变后，天山北坡经济带各县市在4月中旬均达到棉花可以播种的最低温度，且播种棉花的保证率有明显的提高，尤其是克拉玛依市的4月中旬气温达到12℃的保证率超过80.0%，说明克拉玛依市在4月中旬播种棉花是安全的，但其他县市在4月中旬虽然可以播种但仍有一定的风险。

突变前天山北坡整体的4月下旬平均气温呈东部数值高、西部数值低的分布趋势，整体上4月下旬平均气温的温度范围是12.7~15.2℃，其达到12℃保证率是61.3%~90.3%。其中，高值区仍位于精河县和乌苏市站点以北大部分区域，为14.6~15.2℃，其气候保证率为83.8%~90.3%；低值区在乌鲁木齐市以南大部分区域，为12.7~13.4℃，其气候保证率为61.3%~71.4%。突变后整个天山北坡4月下旬平均气温的温度范围在15.0~16.1℃，其播种棉花的保证率是81.4%~90.4%。其中，高值区由原先克拉玛依市附近向南扩大至乌苏市以西大部分县市，温度范围为15.9~16.1℃，达到12℃保证率为85.7%~90.4%；低值区范围在昌吉市以东大部县市，温度范围为15.0~15.3℃，达到12℃保证率为81.4%~85.7%。综上所述，突变前天山北坡各县市4月下旬气温均已到达棉花可播种温度，但仅有乌苏市、精河县和克拉玛依市可以安全播种棉花。突变后天山北坡各县市4月下旬气温均可以播种棉花，且各县市达到12℃保证率均增加至80%以上，所以天山北坡4月下旬平均气温较为稳定，是棉花播种的安全时间。

为了进一步明确棉花播种的初始日，依据棉花播种对温度的要求，可以认为日平均气温稳定通过≥12℃初日是适宜播种棉花的初始日。通过对≥12℃初日突变前后分析后得出，1994年≥12℃初日突变年之前，整个天山北坡经济带12℃初日的日序平均范围是113~121，代表日期是4月23日至5月1日。突变后整个天山北坡经济带12℃初日的日序平均范围为108~119，代表日期为4月18—29日。突变年之后，天山北坡经济带棉区适宜播期提前了2.0~5.0 d，提前至4月18—29日，与从温度角度分析得出4月下旬是天山北坡经济带适宜播期的结论基本一致。

由此可知,虽然突变年后天山北坡各个县市3月下旬和4月上旬平均气温均有增加,但整体上仍未达到12℃棉花可以播种的温度条件,使天山北坡各个县市在3月下旬和4月上旬播种棉花即使地膜棉风险也极大。随着突变后增温,天山北坡经济带各县市在4月中旬均达到棉花可以播种温度,但仅有克拉玛依市的保证率超过80.0%,说明天山北坡经济带除克拉玛依市外,其他县市在4月中旬虽然达到播种棉花的温度条件,但有一定风险。可是,新疆棉花均为地膜栽培,考虑到地膜本身的增温作用,天山北坡经济带4月中旬可以播种棉花的气温保证率就有所提高,意味着北疆棉花的播期在4月中旬播种的风险性大大降低。气温突变后天山北坡各县市4月下旬达到12℃且保证率均增加至80.0%以上,所以天山北坡4月下旬平均气温较为稳定,各县市均适宜在4月下旬播种棉花,其遭遇冷害的风险极低。综上所述,与突变前比较,天山北坡经济带棉花适宜播期提前了2.0~5.0 d,由突变年前的4月23日至5月1日提前至4月18—29日。若考虑地膜栽培,天山北坡经济带棉花适宜播种的时间还可提前至4月10日。

5.3.2 棉花播种期的年代际变化

从3月下旬和4月上旬气温的年代际变化可知(表5-6),随着年代的增加3月下旬、4月上旬气温基本呈增加趋势,但均未到达12℃棉花可播种的适宜温度。进一步分析各年代4月中旬平均气温的变化趋势可知(表5-6),天山北坡经济带各年代除20世纪80年代的4月中旬气温未超过12℃不适棉花播种外,其他年代均到达可以播种棉花的起始温度,但各个年代4月中旬平均气温到达12℃棉花可播种适宜温度的保证率有差异,其中,20世纪60年代为63.6%,70年代为54.5%,80年代为45.5%,90年代为63.6%,21世纪最初10年为54.5%。综上所述,虽然各个年代4月中旬平均气温基本到达12℃棉花可播种的温度条件,但各年代的保证率均未超过80.0%,4月中旬播种后,棉苗易受冷害侵袭。

进一步分析各年代4月下旬平均气温的变化趋势可知(表5-6),整个天山北坡经济带的4月下旬平均气温基本随年代的增加而呈增加趋势,各年代4月下旬均超过可以播种棉花的起始温度。其中,除20世纪60年代为72.7%外,其他年代4月下旬平均气温到达12℃棉花可播种适宜温度的保证率均为81.8%,到21世纪最初10年,可播种棉花的保证率提高到100.0%。综上所述,1961—2010年天山北坡经济带自20世纪70年代之后均可在4月下旬种植棉花,并且自20世纪60年代后播种棉花安全性逐年代增加,自20世纪70年代之后各县市均能在4月下旬播种棉花,且能保证棉花的正常生长。

对≥12℃初日的年代际变化分析可知,20世纪60年代,≥12℃初日有72.1%集中在4月21日至5月4日;到20世纪70年代后,≥12℃初日有61.0%集中在4月7—27日;到21世纪最初10年,≥12℃初日有62.3%集中在4月17—27日。综上所述,天山北坡经济带棉区的适宜播期从20世纪60年代的4月21日至5月4日之间提前至21世纪最初10年的4月17—27日,提前了4~7 d,其结果基本与4月上旬平均气温分析结果相一致。

表5-6　1961—2010年天山北坡经济带各气象要素的年代际变化

时间	3月下旬气温/℃	4月上旬气温/℃	4月中旬气温/℃	4月下旬气温/℃	≥12℃初日
1961—1970年	6	7.4	12.2	13.9	4月27日
1971—1980年	3.9	8.2	12.4	14.3	4月23日
1981—1990年	5.4	8.4	11.8	13.8	5月2日
1991—2000年	5.1	8.9	13.6	15.4	4月27日
2000—2010年	7.2	9.9	12.3	16	4月24日

5.4　气候变化对棉花产量的影响

农作物的产量受到气候条件、作物品种培育、农业栽培技术措施、社会经济因素等综合影响。尽管随着农业科技的发展进步，促进了作物单产水平的不断提高，但是，随着全球气候的变暖，新疆气候出现气温升高、降水量增多的趋势，加之棉花是喜温作物，气候增暖，极大地影响了棉花的生长发育和产量。为此，以天山北坡经济带为研究区域，重点以玛纳斯县和呼图壁县为例，研究气候变化对整个天山北坡经济带棉花产量的影响，以期为天山北坡经济带适应和应对气候变化，采取趋利避害的生产管理和技术措施，促进该地区棉花生产的持续稳定发展提供理论依据。

5.4.1　天山北坡经济带棉花单位面积产量

新疆已有多年的植棉史，在20世纪60—70年代由于缺乏优良的棉花品种和先进的种植技术，棉花单产并不理想，仅有300 kg/hm²左右。自从20世纪80年代后，新疆推行了"一黑一白"的政策以及国家对新疆棉花生产的发展战略，加之高密度栽培技术和滴灌技术的推广与应用，新疆棉花种植面积和总产量迅速增加，种植面积和总产量分别由20世纪80年代的15万hm²和5.5万t发展到1994年的70万hm²和88.2万t，单产也由375 kg/hm²提高到1 170 kg/hm²，自此，几十年来新疆棉花种植面积、总产、单产一直稳居全国首位。

从图5-5可以

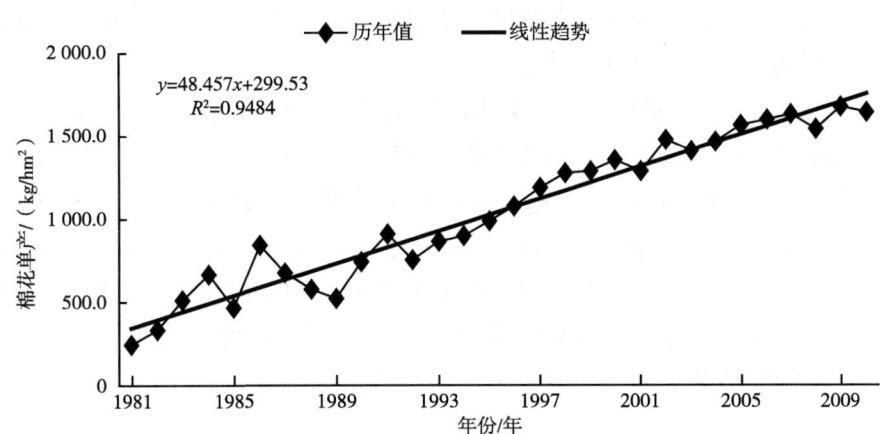

图5-5　天山北坡经济带1981—2010年棉花单位面积产量变化情况

看出，1981—2010年天山北坡经济带单位面积产量呈明显的上升趋势，20世纪80年代天山北坡经济带各地单产仅有273.0～1 003.1 kg/hm^2；在20世纪90年代后，棉花单产出现明显增加的趋势，棉花单产达到969.9～1 327.8 kg/hm^2，较20世纪80年代增加了0.3～2.5倍；至21世纪最初10年，天山北坡经济带各个县市棉花单产高达1 141.4～1 941.4 kg/hm^2，较20世纪80年代的棉花单位面积产量增加了0.9～3.2倍。由各地实际单产可知，各个县市棉花单产也均在20世纪90年代后开始提高，这与20世纪90年代初全国大力扶持新疆棉花产业和新疆推行膜下滴灌技术的时间相吻合，所以国家政策推行和栽培技术提高是增加棉花产量的主要因素。

5.4.2 天山北坡经济带棉花的气候产量

在自然条件下影响棉花生长的因素很多，可以将棉花的单位面积产量分解为受社会发展和农业技术措施影响的趋势产量、受气候因素影响的产量两个部分。从图5-6可以看出，天山北坡经济带的气候产量呈现波动增加的趋势，其年际波动范围在-222.9～166.6 kg/hm^2。

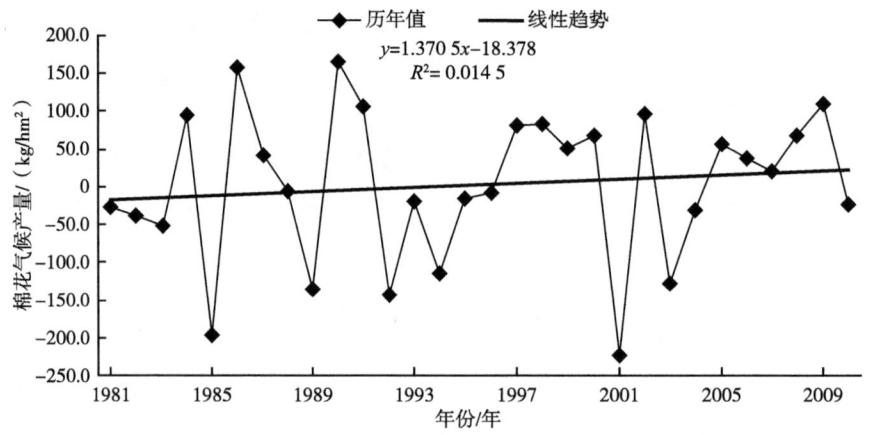

图5-6　天山北坡经济带1981—2010年气候产量变化情况

虽然，气候产量的增加幅度不明显，但可以说明气候条件的变暖的确是有利于当地棉花增产，而棉花栽培技术的提高和棉花品种的改良等农业生产技术措施的改进，仍是天山北坡经济带棉花产量增产的主要因素。

从图5-7可以看出，各个县市的气候产量略有不同。其中，克拉玛依市气候产量的变动在-300.2～387.0 kg/hm^2，昌吉市在-1 871.6～-99.4 kg/hm^2，阜康市在-669.7～305.7 kg/hm^2，呼图壁县在-449.1～343.0 kg/hm^2，玛纳斯县在-300.8～148.2 kg/hm^2，乌苏市在-306.7～155.6 kg/hm^2，沙湾县在-215.0～160.0 kg/hm^2，精河县在-201.5～184.5 kg/hm^2。从年代上可以看出，各个县市在20世纪80—90年代气候产量的年际波动明显，20世纪90年代之后各个县市气候产量的年际波动基本减弱，出现较为平稳的趋势，说明进入21世纪后气候条件更加稳定，更适宜棉花生长。

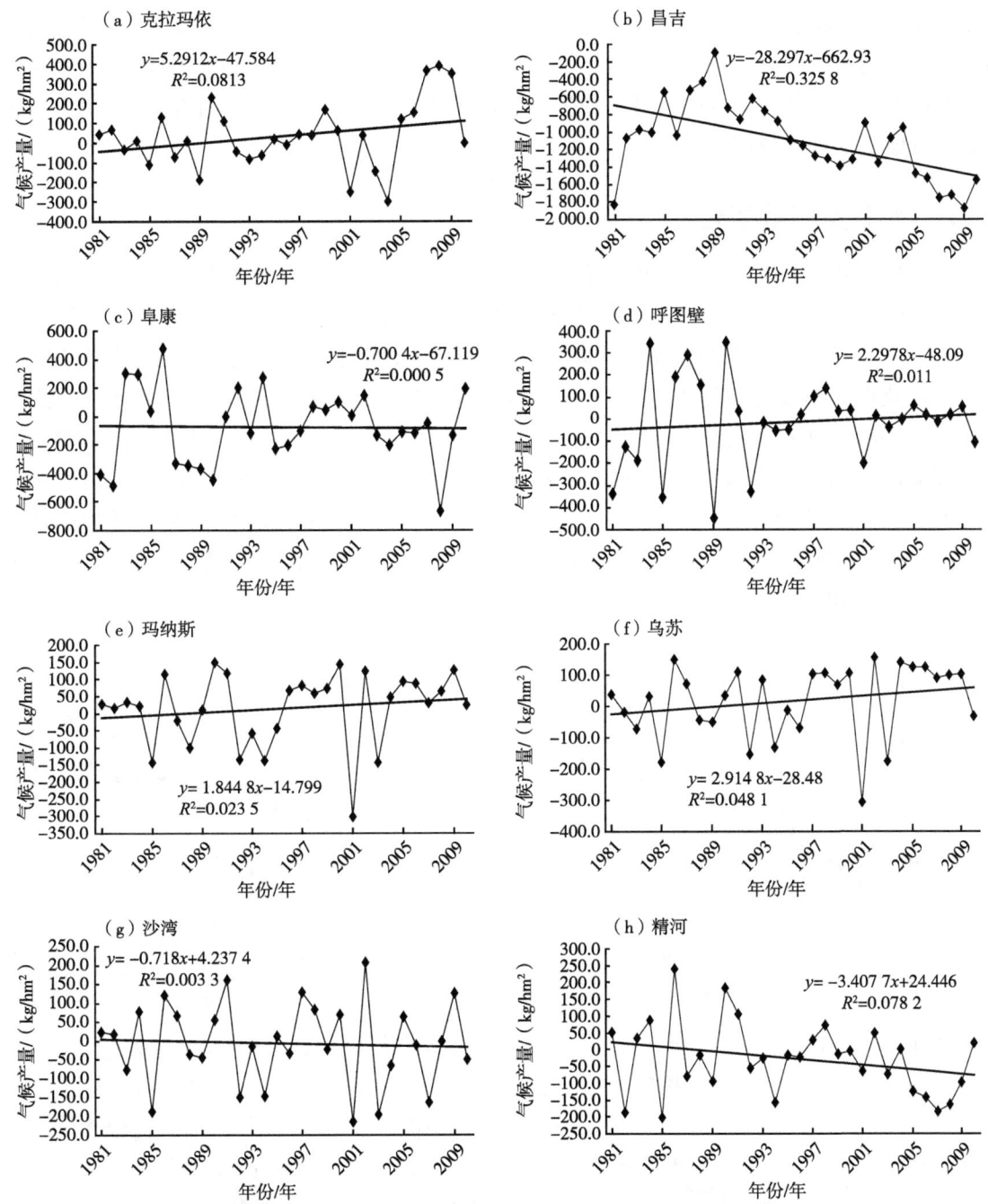

图5-7 1981—2010年天山北坡经济带各个县市气候产量变化情况

注：（a）～（h）中直线所示为棉花气候产量的线性趋势。

5.5 气候变化对冬小麦产量的影响

以伊犁河谷冬小麦主产区的伊宁、霍城、巩留、新源4县为例，在对1980—2011年各县冬小麦生长季气温、降水量变化特征分析的基础上,探讨冬小麦不同生长发育时段气候条件对产量形成的影响程度,进而对近32年气候变化对冬小麦产量影响的利弊进行分析,以期为适应和应对气候变化,采取趋利避害的生产管理和技术措施,促进伊犁河谷冬小麦生产的持续稳定发展提供理论依据。

5.5.1 冬小麦产量变化

从图5-8可以看出,1980—2011年伊宁、霍城、巩留、新源4县冬小麦产量总体呈明显的上升趋势。20世纪80年代初各地产量只有2 000～3 000 kg/hm²,至2011年已增至6 000 kg/hm²左右,这说明栽培技术的提高和品种改良等农业技术措施的改进是近32年伊犁河谷冬小麦产量获得大幅度提高的主要因素。但气候条件的年际差异对冬小麦产量的影响也不可小视,从1980—2011年各县冬小麦气候产量的变化可以看出,其年际间的波动十分明显,波动范围在-1 507～745 kg/hm²,并且进入21世纪以来气候产量的年际间波动有增大的趋势(图5-9)。另外,从图5-9还可以看出,大多数年份各县冬小麦气候产量的年际间波动趋势基本一致,这说明,同一气候背景下的伊犁河谷各地,气候变化对冬小麦产量影响的年际间波动也是基本相同的。

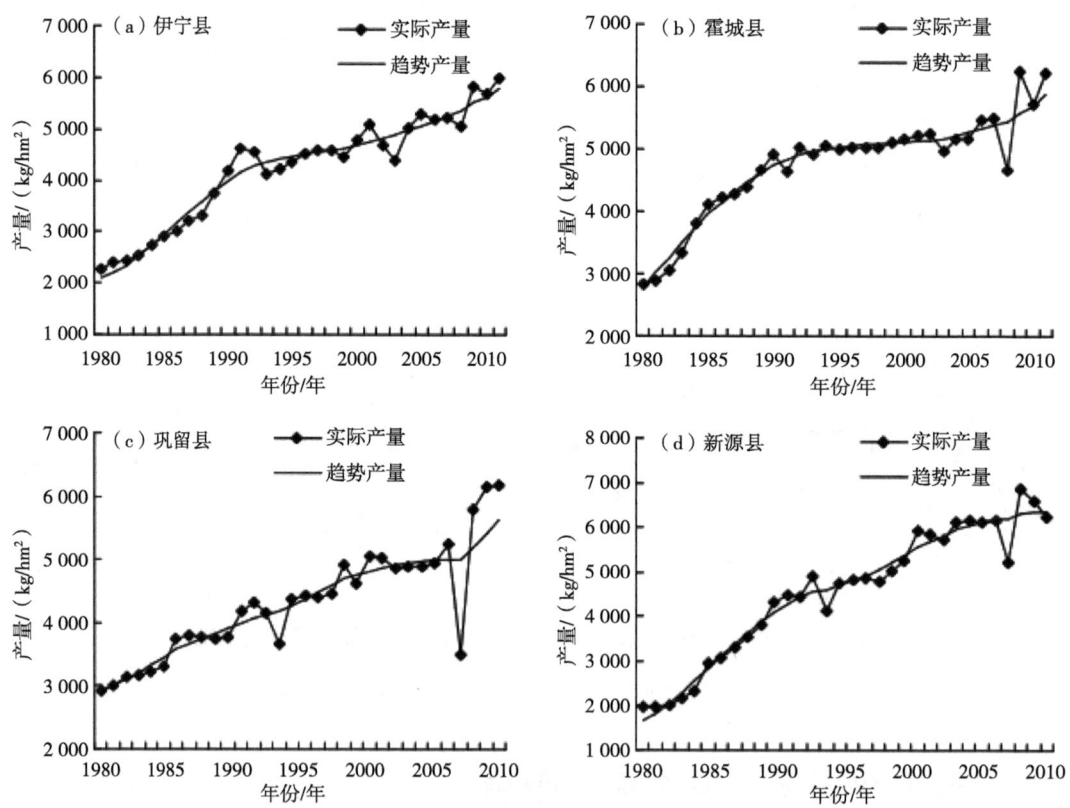

图5-8　1980—2011年伊犁河谷冬小麦产量变化情况

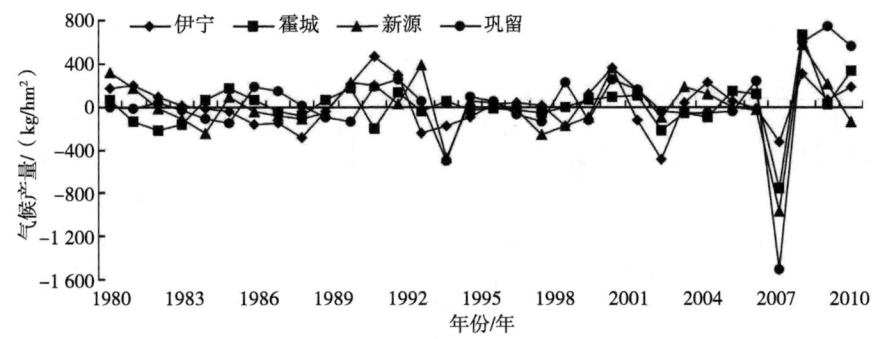

图5-9　1980—2011年伊犁河谷冬小麦气候产量变化

5.5.2　冬小麦生长季气候变化对产量的影响

1980—2011年伊犁河谷各冬麦区冬小麦生长季平均气温呈显著的上升趋势，但小麦生长的不同阶段气温变化趋势、变化速率具有明显的差异（图5-10），除12月上旬和1月上中旬各地气温分别以-0.15～-0.80℃/10年的倾向率降低外，生长季大部分时段的气温呈上升趋势，上升倾向率一般在0～1.84℃/10年，其中，冬末春初的2月中旬至3月下旬气温上升最为明显，倾向率多在1.00℃/10年以上，小麦越冬前和返青后气温倾向率在0.30～0.80℃/10年。

从冬小麦生长季各旬平均气温对产量影响系数的变化来看，大致可分为苗期（9月下旬至10月中旬）、越冬期（10月下旬至翌年3月中旬）和主要生长期（3月下旬至6月下旬）3个不同的阶段（图5-10）。苗期各旬平均气温对冬小麦产量的影响总体为正效应，影响系数0.5～32.0 kg/(hm²·℃)，主要是由于伊犁河谷秋季降温较快，该阶段气温适当偏高对增加有效分蘖、形成壮苗有利。越冬期小麦进入休眠阶段，并且一般都有5 cm以上的稳定积雪覆盖，因此小麦对一定幅度的温度变化反应不敏感，该时段各旬平均气温对冬小麦产量的影响系数为-2.3～6.0 kg/(hm²·℃)。主要生长期（返青至成熟）是冬小麦生长发育和产量形成的主要阶段，也是对温度条件要求较高、反应较敏感的时段，该时段各旬平均气温对冬小麦产量的影响为持续的负效应，影响系数为-22.9～2.0 kg/(hm²·℃)，这主要是由于伊犁河谷冬小麦返青至成熟气温回升较快，该阶段气温适当偏低，对促进幼穗分化、增加小穗数和穗粒数，减轻干热风危害，延长灌浆时间，增加千粒重均十分有利，反之，气温偏高则不利，其中，开花至成熟的5月中旬至6月下旬是影响系数绝对值最大的时段，影响系数一般-22.9～-8.0 kg/(hm²·℃)。这说明，该阶段是气温影响冬小麦产量高低的关键期，且该阶段气温较高的霍城、伊宁县影响系数较气温相对较低的新源、巩留县更大些（图5-10）。

对比冬小麦生长季内各旬平均气温对冬小麦产量的影响系数以及各旬平均气温变化倾向率的分布情况（图5-10）可以看出，苗期气温变化对冬小麦产量的影响为正效应，该阶段各冬麦区平均气温也呈上升趋势，对冬小麦产量较有利。越冬期气温变化对冬小麦产量的影响很小，因此尽管该阶段各旬气温有升也有降，但对冬小麦产量均不会产生明显影响。返青至成熟期气温对冬小麦产量的影响为负效应，而该阶段各冬麦区平均气温却总体呈较明显的上升趋势，因此，对冬小麦产量将造成一定的不利影响，其中，开花至成熟期气温上升对冬小麦产量的影响更为明显。

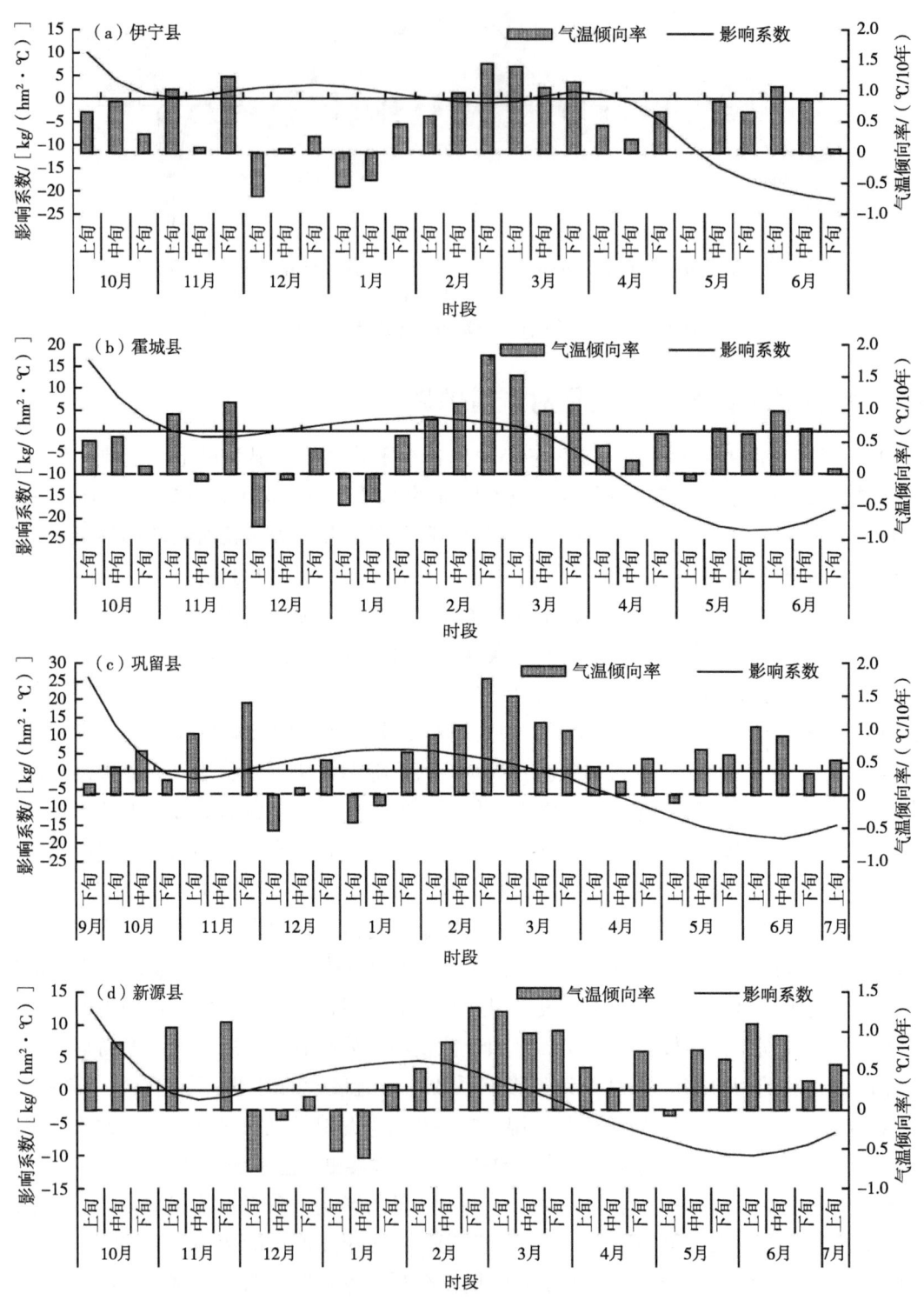

图5-10 冬小麦生长季各旬平均气温对冬小麦产量影响系数的变化

统计分析1980—2011年伊犁河谷各县冬小麦气候产量与生长季不同时段平均气温的相关性可以看出（表5-7），与整个生长季、越冬期以及返青至成熟期平均气温的相关性均不显著。与冬前苗期平均气温的相关性,伊宁、霍城县达到了$P<0.05$显著水平的正相关,新源、巩留两县未通过显著性检验,但各县冬小麦气候产量与抽穗开花至成熟期平均气温的负相关性均通过了$P<0.05$的显著性检验,其中,霍城县还通过了$P<0.01$的极显著性检验。综合不同时段气温变化对冬小麦产量的影响系数和相关性可以发现,气候变暖对伊犁河谷冬小麦产量形成既有利也有弊,其中播种至返青气温升高对冬小麦产量有不显著的正效应,但返青后,尤其是抽穗、开花至成熟期平均气温上升将对小麦产量造成不利影响。

表5-7 1980—2011年伊犁河谷各县冬小麦气候产量与生长季各时段平均气温的相关系数

地区	冬小麦生长季	9月下旬至10月中旬	10月下旬至3月中旬	3月下旬至6月下旬	5月中旬至6月下旬
伊宁	-0.104 9	0.306 5*	0.175 1	-0.214 1	-0.363 4*
霍城	0.070 4	0.296 3*	0.109 8	-0.274 8	-0.425 5**
巩留	0.141 7	0.207 5	0.248 9	-0.203 6	-0.325 4*
新源	0.198 2	0.175 6	0.282 6	-0.137 2	-0.305 4*

就近32年伊犁河谷各冬麦区冬小麦生长季不同阶段降水量变化来看,虽然各地降水变化差异较大,但大部分时段降水量均表现为不同程度的增多趋势(图5-11)。再就冬小麦生长季各时段降水量对产量的影响来看,绝大部分时段为正效应,其中,越冬前和返青后降水量对小麦产量形成总体为一致的正效应,影响系数一般为0.68~9.39 kg/(hm^2·mm),越冬期的影响系数相对较小。统计分析1980—2011年伊犁河谷各县冬小麦气候产量与生长季各时段降水量及生长季总降水量的相关性,结果表明,虽然大多为正相关,但与各时段降水量的相关性均不显著,与生长季总降水量的相关系数,除新源、巩留县分别为0.358 7和0.349 9通过了$P=0.05$的显著性检验外,伊宁、霍城县也未达到显著水平,这很可能是由于作为灌溉农业区的伊犁河谷,伊宁、霍城县自然降水对冬小麦的直接作用相对较小,而新源、巩留县冬小麦主要分布在降水相对较多的丘陵、浅山地带,自然降水对冬小麦的直接作用相对较大的缘故。但总体来说,近32年伊犁河谷冬小麦生长季降水量略呈增多趋势对小麦生产具有积极意义。

通过从气温、降水对伊犁河谷冬小麦产量的影响分析得出,就多年平均而言,伊犁河谷冬小麦生长季气候条件对小麦生长发育和产量形成是较适宜的,但气候条件的年际间差异对冬小麦产量的影响仍十分明显,由其导致的产量的年际间波动可达-1 507~745 kg/hm^2。冬小麦生长季内不同时段各气候因素对产量的影响差异较大,其中,气温的影响,在越冬前表现为正效应,越冬期影响很小,但返青至成熟期为负效应,其中抽穗开花至成熟期是气温影响冬小麦产量形成的关键期。降水量对各县冬小麦的影响在生长季各时段大多表现为不显著的正效应,生长季总降水量对小麦产量的影响,除新源、巩留县通过了$P=0.05$的显著性检验外,伊宁、霍城县未达到显著水平。在全球气候变化背景下,1980—2011年,伊犁河谷各地冬小麦生长季平均气温分别以0.503~0.653℃/10年的倾向率呈极显著的上升趋势,降水量分别以3.828~18.948 mm/10年的倾向率呈不显著的增多趋势。但冬小麦生长季内各时段上述气

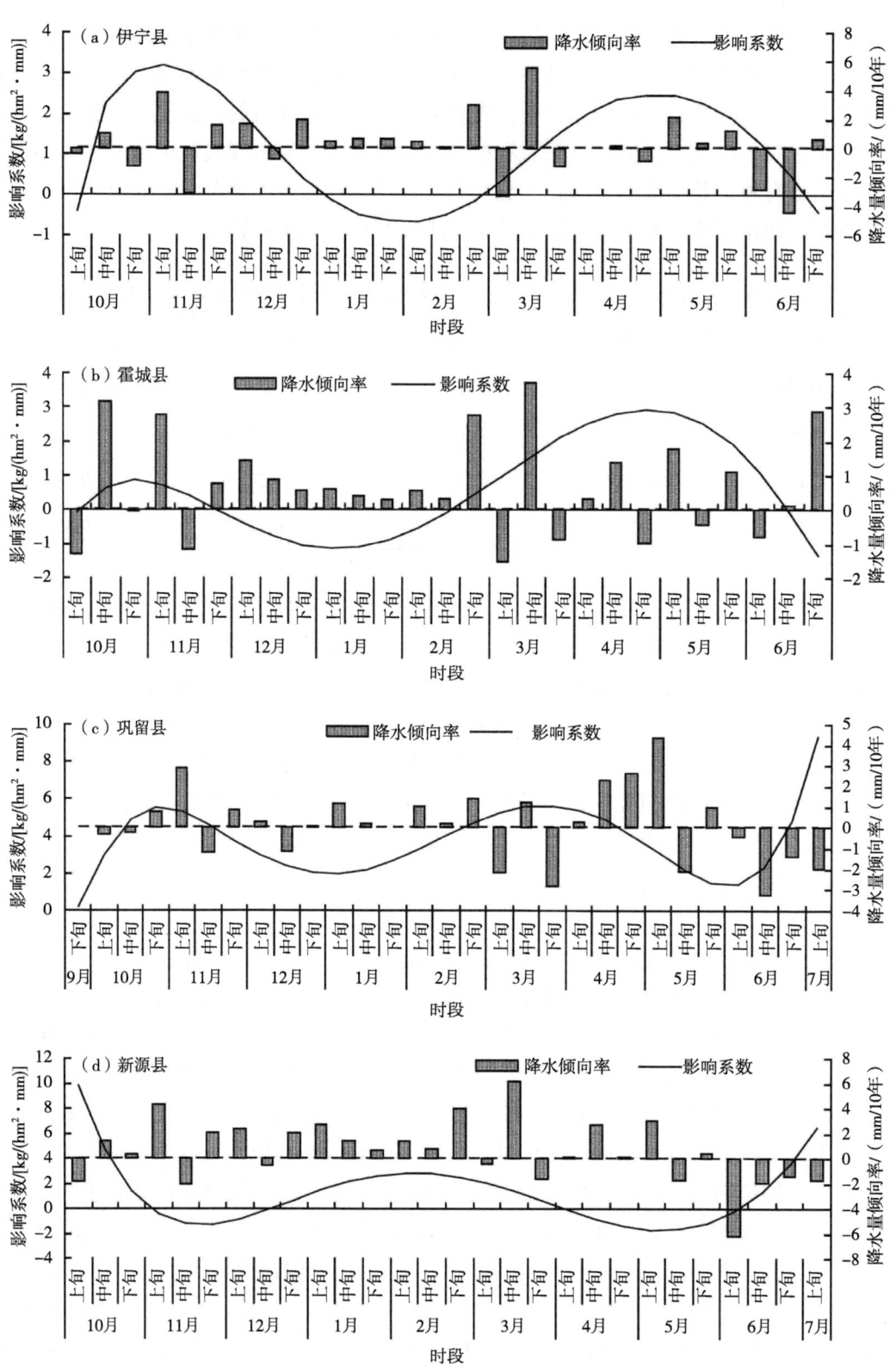

图5-11 冬小麦生长季各旬降水量倾向率及旬降水量对冬小麦产量影响系数的变化

候要素的变化及其对冬小麦产量的影响差异明显。气候变暖，对冬小麦产量有利也有弊，但总体来看弊大于利，其中，冬前的播种至分蘖期气温升高对冬小麦较有利，越冬期气温变化对冬小麦影响不大，但返青至成熟期气温升高将对冬小麦产量产生一定的不利影响，其中，抽穗、开花至成熟期的不利影响更为明显。降水量增多对提高小麦产量具有一定积极意义，但对灌溉农业区的伊犁河谷来说，其直接影响大多不显著。

参考文献

卢合全，李振怀，董合忠，等，2012. 播种期对2个不同类型棉花品种产量和产量构成的影响[J]. 棉花学报，24（4）：312-317.

马玄，金山，2004. 新疆棉花生产现状、存在的问题及建议[J]. 新疆农业大学学报，27（增刊）：21-24.

普宗朝. 张山清. 徐文修. 等，2014. 气候变化对伊犁河谷冬小麦产量的影响[J]. 中国农学通报，30（15）：173-182.

王荣晓，徐文修，只娟，等，2015. 气候变暖对阿勒泰地区春玉米播种期和种植布局的影响[J]. 干旱地区农业研究，33（1）：219-224，232.

徐娇媚，2013. 伊犁河谷气候变化及其对农业影响初探[D]. 乌鲁木齐：新疆农业大学.

只娟，张山清，徐文修，等，2015. 天山北坡经济带棉花播期对气候变暖的响应[J]. 应用生态学报，26（7）：2074-2082.

第6章

气候变化对新疆北疆多熟种植的影响

气候变暖已对我国山西省、陕西省、河北省等多个省份中高纬度地区的熟制产生了重要影响。新疆位于我国西北地区,其纬度相对山西省、陕西省和河北省等更高,农业生产对气候变化的响应可能更为敏感,因此,进一步依据新疆1961—2012年≥10℃年积温等气象要素的变化,研究气候变化对增温明显的北疆地区作物熟制的影响极为迫切,其研究结果可为新疆应对气候变化优化作物种植提供理论依据。通过M-K检验和t检验可知,1961—2012年,新疆≥10℃积温在2002年发生了极显著突变,进行比较分析可知,新疆南疆突变前后≥10℃积温绝大多数地区在3 601~5 000℃·d,多熟种植区域在突变前后变化幅度也很小,而北疆多熟种植区域变化较南疆更为明显。因此,本章重点研究气候变化对北疆熟制的影响。

6.1 气候变化对北疆熟制的影响

北疆年平均气温整体以较高的速率增温,使其在1996年发生了极显著的突变,仅增温速率非常低的阿勒泰市和乌鲁木齐市未发生显著突变,除此之外的站点分别在1985—1996年发生了显著($P<0.05$)或极显著($P<0.01$)升温突变,其中多数站点在1988年或1996年发生了极显著增温突变。

6.1.1 年平均气温突变前后北疆熟制的空间分布及其气候保证率

参照年平均气温与熟制区划的对应关系(表3-2),进一步对比分析北疆年平均气温突变前后熟制的变化可知,突变前吐鲁番市和托克逊县站点附近的年平均气温为12~14℃,可满足作物一年二熟的条件;零星分布于克拉玛依市、新源县、伊犁河谷西部、吐鲁番大部分地区和哈密市及淖毛湖站点周围年平均气温为8~12℃,满足作物二年三熟的热量条件。除此之外的和布克赛尔至青河县北缘以北广大地区、巴里坤县以及伊吾县周围年平均气温较低,只有0.1~5℃,该区只能一年一熟。

年平均气温突变后,北疆各站点年平均气温增加至1.6~15.3℃,原本一年两熟的区域有所扩大,由吐鲁番市和托克逊县站点附近地区向周围扩大,并且鄯善县站点附近地区则由突变前的两年三熟也变为了一年两熟区。二年三熟的范围扩大更为明显,由突变前仅零星围绕克拉玛依、新源、伊宁县以西、哈密、淖毛湖站点附近的区域,扩大到霍尔果斯—霍城—精河—克拉玛依—乌苏—玛纳斯—昌吉—吉木萨尔—哈密各站点以南的整个地区，但仅有精河县、乌苏市、巩留县和米泉市（2007年，昌吉回族自治州米泉市与乌鲁木齐东山区合并，成立乌鲁木齐米东区）的年平均气温保证率高于80%。塔城市和裕民县站点附近也由一年一熟变为二年三熟。一年一熟的地区明显向高纬度以东地区缩小，充分说明随着全球气候变暖，北疆的熟制总体上呈现出由一年一熟向多熟制发展的变化趋势。

为了进一步了解该地区突变年后各县市总体热量的稳定情况，对突变后年平均气温变化较大的地区进行风险评估。精河县、乌苏市、巩留县和米泉市年平均气温在1995年发生突变，突变后达到8~12℃，且保证率高于80%，达到较稳定的二年三熟基础热量条件，而吉木萨尔县、塔城市、裕民县保证率低于80%，二年三熟有较大的风险；石河子市、沙湾县和昌吉市在1987年发生突变，突变后在8~12℃的保证率均低于80%，也属于满足二年三熟热量资源欠佳的地区，实施二年三熟种植模式风险较大，仍适宜推广一年一熟种植，但为了充分利用增加的热量资源提高作物产量，可种植适应当地气候条件的晚熟作物品种；达到12~16℃，满足一年二熟的地区以吐鲁番市和托克逊县为中心主要向东南方向扩大，向东到达鄯善县，且保证率均达到100%。

6.1.2 无霜冻期突变前后北疆熟制的空间分布及其气候保证率

无霜冻期也是作为判断某一地区熟制的重要指标，用于衡量某作物生长期的长短，对复播作物安全成熟的影响尤为重要。因此，为深入全面地了解气候变化对复播作物熟制的影响，进一步分析北疆近52年的年平均无霜冻期的变化可知，北疆近52年的年平均无霜冻期在1986年突变前，平均无霜冻期最长地区零散分布于在以吐鲁番市为中心，最短的地区主要分布于北部高纬度的阿勒泰地区和东部哈密地区的北部，而北疆中部地区突变后无霜冻期变化较大。

北疆年平均无霜冻期发生突变前（1961—1986年），北至阜康市、西至米泉市东至鄯善县的部分地区以及伊犁河谷西部局部地区、克拉玛依市、新源县、乌苏市和沙湾县站点周边地区，其无霜期在180.0~226.0 d，达到一年二熟的条件，但是，仅有伊宁县、克拉玛依市、吐鲁番市、鄯善县和托克逊县无霜期的保证率≥80%，其余大部分地区保证率均很低，说明突变前北疆广大地区种植一年两熟的风险性很高。

突变后（1987—2012年）北疆各站点年平均无霜冻期在124.0~247.0 d，除奇台县缩短了8.4 d外，整体呈增加趋势，最低和最高值均比突变前增加了约20.0 d。吐鲁番市年平均无霜冻期较之前增加最为明显，热量条件达到一年三熟，且保证率高于80.0%，并且一年二熟区的范围突变后也明显扩大，由原来零星的分布扩大至连片分布，北抵克拉玛依市、南至吐鲁番市南端、西至霍尔果斯市、东至鄯善县东部的连片地区以及哈密市和淖毛湖站点周围地区，其中呼图壁县、阜康市、察布查尔县、石河子市、昌吉市和莫索湾、炮台、淖毛湖站周围一年二熟保证率均超过80.0%，而裕民县、巩留县、博乐市、特克斯县、精河县和吉木萨尔县一年二熟的保证率在55.3%~76.5%，更适合二年三熟。除此之外，无霜冻期达到二年三熟的条件，且保证率均超过80%的地区仅有塔城市、乌鲁木齐市、阿勒泰市、额敏县和新源县，剩余的地区仅适宜一年一熟。

6.1.3 ≥10℃积温突变前后北疆熟制的空间分布及其气候保证率

界限积温是表征某地区农业热量资源丰富程度的重要指标，也是决定熟制的最主要依据，在对北疆年平均气温和无霜冻期的分析基础上，进一步从≥10℃积温的角度分析北疆熟制的变化。

年平均≥10℃积温突变前，1961—1998年，仅吐鲁番市和托克逊县站点附近达到一年三熟的条件，其外围以及克拉玛依市、乌苏市、沙湾县、炮台站、阜康市、鄯善县、哈密市和淖毛湖各站点周围的积温可达到一年二熟条件的要求，但其保证率基本低于80.0%。此外的大部分县市站点积温在3 000℃·d以下，基本上均属于一年一熟区。

但突变后，1999—2012年，各县市积温不仅增加明显，而且也扩大了积温增加的范围，使北疆85.4%站点的年平均≥10℃积温达2 600℃·d以上，原本一年三熟的吐鲁番市和托克逊县站点的范围又向其周围地区扩大1倍左右，且≥10℃积温保证率达100%。一年二熟范围也由突变前的点片分布扩大到从克拉玛依市以南、精河以东至鄯善东缘以西的广大连片为主的地区，其中霍尔果斯市、霍城县、察布查尔县、石河子地区、呼图壁县、玛纳斯县和阜康市的≥10℃保证率高于80.0%，其余各县市的保证率较低，但作为二年三熟则保证率高于80.0%。剩余县市虽然≥10℃积温突变之后均普遍提高，但不足以满足多熟种植的热量要求仍为一年一熟区。

6.2 主要热量资源变化对北疆熟制保证率的影响

将≥10℃积温和无霜冻期突变后对熟制影响趋势相同的县市进行对比分析，并计算其保证率后发现（表6-1），随着气温变暖，北疆27.1%的县市达到二年三熟（一年二熟保证率低于80.0%将再计算其二年三熟保证率），16.7%的县市达到一年二熟，仅吐鲁番市及周边部分地区热量资源最为丰富，已达到一年三熟制，但该区由于夏季高温且灌溉用水紧缺，综合条件更符合一年二熟。其次霍尔果斯市、霍城县、鄯善县、托克逊县、乌苏市、沙湾县、克拉玛依市、米泉市、阜康市、淖毛湖和炮台等主要县市和站点周边地区已可以进行一年二熟，且热量保证率高于80.0%。虽然察布查尔县、伊宁市、伊宁县、哈密市、石河子市、莫索湾站台周边地区、精河县、吉木萨尔县、呼图壁县和昌吉市已达到一年二熟热量资源条件，但一年二熟的保证率低于80.0%，种植风险较大，所以作为二年三熟区更为合适。除此之外的广大地区，建议在原有一年一熟作物的基础上，改种生育期延长的品种，以便获得更高的经济产量。

作为气候相对冷凉的北疆而言，熟制的增加有利于种植业的发展，不仅种植面积得以扩大，而且可以从复种早熟的蔬菜、青贮玉米、油葵发展到复播早熟玉米、大豆等作物，增加北疆粮食作物、经济作物、牧草和蔬菜等的产量，最终提高复种指数，促进作物年产量的提高。同时，新疆水资源短缺一直是新疆绿洲农业面临的难题，复播面积的增加势必可能加剧夏秋季作物争水的矛盾，因此，发展北疆多熟种植，需要更好的发展节水灌溉技术，以缓解各种作物争水的矛盾，实现多种多收。

表6-1 北疆各站点突变后无霜冻期、≥10℃积温范围和熟制及保证率

站点	突变后无霜冻期/d	无霜冻期保证率/%	突变后≥10℃积温/（℃·d）	≥10℃积温保证率/%	突变后熟制	熟制保证率/%
霍尔果斯	180~230	93.75	3 600~5 000	92.86	三	87.05
霍城	180~230	92.86	3 600~5 000	92.31	三	85.71
察布查尔	180~230	92.31	3 600~5 000	84.62	三	78.11
伊宁市	180~230	100	3 600~5 000	78.57	三	78.57
尼勒克	150~180	85.71	2 600~3 600	85.71	二	73.47
伊宁县	180~230	92.86	3 600~5 000	84.29	三	80.69
巩留	180~230	74.29	2 600~3 600	100	二	74.29
新源	180~230	100	2 600~3 600	100	二	100
昭苏	140~150	76.92	1 600~2 600	66.67	一	51.28
特克斯	180~230	71.43	2 600~3 600	61.11	二	43.65
哈巴河	150~180	70.37	2 600~3 600	100	二	70.37
吉木乃	140~150	72.97	1 600~2 600	100	一	72.97
布尔津	150~180	74.07	2 600~3 600	100	二	74.07
福海	150~180	77.78	2 600~3 600	100	二	77.78
阿勒泰	150~180	100	2 600~3 600	100	二	100
富蕴	140~150	86.49	2 600~3 600	94.12	一	81.40
青河	140~150	22.22	1 600~2 600	100	一	22.22
吐鲁番	230~250	95.65	>5 000	100	四	95.65
鄯善	180~230	100	3 600~5 000	100	三	100
托克逊	180~230	100	2 600~3 600	100	二	100
哈密	180~230	72.97	3 600~5 000	100	三	72.97
巴里坤	140~150	7.40	1 600~2 600	100	一	7.40
伊吾	140~150	0	1 600~2 600	100	一	0
淖毛湖	180~230	81.82	3 600~5 000	100	三	81.82
红柳河	150~180	73.68	2 600~3 600	96.30	二	70.96
石河子	180~230	84.62	3 600~5 000	83.33	三	70.51
炮台	180~230	91.67	3 600~5 000	100	三	91.67
莫索湾	180~230	83.33	3 600~5 000	91.67	三	76.39
博乐	180~230	73.53	2 600~3 600	100	二	73.53

续表

站点	突变后无霜冻期/d	无霜冻期保证率/%	突变后≥10℃积温/(℃·d)	≥10℃积温保证率/%	突变后熟制	熟制保证率/%
温泉	150~180	85.71	1 600~2 600	100	一	85.71
精河	180~230	75.76	3 600~5 000	100	三	75.76
塔城	150~180	88.89	2 600~3 600	100	二	88.89
额敏	150~180	82.61	2 600~3 600	100	二	82.61
裕民	180~230	57.14	2 600~3 600	100	二	57.14
托里	150~180	77.78	2 600~3 600	78.57	二	61.11
和布克塞尔	140~150	71.43	1 600~2 600	100	一	71.43
乌苏	180~230	88.89	3 600~5 000	100	三	88.89
沙湾	180~230	96.00	3 600~5 000	100	三	96.00
克拉玛依	180~230	100	3 600~5 000	100	三	100
乌鲁木齐	180~230	100	2 600~3 600	100	二	100
奇台	150~180	73.33	2 600~3 600	98.08	二	71.92
吉木萨尔	180~230	84.21	3 600~5 000	78.57	三	66.17
木垒	150~180	85.71	2 600~3 600	92.86	二	79.59
呼图壁	180~230	92.31	3 600~5 000	84.62	三	78.11
昌吉	180~230	87.50	3 600~5 000	75.00	三	65.63
玛纳斯	150~180	91.18	2 600~3 600	100	二	91.18
米泉	180~230	100	3 600~5 000	100	三	100
阜康	180~230	88.89	3 600~5 000	100	三	88.89

注:"一"代表一年一熟,"二"代表二年三熟,"三"代表一年二熟,"四"代表一年三熟,若一年三熟保证率低于80%则按照一年二熟计算,一年二熟保证率低于80%,则按照二年三熟计算,并依此类推计算。

6.3 热量资源变化对北疆复种模式的影响

北疆≥0℃和≥10℃初日提前和其终日推迟促使积温的增加,为当地农业生产提供了更为丰富的热量资源,也为发展多熟种植提供了热量基础条件。北疆地区历年种植冬小麦面积约占该区粮食种植面积的1/2,而冬小麦对≥0℃总积温的平均利用率仅为61.8%,因此,冬小麦收获后复播其他作物的应用前景广阔,复种增产潜力巨大。玉米营养丰富,是农作物中热量最高的粮食,人们称之为"饲料作物之王",现今,全世界约70%的玉米用以发展畜牧业,以换取肉、蛋、奶等生活必需品,学者曾把人均玉米数量视为一个国家畜牧业发展和人民生活水平的重要标志。北疆是我国重要的玉米生产基地之一,发展复种玉米对该地区畜牧业发展意义重大。此外,大豆也是北疆种植面积最大且经济效益较高的作物,因此,本章选择了冬小麦复种玉米和大豆两种作物,并依据各熟性冬小麦收获后剩余可利用的≥10℃积温,结合不同熟性夏玉米和夏大豆生育期所需≥10℃积温,选择适宜复种模式并计算其安全成熟的保证率。

6.3.1 热量资源变化对冬小麦复种玉米的影响

不同熟性冬小麦收获后剩余可利用积温不同,直接决定了复播夏玉米的熟性及其能否安全成熟,因此本研究中早熟、中熟和晚熟冬小麦生育期所需≥0℃积温分别取2 000℃·d、2 200℃·d和2 400℃·d,并依据复种玉米不同熟性品种生育期所需≥10℃积温(表6-2),将麦收后剩余可利用≥10℃积温按突变年分为突变前(1961—1999年)和突变后(2000—2012年)两个时段,分析北疆各地区不同熟性冬小麦收获后复种玉米熟性选择及其安全成熟保证率。

表6-2 复种玉米和大豆所需生育期天数≥10℃积温

熟性	夏玉米		夏大豆	
	生育期/d	所需≥10℃积温/℃	生育期/d	所需≥10℃积温/℃
特早熟品种	[60, 90)	[1 800, 2 000)	[80, 90)	[1 600, 1 900)
早熟品种	[90, 120)	[2 000, 2 500)	[90, 110)	[1 900, 2 100)
中早熟品种	[120, 140]	[2 500, 3 000]	[110, 130]	[2 100, 2 400)

≥0℃积温突变前,无论种植早熟、中熟还是晚熟冬小麦,其收获后北疆大部分地区不适宜复种,若种植早熟(生育期需≥0℃积温按2 000℃·d计算)冬小麦,可复种特早熟或早熟夏玉米(生育期需≥10℃积温1 800~2 000℃·d)的区域分布于41.2°~45.8°N的克拉玛依—阜康沿线以南,克拉玛依—博乐沿线以东,乌鲁木齐—阜康沿线以西,天山以北的小部分农业区,以及零星分布于霍城县、伊宁市、吐鲁番地区及哈密市及其东部地区,但麦收后大部地区剩余积温低于2 500℃·d,不宜复种中早熟夏玉米。若种植中熟品种(需≥0℃积温取2 200℃·d)冬小麦,则其收获后仅适宜复种特早熟夏玉米的区域缩小至克拉玛依—阜康县沿线以南,克拉玛依—石河子沿线以东,乌鲁木齐—阜康县沿线以西,天山山脉以北部分农业区,以及吐鲁番大部分地区和哈密地区东部的零星地区。若种植晚熟品种(需≥0℃积温取2 400℃·d)冬小麦,则北疆除吐鲁番地区以外的大部地区不适宜复种夏玉米,而吐鲁番地区因冬季温度不适宜冬小麦顺利完成春化阶段,当地多种植春小麦,因此,不考虑吐鲁番地区冬小麦种植后复播作物安排,但可为春小麦复种提供参考。

自1999年≥0℃积温突变后,若种植早熟冬小麦,则其收获后剩余热量资源可复播特早熟夏玉米的地区较突变前以原区域为中心向高纬度的北部平原地区和西部伊犁河谷以及东部哈密地区推移的趋势非常明显,并呈现出中低纬度的平原地区比高纬度地区整体增温更为明显的变化,可复种面积较之前扩大近1/2,已扩大至伊犁河谷西部及其以东,西抵哈密地区，塔城—阿勒泰市沿线以南，天山山脉以北的连片农业区。相比种植早熟性冬小麦，中熟性和晚熟性冬小麦收获后可复种范围变化也较大，中熟性冬小麦收获后可复种地区由以复种特早熟夏玉米为主向可复种早熟夏玉米过渡，位于伊犁河谷西部及其以东，塔城-阿勒泰南部沿线以南，哈密地区以西，天山山脉以北的连片平原农业区已基本满足复种早熟夏玉米；而晚熟冬小麦收获后，原克拉玛依—阜康县沿线以南，克拉玛依—石河子沿线以东，乌鲁木齐—阜康县沿线以西，天山山脉以北部分农业区，由基本不宜复种变化为可复种特早熟夏玉米。而位于北纬47.0°及更高纬度的北疆最北部的阿勒泰全境、西北部的塔城南部地区、西部的伊犁河谷山区、东部的哈密地区北部山区仍然不适宜复种。

6.3.2 热量资源突变前后冬小麦复种大豆的空间分布

依据复种大豆不同熟性品种生育期所需≥10℃积温（表6-2），进一步将麦收后剩余可利用≥10℃积温按突变年分为突变前（1961—1999年）和突变后（2000—2012年）两个时段，分析北疆各地区不同熟性冬小麦收获后复种大豆熟性选择及其安全成熟保证率。

突变前，北疆种植冬小麦早熟、中熟或晚熟品种，其收获后大部分地区不宜复种夏大豆。若种植晚熟冬小麦，其收获后仅克拉玛依—阜康沿线以南，克拉玛依—博乐沿线以东，乌鲁木齐—阜康沿线以西，天山以北农业区以及哈密市东部可尝试复种特早熟夏大豆。相较于种植晚熟冬小麦，若种植中熟冬小麦，则在此可复种区域的基础上向周边地区扩大，向西部延伸尤为明显，位于西部地区的霍尔果斯及伊宁市中熟冬小麦收获后可复种特早熟夏大豆。而种植早熟冬小麦，则霍尔果斯—博乐—克拉玛依—阜康—哈密沿线以南的大部分平原地带的农业区可复种特早熟夏大豆，若种植早熟冬小麦替代晚熟冬小麦，则原晚熟冬小麦收获后适宜复种特早熟夏大豆的地区可复种生育期更长的早熟夏大豆。

突变后，冬小麦收获后可复种夏大豆的地区也向北疆的北部、西部和西北部扩大变化。种植晚熟冬小麦收获后可复播特早熟夏大豆的地区，由位于北疆中部平原的吐鲁番市、托克逊县、鄯善、淖毛湖、克拉玛依、哈密、乌苏、炮台、沙湾、米泉、莫索湾和精河等县市，向北疆西部地区扩展后，新增可复种地区为玛纳斯、伊宁市、吉木萨尔、察布查尔、伊宁县、呼图壁、霍城、石河子、阜康、昌吉和霍尔果斯等县市。而可复种特早熟夏大豆的地区中，除呼图壁、伊宁县、察布查尔、吉木萨尔、伊宁市和玛纳斯以外，其他可复种特早熟夏大豆的县市可尝试复种早熟夏大豆。若种植中熟冬小麦，较晚熟冬小麦收获后可复种特早熟夏大豆的范围向周边地区延伸，新增新源、博乐和乌鲁木齐等县市。而种植早熟冬小麦，其收获后可复种地区向位于西北部的塔城地区延伸尤为明显，在种植中熟冬小麦收获后可复种地区的基础上，塔城地区的巩留、塔城、额敏和裕民等县市也达到复种特早熟夏大豆的热量条件。

6.3.3 热量资源突变后主要复种模式区划可行性分析

6.3.3.1 不宜种植冬小麦和不可复种的地区

基于对北疆熟制的研究成果，通过对无霜冻期和≥10℃积温的综合分析，首先筛选出基本不适宜种植冬小麦且二年三熟保证率不足80.0%的地区，位于北疆最北部的阿勒泰地区、伊犁河谷山区、天山山区等高寒地带不宜复种，而吐鲁番市及周边部分地区农业热量资源虽已满足一年三熟种植，但该地区冬小麦无法完成春化过程而不适宜种植冬小麦，故不考虑其复种模式。位于山区的伊吾县、巴里坤县和青河县种植作物成熟风险较大，建议以生育期短的作物和牧草等种植为宜；昭苏县、和布克塞尔县、富蕴县、吉木乃县、尼勒克县、巩留县、特克斯县、哈巴河县、布尔津县、福海县、哈密市东南地区、奇台县和木垒县等不可复种，因此建议种植生育期较长的中熟或中晚熟作物。

6.3.3.2 不同熟性冬小麦收获后可复种作物区划可行性分析

对于至少满足二年三熟且其保证率高于80.0%的地区，进一步分析冬小麦收获后各县市剩余可利用的≥10℃积温在发生突变后（2000—2012年）适宜复种作物及其熟性（表6-3）。突变后，因复种夏大豆相比复种夏玉米所需≥10℃积温低，故复种同等熟性的条件下，复种夏大豆较夏玉米安全成熟的保证率更高。

表6-3 农业热量资源突变后北疆冬小麦复播玉米和大豆区划及其保证率

站点	熟制	保证率/%	冬小麦熟性	麦收后可利用≥10℃积温/(℃·d)	复种玉米 熟性	复种玉米 保证率/%	复种大豆 熟性	复种大豆 保证率/%
霍尔果斯	一年二熟	87.1	中熟	1 729.1～2 836.0	早熟	92.3	早中熟	92.3
霍城	一年二熟	85.7	中熟	1 705.3～2 830.1	早熟	69.2	早中熟	69.2
					特早熟	92.3	早熟	80.8
察布查尔	一年二熟	78.1	中熟	1 516.3～2 652.1	特早熟	92.3	特早熟	92.3
伊宁市	一年二熟	78.6	中熟	1 475.2～2 521.4	特早熟	92.3	特早熟	92.3
伊宁县	一年二熟	59.7	中熟	1 557.7～2 719.0	特早熟	92.3	早熟	73.1
							特早熟	92.3
新源	二年三熟	99.9	中熟	1 277.5～2 373.8	早熟	65.4	早熟	73.1
			早熟	1 477.5～2 649.9	特早熟	92.3	特早熟	96.2
哈密	一年二熟	73.0	晚熟	1 898.7～2 600.8	特早熟	99.9	早熟	96.2
石河子	一年二熟	70.5	中熟	1 791.5～2 504.7	早熟	88.8	早中熟	88.8
炮台	一年二熟	91.7	晚熟	1 773.4～2 418.3	早熟	92.3	特早熟	73.1
			中熟	1 973.4～2 639.1	特早熟	99.9	早熟	92.3
莫索湾	一年二熟	76.4	晚熟	1 632.0～2 362.9	特早熟	96.2	特早熟	92.3
			中熟	1 916.2～2 562.9	特早熟	99.9	早熟	92.3

续表

站点	熟制	保证率/%	冬小麦熟性	麦收后可利用≥10℃积温/(℃·d)	复种玉米		复种大豆	
					熟性	保证率/%	熟性	保证率/%
精河	一年二熟	75.8	晚熟	1 443.9~2 560.4	特早熟	92.3	特早熟	92.3
			中熟	1 643.9~2 725.7	特早熟	96.2	早熟	92.3
塔城	二年三熟	88.9	早熟	1 294.3~2 363.3	特早熟	76.9	特早熟	84.6
额敏	二年三熟	82.6	早熟	1 337.8~2 313.8	特早熟	84.6	特早熟	88.5
乌苏	一年二熟	88.9	晚熟	1 478.3~2 552.2	特早熟	88.5	早熟	76.9
			中熟	1 678.3~3 052.2	早熟	88.5	早中熟	88.5
沙湾	一年二熟	96.0	晚熟	1 677.8~2 504.2	特早熟	92.3	特早熟	92.3
			中熟	1 877.8~2 704.2	特早熟	99.9	早熟	92.3
克拉玛依	一年二熟	100	晚熟	1 965.9~2 697.5	特早熟	99.9	早熟	92.3
乌鲁木齐	二年三熟	99.9	早熟	1 364.6~2 502.5	特早熟	76.9	特早熟	80.8
吉木萨尔	一年二熟	66.17	中熟	1 452.7~2 491.2	特早熟	88.5	特早熟	96.2
呼图壁	一年二熟	78.11	中熟	1 518.5~2 608.3	特早熟	92.3	特早熟	92.3
昌吉	一年二熟	65.63	晚熟	1 640.2~2 428.0	特早熟	92.3	特早熟	92.3
玛纳斯	二年三熟	91.18	中熟	1 705.9~2 399.2	特早熟	92.3	特早熟	96.2
米泉	一年二熟	99.9	晚熟	1 685.5~2 568.6	特早熟	92.3	特早熟	96.2
阜康	一年二熟	88.89	晚熟	1 637.3~2 421.9	特早熟	92.3	特早熟	96.2

位于北疆沿天山一带的伊犁河谷平原、石河子地区、乌鲁木齐—昌吉地区、博乐地区、塔城部分地区和克拉玛依地区的农业种植区，主要复种模式为中熟冬小麦收获后复种特早熟玉米或特早熟及早熟夏大豆。其中，位于北疆西部的伊犁河谷地区，除昭苏县不能复种之外，巩留和新源县宜早熟冬小麦后种植特早熟夏大豆的两早配套复种，而其他地区种植中熟冬小麦后，可以种植特早熟或早熟夏玉米或夏大豆，但夏大豆的安全成熟保证率普遍高于80.0%，而夏玉米的安全成熟保证率较低。克拉玛依和石河子地区的大部分县市热量资源可满足种植中熟冬小麦后复种特早熟夏玉米、特早熟或早熟夏大豆，以及中熟冬小麦收获后种植早熟夏玉米或早中熟夏大豆，其保证率均高于88.8%，也可满足晚熟冬小麦收获后种植特早熟夏大豆的热量需求。乌鲁木齐—昌吉地区中除奇台和木垒县不宜复种外，吉木萨尔、呼图壁和玛纳斯县适宜中熟冬小麦收获后复种特早熟夏大豆，米泉、阜康和昌吉可种植晚熟冬小麦后复种特早熟夏大豆，其气候保证率均在92.3%以上，但仍需考虑复播作物收获后剩余热量资源是否能满足播种冬小麦越冬前达到壮苗标准。

参考文献

刘巽浩,邹超亚,李凤超,1992. 耕作学[M]. 北京:中国农业出版社.

牛海生,徐文修,徐娇媚,等,2014. 气候突变后伊犁河谷两熟制作物种植区的变化及风险分析[J]. 中国农业气象,35(5):516-521.

唐江华,苏丽丽,李亚杰,等,2015. 耕作方式对麦后复播大豆生长发育及产量的影响[J]. 中国油料作物学报,37(5):669-675.

田彦君,张山清,徐文修,等,2016. 北疆农业热量资源时空变化及其对熟制的影响研究[J]. 干旱地区农业研究,34(5):227-233,239.

杨晓光,刘志娟,陈阜,2010. 全球气候变暖对中国种植制度可能影响Ⅰ. 气候变暖对中国种植制度北界和粮食产量可能影响的分析[J]. 中国农业科学,43(2):329-336.

战勇,罗赓彤,刘胜利,等,2006. 北疆大豆复种现状及高效栽培技术研究[J]. 新疆农业科学,43(5):426-428.

张学文,张家宝,2006. 新疆气象手册[M]. 北京:气象出版社.

周伟东,朱洁华,李军,等,2009. 华东地区热量资源的气候变化特征[J]. 资源科学,31(3):472-478.

第7章
气候变化对新疆棉花种植区划的影响

诸多研究表明，气候变暖使中国农业气候带北移，作物生长季延长，喜温作物的可种植区域扩大，但各地气候变化及其对农业的影响具有明显的区域性差异。新疆位于我国西部边陲，地处欧亚大陆腹地，光照充足、热量丰富、降水稀少、空气干燥，属典型的大陆性干旱气候，稳定的山区降水和高山冰川积雪融水所汇集的河川径流而形成的绿洲农业，为棉花种植提供了得天独厚的自然条件。自20世纪90年代以来，随着新疆"一黑一白"发展战略的实施以及国家优质棉基地建设项目的大力支持，新疆植棉业进入快速发展阶段，棉花种植面积迅速扩张，由90年代初的43.5万hm^2猛增至2004年的112.76万hm^2，占新疆播种面积的35.7%，2018年棉花种植面积占全国的74.3%，总产占全国的83.8%，2022年棉花面积达246.03万hm^2，占全国82.0%，总产达539.1万t，占全国90.2%，棉花已成为新疆第一大经济作物和农民增收的重要来源，在地区经济和中国棉花产业发展中具有举足轻重的地位。因此，在全球气候变暖背景下，探明气候变化对新疆棉花区划影响，对适应气候变化、科学安排新疆棉花种植布局和促进棉花生产的持续稳定发展具有重要的现实意义。

为此，在分析新疆1961—2013年热量资源时空变化的基础上，结合前人有关新疆棉花种植气候区划指标的研究成果，分别对新疆主要棉区所在区域1961—2013年气候的年代间变化及其对棉花种植气候适宜性分区的影响进行研究。

7.1 研究区概况

新疆地形地貌可概括为"三山夹两盆"，横亘中部的天山把新疆分为气候和自然景观均有明显差异的南北两部分，习惯上称天山以南为南疆，天山以北为北疆。本研究区的南疆包括巴音郭楞蒙古自治州、阿克苏地区、喀什地区、克孜勒苏柯尔克孜自治州、和田地区、吐鲁番地区以及哈密地区南部的哈密市，共47个县、市，总面积$1.176\ 62 \times 10^6\ km^2$。北疆包括天山以北的乌鲁木齐市、克拉玛依市、石河子市、昌吉回族自治州、伊犁地区、塔城地区和博尔塔拉蒙古自治州以及哈密地区北部的巴里坤、伊吾县，共39个县、市，总面积$4.865\ 51 \times 10^5\ km^2$。北疆研究区域主要以天山北坡经济带为主，该区域位于天山北麓，行政区划上包括乌鲁木齐市、昌吉市、阜康市、石河子市、乌苏市、奎屯市、克拉玛依市等，总面积约$9.54 \times 10^4\ km^2$。

选用南疆地区（1961—2013年）52个资料序列较长的气象站和北疆（1961—2010年）11

个气象台站的逐年≥10℃积温、无霜冻期和最热月（7月）平均气温资料，各站气象数据均来自新疆气象信息中心提供和中国气象局国家信息中心数据共享网。

7.2 南疆热量资源变化特征

根据前人研究成果，使用≥10℃积温、无霜冻期和最热月（7月）平均气温作棉花种植气候区划的指标，南疆划分标准见表7-1，北疆划分标准见表7-2。分区时，该三项气候指标必须同时必备，缺一不可。

表7-1 南疆棉区分区气候指标

区名	≥10℃积温/(℃·d)	无霜期/d	7月平均气温/℃
中熟棉区	≥4 500	≥200	≥29.0
中早熟棉区	[4 000，4 500)	[185，200)	[24.5，29.0)
早熟棉区	[3 500，4 000)	[175，185)	[23.5，24.5)
特早熟棉区	[3 200，3 500)	[165，175)	[23.0，23.5)
不宜棉区	<3 200	<165	<23.0

表7-2 北疆棉区分区气候指标

棉区	≥10℃积温/(℃·d)	7月平均气温/℃	无霜期/d
风险棉区	[3 175，3 450)	[23，24)	[150，160)
次宜棉区	[3 450，3 600]	[24，25]	[160，170]
宜棉区	>3 600	>25	>170

7.2.1 热量资源的时间变化规律

由图7-1可见，1961—2013年南疆地区≥10℃积温以56.64℃·d/10年的倾向率呈极显著（$P<0.01$）增多趋势，53年来增多了300.2℃·d。1961—2013年南疆≥10℃积温序列的累积距平表明，1996年出现了累积距平的最小值。因此，对1961—1996年与1997—2013年≥10℃积温序列进

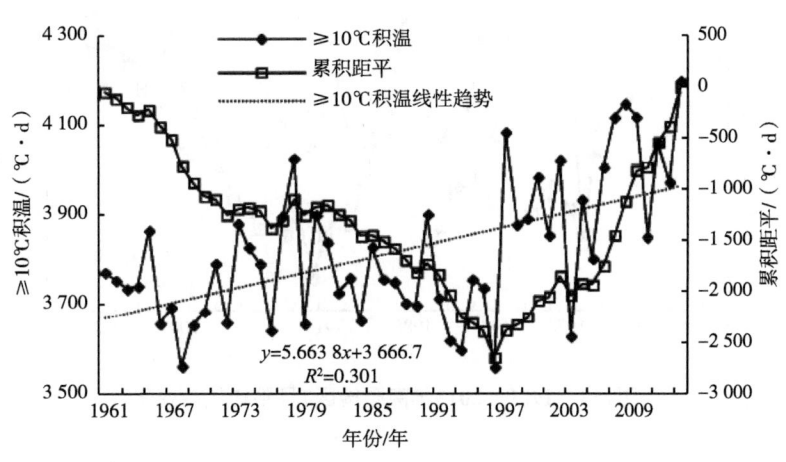

图7-1 1961—2013年南疆地区≥10℃积温变化

行 t 检验，$|t_0|$=6.819 8>t，α=0.01，通过了0.01水平的显著性检验（表7-3），说明近53年南疆 ≥10℃积温于1997年发生突变。突变后（1997—2013年）较突变前（1961—1996年）年平均≥10℃积温增多了228.7℃·d。

表7-3　南疆≥10℃积温、无霜冻期和7月平均气温序列突变点 t 检验

指标	监测年	n_1	n_2	$|t_0|$
≥10℃积温	1997年	36	17	6.82**
无霜冻期	1997年	36	17	7.68**
7月平均气温	1994年	33	20	2.82*

注：n_1、n_2 分别为检测点前后气候要素序列的样本数。*、** 分别表示通0.05、0.01水平的显著性检验。

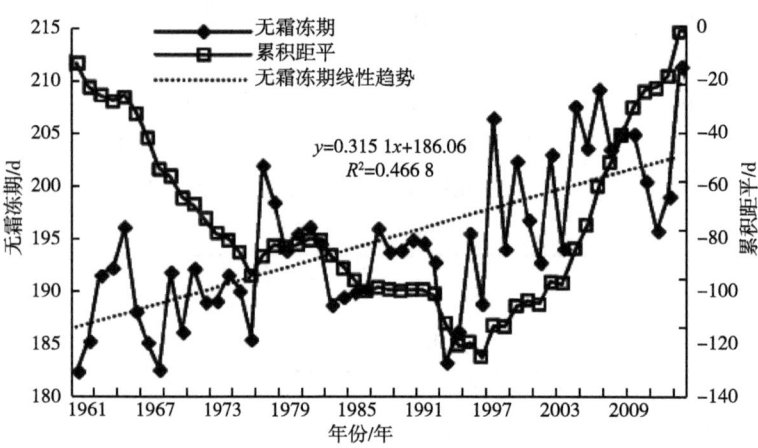

图7-2　1961—2013年南疆地区无霜冻期变化

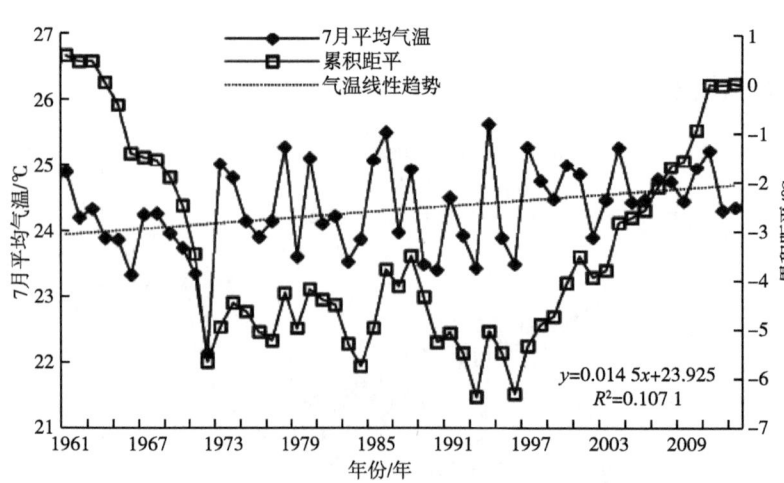

图7-3　1961—2013年南疆地区7月平均气温变化

由图7-2可见，1961—2013年，南疆地区平均年无霜冻期以3.15 d/10年的倾向率呈极显著（$P<0.01$）的延长趋势，53年来全区平均年无霜冻期延长了16.7 d。由1961—2013年南疆无霜冻期序列的累积距平可以看出，1996年出现了累积距平的最小值。因此，对1961—1996年和1997—2013年无霜冻期序列进行 t 检验，$|t_0|$=7.679 3>t，α=0.01，通过了0.01水平的显著性检验（表7-3），说明近53年南疆无霜冻期于1997年发生了突变。突变后（1997—2013年）较突变前（1961—1996年）平均年无霜冻期延长了11.9 d。

由图7-3可知，1961—2013年，南疆地区7月平均气温以0.14℃/10年的倾向率呈显著（$P<0.05$）上升趋势，53年来升高了

0.8℃。由1961—2013年南疆7月平均气温序列的累积距平可以看出，1993年出现了累积距平的最小值。因此，对1961—1993年和1994—2013年7月平均气温进行t检验，$|t_0|=2.820\,8>t$，$\alpha=0.05$，通过了0.05水平的显著性检验（表7-3），说明近53年南疆7月平均气温于1994年发生了突变。突变后（1994—2013年）较突变前（1961—1993年）7月平均气温升高了0.5℃。

7.2.2 热量资源的空间变化规律

以三要素中发生突变最迟的≥10℃积温和无霜冻期的突变年1997年为时间节点，探讨1997年前（1961—1996年）、后（1997—2013年）各热量要素空间分布的变化，以体现各热量要素的变化对棉花区划的综合影响。

南疆日平均气温稳定≥10℃积温的空间分布总体呈现平原和盆地多，山区少的格局。从不同熟性棉花对≥10℃积温要求分级（表7-1）的各等级≥10℃积温的空间分布来看，1997年前≥10℃积温条件下，≥4 500℃·d的区域仅分布在吐鲁番、哈密盆地海拔不超过500 m的盆地中部地区；4 000~4 500℃·d的区域主要分布在塔里木盆地北部海拔不超过1 030 m、盆地南部不超过1 400 m的广大平原地带，另在吐鲁番、哈密盆地海拔500~820 m的边缘地带也有分布；3 500~4 000℃·d的区域主要分布在塔里木盆地北部海拔1 030~1 240 m、盆地南部海拔1 400~1 650 m，以及吐鲁番、哈密盆地周边海拔820~1 140 m的山前倾斜平原和丘陵地带；3 200~3 500℃·d的区域主要分布在塔里木盆地北部海拔1 240~1 350 m、盆地南部海拔1 650~1 850 m，以及吐鲁番、哈密盆地周边海拔1 140~1 330 m的环形带状区域；塔里木盆地北部海拔1 350 m以上、盆地南部1 850 m以上以及吐鲁番、哈密盆地周边海拔1 330 m以上的山区≥10℃积温一般不足3 200℃·d。1997年以后，≥10℃积温≥4 500℃·d的区域不仅在吐鲁番、哈密盆地有所扩大，在塔里木盆地东部海拔900 m以下、盆地南部海拔1 250 m以下的部分地区的出现规模也较大；与此同时，各地≥10℃积温4 000~4 500℃·d、3 500~4 000℃·d以及3 200~3 500℃·d积温带的海拔上限也抬升了70~140 m不等，受其影响，≥10℃积温不足3 200℃·d的区域向高海拔地区有所退缩。

南疆无霜冻期的空间分布格局与≥10℃积温相似，亦总体呈现平原和盆地长、山区短的特点。以不同熟性棉花对无霜冻期要求分级（表7-1）的各等级无霜冻期的空间分布来看，1997年前无霜冻期≥200 d的区域主要分布在塔里木盆地西北部海拔1 060 m以下以及盆地西南部1 520 m以下的广大平原地带，另在吐鲁番、哈密盆地海拔不超过410 m的盆地腹地也有少量分布；185~200 d的区域主要分布在塔里木盆地东部平原地带以及盆地西部海拔1 100~1 700 m的山前倾斜平原地带，另在吐鲁番、哈密盆地海拔410~760 m的盆地边缘地带也有分布；175~185 d的区域主要分布在塔里木盆地北部海拔1 220~1 320 m、盆地南部1 730~1 870 m，以及吐鲁番、哈密盆地海拔760~1 000 m的低山丘陵地带；165~175 d的区域分布在塔里木盆地北部海拔1 320~1 430 m、盆地南部1 870~2 000 m，以及吐鲁番、哈密盆地海拔1 000~1 240 m的中低山带；165~175 d区域海拔上限以上的更高区域无霜冻期一般不足165 d。1997年后，各级无霜冻期分布带的海拔上限均明显抬升，其中，吐鲁番、哈密盆地抬升250~320 m，塔里木盆地抬升90~160 m，受其影响，塔里木盆地大部以及吐鲁番、哈密盆地中部几乎完全被无霜冻期≥200 d的区域所覆盖；185~200 d的区域明显压缩，175~185 d、165~175 d的区域向高海拔地区上移，无霜冻期不足165 d的区域有所减小。

南疆地区7月平均气温的空间分布也总体呈现平原和盆地高、山区低的特点。从不同熟性棉花对7月平均气温要求分级（表7-1）的各等级7月平均气温的空间分布来看，1997年前7月平均气温≥29.0℃的区域仅在吐鲁番、哈密盆地海拔不超过460 m的盆地腹地有少量分布；24.5~29.0℃的区域是南疆地区7月平均气温温度带的主体，塔里木盆地北部海拔不超过1 060 m、盆地南部不超过1 410 m的广大平原地带，以及吐鲁番、哈密盆地海拔460~1 160 m的平原和丘陵地带几乎完全被该区所覆盖；23.5~24.5℃的区域仅分布在塔里木盆地北部海拔1 060~1 170 m、盆地南部1 410~1 560 m，以及吐鲁番、哈密盆地周边海拔1 160~1 320 m的山前倾斜平原和丘陵地带；23.0~23.5℃的区域分布在塔里木盆地北部海拔1 170~1 220 m、盆地南部海拔1 560~1 630 m，以及吐鲁番、哈密盆地周边海拔1 320~1 400 m的低山带；塔里木盆地北部海拔1 220 m以上、盆地南部海拔1 630 m以上以及吐鲁番、哈密盆地周边海拔1 400 m以上的山区7月平均气温一般在23.0℃以下。1997年后，7月平均气温≥29.0℃的区域仍主要在吐鲁番、哈密盆地，但分布面积明显扩大，另在塔里木盆地东北部的罗布泊海拔600 m以下的部分地区也有少量出现；24.5~29.0℃区域作为南疆地区7月平均气温温度带主体的格局仍然维持，但海拔上限上升了30~230 m，面积也有所扩大。与此同时，各地7月平均气温23.5~24.5℃和23.0~23.5℃温度带的海拔上限较1997年之前也有不同程度抬升，其中，吐鲁番、哈密盆地抬升了约220 m，塔里木盆地抬升了30~60 m不等，受其影响，7月平均气温不足23.0℃的区域向高海拔地区有所缩减。

7.3 气候变化对南疆棉花种植区划的影响

7.3.1 中熟棉区

中熟棉区是南疆最小的棉花适宜种植气候分区，1997年前该区仅在吐鲁番、哈密盆地海拔不超过460 m的盆地腹地有少量分布，面积为14 602 km²，仅占南疆地区总面积的1.2%；1997年后该区除在吐鲁番、哈密盆地明显扩大外，另在塔里木盆地东北部海拔600 m以下的部分地区也有少量出现，其面积增至32 284 km²，占南疆地区总面积的比率也增至2.7%，较1997年前增加17 682 km²和1.5个百分点（表7-4）。

表7-4 1997年前后南疆地区不同熟性棉花适宜种植气候分区面积的变化

分区	1961—1996年		1997—2013年		1997年前后变化量	
	面积/km²	百分率/%	面积/km²	百分率/%	面积/km²	百分点/个
中熟棉区	14 602	1.2	32 284	2.7	17 682	1.5
中早熟棉区	441 939	37.6	484 972	41.2	43 033	3.6

续表

分区	1961—1996年		1997—2013年		1997年前后变化量	
	面积/km²	百分率/%	面积/km²	百分率/%	面积/km²	百分点/个
早熟棉区	77 959	6.6	78 773	6.7	814	0.1
特早熟棉区	49 087	4.2	44 147	3.8	-4 940	-0.4
不宜棉区	593 030	50.4	536 441	45.6	-56 589	-4.8

7.3.2 中早熟棉区

中早熟棉区是南疆最大的棉花适宜种植气候分区，塔里木盆地全部以及吐鲁番、哈密盆地大部几乎完全被该区覆盖；1997年前该区面积441 939 km²，占南疆地区总面积的37.6%；1997年后该区面积增至484 972 km²，占南疆地区总面积的比率也增至41.2%，增加43 033 km²和3.6个百分点，增幅居各棉区之首（表7-4）。

7.3.3 早熟棉区

早熟棉区主要分布在塔里木盆地周边海拔1 100～1 500 m以及吐鲁番盆地、哈密盆地周边海拔1 100～1 300 m的山前倾斜平原和丘陵地带，是南疆第二大棉花气候分区，1997年前后该区面积变化不大，基本稳定在78 000 km²左右，占南疆地区总面积的比率也大致稳定在6.6%左右（表7-4）；但1997年后该区的分布范围整体向高海拔区域抬升了30～200 m。

7.3.4 特早熟棉区

特早熟棉区主要分布在塔里木盆周边海拔1 200～1 600 m以及吐鲁番、哈密盆地周边海拔1 300～1 400 m的低山带，1997年前该区面积49 087 km²，占南疆地区总面积的4.2%；1997年后面积降至44 147 km²，占南疆地区总面积的比率也略降至3.8%，减少4 940 km²和0.4个百分点（表7-4）。

7.3.5 不宜棉区

塔里木盆地和吐哈盆地周边的天山和昆仑山区大部分地区因热量条件不足，不宜种植棉花。1997年前该区海拔下限大致为：塔里木盆地北部以及吐哈盆地为1 200 m，塔里木盆地南部为1 600 m，其面积为593 030 km²，占南疆地区总面积的50.4%；1997年后该区的海拔下限总体向高海拔区域抬升30～250 m，面积降至536 441 km²，占南疆地区总面积的比率也降至45.6%，分别减少6 589 km²和4.8个百分点（表7-4）。

综合上述南疆地区≥10℃积温、无霜冻期和最热月（7月）平均气温时空变化及其对棉花种植区划的影响可以看出，1997年后，最热月（7月）平均气温各级温度带上限的抬升及其范围的扩大幅度均较≥10℃积温和无霜冻期小。因此，最热月（7月）平均气温是制约南疆地区宜棉区，尤其是生育期较长、增产潜力较大的中熟棉区和中早熟棉区更大幅度扩大的"短板"，其成因主要是由于气候变暖具有明显的季节不均衡性，盛夏7月气温上升速率远小于其他各季。

7.4 天山北坡经济带热量资源变化特征

7.4.1 7月平均气温

近50年来，天山北坡经济带7月平均气温25.7℃，最高值为28.1℃（1974年），最低值为23.4℃（1972年）。从图7-4a可知，天山北坡经济带1961—2010年7月平均气温呈平稳波动趋势，增温倾向率为0.05℃/10年（$r=0.08$）。进一步分析各年代7月平均气温的变化可知（表7-5），20世纪60年代为低温期，7月平均气温比多年平均值低0.1℃；20世纪70年代、80年代和21世纪最初10年的7月平均气温与多年平均值一致，属于气温稳定阶段，而20世纪90年代为增温期，7月平均气温比多年平均值高出0.1℃。

M-K检验7月平均气温的突变得知（图7-4b），天山北坡经济带7月平均气温从1978年开始呈上升趋势，20世纪70—80年代间呈相对稳定的波状起伏，20世纪80年代后出现迅速增温，虽然在1984年、1988年、1989年、1991年、1995年和2000年的UF与UB相交，但均未超过临界线（$P>0.05$），说明近50年天山北坡经济带7月平均气温较平稳，未出现突变性增温或降温。

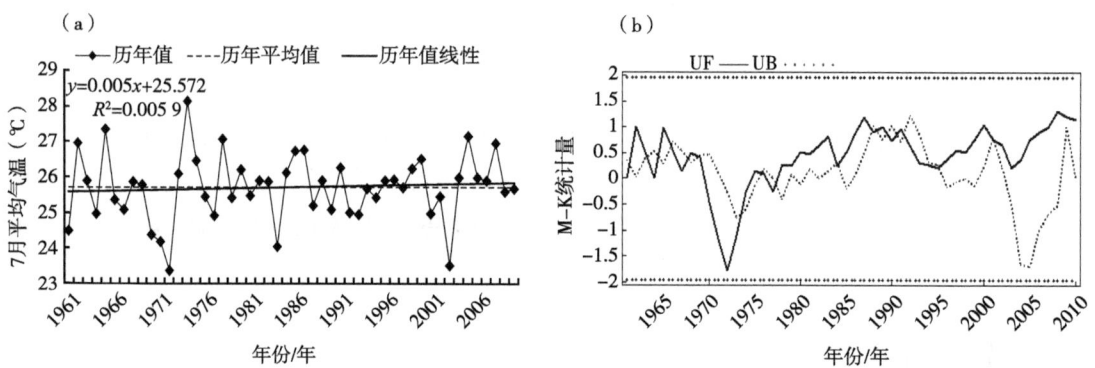

图7-4 天山北坡经济带1961—2010年7月平均气温变化情况（a）和7月平均气温突变情况（b）

7.4.2 无霜期

近50年天山北坡经济带无霜期平均为186 d，最长无霜期为215 d（1997年），最短无霜期为160 d（1968年）。从图7-5a可知，整个天山北坡经济带的无霜期表现为明显的延长趋势，其倾向率为2.9 d/10年（$r=0.36$），近50年天山北坡经济带无霜期平均延长了14.5 d。

通过无霜期历年值的趋势得出，近50年发生了3次较明显的波动，分别在1966年、1975年和1983年达到波谷，在1970年、1978年、1993年达到波峰，表明天山北坡近50年无霜期经历延长和缩短交替变化。进一步分析各年代平均无霜期可知（表7-5），除20世纪80年代，整个天山北坡经济带的无霜期随年代的增加而呈延长趋势，后一年比前一年代平均延长4~6 d。

表7-5　1961—2010年天山北坡经济带各气象要素的年代际变化

时间	7月平均气温/℃	无霜期/d	≥10℃积温/℃·d
1961—1970年	25.6	180	3 568.8
1971—1980年	25.7	186	3 641.9
1981—1990年	25.7	183	3 573.2
1990—2000年	25.8	187	3 699.5
2001—2010年	25.7	193	3 851.8

从无霜期M-K检验的UF趋势线可知（图7-5b），自1990年之后的UF值开始逐渐大于0，表明无霜期从1990年之后呈延长趋势。同时，UF和UB两条曲线出现多个交点且交点在临界线之间，分别是1991年、1994年、1996年、1998年和2000年。经t检验进一步分析，1994年是无霜期的突变点（$P<0.05$）。突变年后的无霜期比突变年前的无霜期增加了9 d，达到192 d，而且1994年之后距平均以正距平为主，特别在1997年、2006年和2009年无霜期的正距平超过20 d，表明自1994年以后天山北坡经济带的无霜期呈持续延长的改变，且在1997年、2006年和2009年延长得更加明显。

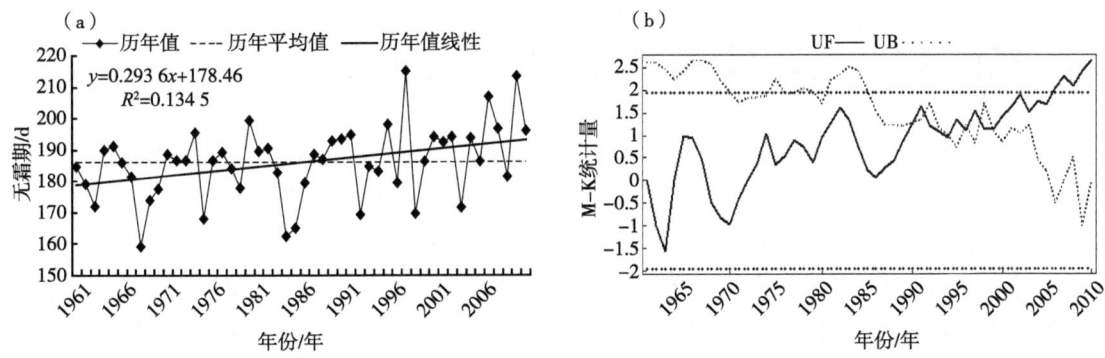

图7-5　天山北坡经济带1961—2010年无霜期变化情况（a）和无霜期突变情况（b）

7.4.3　≥10℃积温

≥10℃积温是评价热量资源的一项指标，与农作物生长发育关系最为紧密，常用来衡量喜温作物生长的起始时间。1961—2010年天山北坡经济带≥10℃积温平均值为3 667.0℃·d，最多在1997年，为4 466.0℃·d，而最少在1992年，为3 088.0℃·d。图7-6a表明，天山北坡经济带≥10℃年活动积温以64.6℃·d/10年（$r=0.36$）的倾向率呈显著的上升趋势，近50年≥10℃年活动积温增加了323.0℃·d。整个天山北坡经济带≥10℃年活动积温与无霜期的年代际变化趋势相似，也随年代的增加基本呈增加趋势（表7-5），20世纪70年代比60年代平均增加了73.1℃·d，20世纪90年代比80年代平均增加126.3℃·d，21世纪最初10年又比20世纪90年代平均增加152.3℃·d。

对天山北坡经济带≥10℃积温进行M-K突变检验得出（图7-6b），1999年之后的UF值开始逐渐大于0，说明≥10℃积温从1999年之后开始呈增加趋势。UF和UB两条曲线出现多个交点且交点在临界线之间，分别是1999年、2001年和2004年（$\alpha=0.05$）。通过t检验进一步分析得出，1999年是≥10℃积温的突变点（$P<0.05$），突变年前比突变年后增加了252.8℃·d，达到3 859.2℃·d。且1999年之后距平均以正距平为主，特别是2000—2009年的≥10℃积温的正距平均超过100℃·d，说明自1999年以后≥10℃积温是持续增加的。

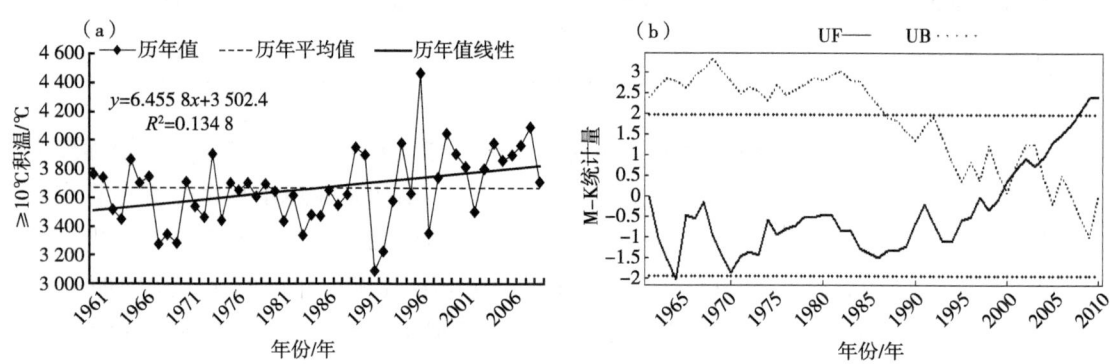

图7-6　天山北坡经济带1961—2010年≥10℃积温变化情况（a）和≥10℃积温突变情况（b）

7.5　气候变化对天山北坡经济带棉花区划的影响

对影响棉花区划的三个指标分析后得出，1961—2010年整个天山北坡经济带7月平均气温、无霜期和≥10℃积温均随着气候的变化出现不同程度的升高、增多和延长，尤其是无霜期和≥10℃积温变化最为显著，均在20世纪90年代发生突变。突变后≥10℃积温增加、无霜期延长将直接影响着棉花原有区划分区的改变。因此，进一步以年代为时间序列，通过GIS将判断棉花区划的三个气候要素指标进行空间上描述，并在描述时以三个指标同时满足作为划分标准，进而确定出各年代的棉花区划。

进一步分析1961—2010年各年代际天山北坡经济带棉区种植区划分可知，总体表现为风险棉区向东缩小并南移、次宜棉区向东缩小和宜棉区南移、东西双向扩大的变化特征。具体分析各年代风险棉区变化不难发现，随着气候增暖，天山北坡经济带风险棉区发生逐年向东南部缩小的变化。20世纪60年代天山北坡经济带风险棉区位于石河子市站点附近以及呼图壁县以东广大地区，面积为22 138.4 km²（见表7-6），占棉花总分区的22.5%。随着天山北坡经济带农业热量资源的增加，到20世纪70年代，天山北坡经济带的风险棉区明显比20世纪60年代减少了58.6%，达到9 172.6 km²（表7-6）。20世纪70年代之后，整个天山北坡经济带的风险棉区随年代的增加而呈向东南部逐步缩小的趋势。直到21世纪最初10年，风险棉区大面积缩小至乌鲁木齐市站点附近，其面积比20世纪60年代缩小了98.4%，缩小到为362.3 km²（表7-6），仅占天山北坡经济带棉花总分区的0.36%。

从整体上看，随着≥10℃积温的增加及无霜期的延长，天山北坡经济带的次宜棉区也如风险棉区的变化基本一致，次宜棉区从原来的呼图壁县以西的大部分县市，逐年呈现出从克拉玛依市向东南部、向乌鲁木齐市站点缩小的态势。1961—1970年天山北坡经济带的棉花区划以次宜棉区为主，范围基本位于呼图壁县以西广大区域，次宜棉区总面积为71 449.6 km²（表7-6），占棉花总分区的72.6%。20世纪90年代之后，天山北坡次宜棉区的面积明显减少，比20世纪60年代减少了76.5%，减少到16 757.8 km²（表7-6）。到21世纪最初10年，次宜棉区缩小至乌鲁木齐站点以南地区，面积较1961—1970年缩小88.0%，减少到8 569.4 km²，仅占棉花总分区的8.5%，说明自21世纪后天山北坡经济带次宜棉区已不再是天山北坡棉区的主体部分。

随着气候变暖，天山北坡经济带宜棉区的变化与风险棉区、次宜棉区变化相反，即宜棉区范围逐年向南部延展扩大的趋势。20世纪60年代，天山北坡经济带的宜棉区仅在克拉玛依附近，其面积为4 772.5 km²（表7-6），仅占棉花总分区的4.9%。20世纪70年代，随着热量资源的不断增加，宜棉区范围开始从克拉玛依附近向南扩展，较20世纪60年代其宜棉区范围扩大了5.8倍，达32 520.4 km²。尤其到21世纪最初10年，天山北坡经济带宜棉区范围出现大面积增加，几乎已扩大至整个天山北坡经济带，宜棉区范围东起阜康市；西起精河县至石河子市、昌吉市以北大部地区；北至克拉玛依市；南至乌鲁木齐市以北地区，包括精河县、克拉玛依市、乌苏市、沙湾县、石河子市、玛纳斯县、米泉市和阜康市等大部县市。21世纪最初10年较20世纪60年代的宜棉区面积增加了18.4倍，到达92 415.2 km²（表7-6），宜棉区占棉花总分区的91.2%，比20世纪60年代高出了86.3%，说明自21世纪后宜棉区面积超过风险棉区和次宜棉区，已成为天山北坡经济带棉区的主体部分。

气候增暖同样改变了天山北坡经济带宜棉区的棉花品种熟性。1961—1970年宜棉区≥10℃积温为3 550.8~3 964.6℃·d，无霜期178.1~192.6 d，7月平均气温24.7~26.5℃，气候条件仅适合种植特早熟陆地棉。到20世纪70年代之后，天山北坡宜棉区≥10℃积温均在3 500.8~4 100.0℃·d，无霜期均在175.0~220.0 d，7月平均气温在25.5~27.8℃，其气候条件有利于宜棉区适宜种植早熟陆地棉。由此可知，20世纪70年代之前，天山北坡的宜棉区仅适宜种植特早熟陆地棉。到20世纪70年代之后随着气候变暖，当地的棉花品种熟性也由特早熟陆地棉向早熟陆地棉转变。

表7-6 天山北坡经济带1961—2010年棉花种植区划面积的变化　　　　　　　　　　单位：km²

分区	1961—1970年	1971—1980年	1981—1990年	1991—2000年	2001—2010年
风险棉区	22 138.4	9 172.6	6 600.4	638.4	362.3
次宜棉区	71 449.6	55 638.2	50 502.8	16 757.8	8 569.4
宜棉区	4 772.5	32 520.4	40 533.5	53 908.5	92 415.2

7.6 结论

7.6.1 气候变化对南疆棉花区划的影响

南疆地区热量资源具有明显的区域性差异，≥10℃积温、无霜冻期和最热月（7月）平均气温总体呈现平原和盆地多（高）、山区少（低）的空间分布格局；受气候变暖的影响，1961—2013年南疆地区≥10℃积温、无霜冻期和最热月（7月）平均气温分别以56.63℃·d/10年、3.15 d/10年和0.15℃/10年的倾向率呈显著（$P<0.05$）上升趋势，并分别于1997年、1997年和1994年发生突变。

热量条件总体不足是影响南疆棉花高产稳产的关键因素，气候变暖，热量资源增多，使南疆地区不同熟性棉花适宜种植区的海拔上限均不同程度上移，受其影响，1997年后较其之前，中熟和中早熟棉区面积分别扩大17 682 km^{2}和43 033 km^2，占比分别增大1.5%和3.6%，早熟棉区面积变化不明显，而特早熟棉区面积减少4 940 km^2，占比减少0.4%，不宜棉区面积减小56 589 km^2，占比减少4.8%。中熟棉区是南疆地区热量资源最丰富的区域，气候条件除能满足中熟陆地棉的种植外，也能满足早熟长绒棉的种植，而中早熟棉区是南疆棉花气候适宜种植区的主体，因此，中熟棉、中早熟棉区扩大，不宜棉区减小对促进南疆地区棉花生产发展具有重要意义。

夏季气候变暖速率远小于其他各季，导致1997年后较其之前，南疆地区最热月（7月）平均气温各级温度带上限的抬升及其范围的扩大幅度均较≥10℃积温和无霜冻期小，最热月（7月）平均气温成为制约南疆地区宜棉区更大幅度扩大的因素。因此，南疆各地在制定棉花种植区划和发展规划时，除考虑≥10℃积温和无霜冻期外，必须对最热月（7月）平均气温的适宜性给予高度重视。棉花的种植和分布区域不仅受以热量条件为主的气候因素的影响，同时还与土壤、灌溉条件、种植技术、生产成本以及市场状况等因素密切相关；因此，在本研究工作的基础上，统筹考虑自然、社会和经济因素对棉花生产的综合影响，制定更加符合当地实际的棉花种植区划和发展规划，是今后有关南疆棉花产业发展的重要研究工作之一。

7.6.2 气候变化对天山北坡经济带棉花区划的影响

1961—2010年天山北坡经济带7月平均气温、无霜期和≥10℃积温分别以0.05℃/10年、2.9 d/10年和64.6℃·d/10年速率升高、增多和延长，其中7月平均气温未发生突变增温，而无霜期和≥10℃积温分别于1994年和1999年发生了突变，突变年后无霜期平均日数增加了9 d，达到192.3 d，≥10℃积温增加了252.8℃·d，达到3 859.2℃·d。

21世纪最初10年较20世纪60年代风险棉区和次宜棉区分别缩小21 776.1 km^2、62 880.2 km^2，分别减至362.3 km^{2}和8 569.4 km^2，面积比20世纪60年代分别缩小98.4%、88.0%。自21世纪后，天山北坡经济带种植棉花的风险棉区较20世纪60年代大幅减少，宜棉区面积远远超过风险棉区和次宜棉区之和，已成为天山北坡经济带棉区的主体部分。由此，天山北坡经济带可充分利用当地的热量资源，尝试在曾经不能种植棉花的天山北坡东部地区（如乌鲁木齐—昌吉的一些地区）种植棉花。该研究结果不仅对掌握天山北坡经济带的气候规律有参考价值，还可为当地合理规划棉花种植规模提供参考。在有利的气候条件下，适度增加棉花的种植规模，对促进新疆天山北坡棉花产业的持续发展具有重要意义。

研究仅考虑了气象因素变化对棉花区划分布的影响，但在实际生产中，棉花的种植区划还会受到光照、灌溉条件、种植技术和经营模式等因素的影响。因此，在今后的研究中，建议棉花区划研究应与实际生产区域的自然、社会和经济因素相结合，这对进一步制定更加符合当地生产的棉花种植区划和发展规划具有重要意义。

参考文献

戴路, 马辉, 何翔, 2016. 2015年新疆阿克苏棉花产量及品质情况[J]. 中国棉花, 43（3）: 34-35.

黄滋康, 崔读昌, 2002. 中国棉花生态区划[J]. 棉花学报, 14（3）: 185-190.

李景林, 普宗朝, 张山清, 等, 2015. 近52年北疆气候变化对棉花种植气候适宜性分区的影响[J]. 棉花学报, 27（1）: 22-30.

李景林, 张山清, 普宗朝, 等, 2013. 近50 a新疆气温精细化时空变化分析[J]. 干旱区地理, 36（2）: 228-237.

潘伟, 杨德刚, 杨莉, 等, 2011. 新疆棉花种植面积的时空变化及适度规模研究[J]. 中国生态农业学报, 19（2）: 415-420.

潘学标, 李克让, 2000. 基于GIS的新疆棉花生产发展时空变异分析[J]. 干旱区地理, 23（3）: 199-206.

普宗朝, 张山清, 宾建华, 等, 2011. 新疆乌昌地区热量资源精细化时空变化分析[J]. 中国农业气象, 32（4）: 598-606.

普宗朝, 张山清, 宾建华, 等, 2012. 气候变暖对新疆乌昌地区棉花种植区划的影响[J]. 气候变化研究进展, 8（4）: 257-264.

普宗朝, 张山清, 李景林, 等, 2013. 近50 a新疆≥0℃持续日数和积温时空变化[J]. 干旱区研究, 30（5）: 781-788.

田立文, 徐海江, 孔杰, 等, 2018. 新疆棉花持续发展对策优化分析[J]. 中国纤检（9）: 110-113.

王润元, 张强, 刘宏谊, 等, 2006. 气候变暖对河西走廊棉花生长的影响[J]. 气候变化研究进展, 2（1）: 4-6.

新疆农学会, 1995. 北疆棉区划分及相应对策[J]. 新疆农业科学, 32（1）: 5-8.

徐德源, 1989. 新疆农业气候资源及区划[M]. 北京: 气象出版社.

徐培秀, 张运生, 王岚, 1990. 新疆棉花基地布局研究[J]. 地理学报, 45（1）: 31-40.

杨晓光, 刘志娟, 陈阜, 2010. 全球气候变暖对中国种植制度可能影响Ⅰ. 气候变暖对中国种植制度北界和粮食产量可能影响的分析[J]. 中国农业科学, 43（2）: 329-336.

姚源松, 2001. 新疆棉花区划新论[J]. 中国棉花, 28（2）: 2-5.

张山清, 普宗朝, 李景林, 等, 2013. 气候变暖背景下新疆无霜冻期时空变化分析[J]. 资源科学, 35（9）: 1908-1916.

张山清, 普宗朝, 李景林, 等, 2014. 气候变化对新疆红枣种植气候区划的影响[J]. 中国生态农业学报, 22（6）: 713-721.

张山清, 普宗朝, 李景林, 等, 2015. 气候变暖背景下南疆棉花种植区划的变化[J]. 中国农业气象, 36

（5）：594-601.

赵俊芳，郭建平，马玉平，等，2010. 气候变化背景下我国农业热量资源的变化趋势及适应对策[J]. 应用生态学报，21（11）：2922-2930.

郑红莲，严军，元慧慧，2010. 南疆地区近58年气温、降水变化特征分析[J]. 干旱区资源与环境，24（7）：103-109.

只娟，张山清，徐文修，田彦君，2015. 天山北坡经济带棉花精细化气候区划研究[J]. 中国生态农业学报，23（8）：1045-1052.

DENG Z，ZHANG Q，PU J，2008. The impact of climate warming on crop planting and production in northwestern China[J]. Acta Ecologica Sinica，28（8）：3760-3768.

第8章

滴灌冬小麦水肥一体化技术研究

新疆是我国三大主要小麦优势产区之一，新疆小麦生产能力的高低对于有效保障该地区粮食安全具有重要意义。近年来，针对粮食生产问题，国家和自治区政府相继出台了一系列直补政策，小麦种植面积也因鼓励性政策的不断实施推进而逐年扩大，2009—2017年新疆小麦实现"九连增"，在2016年达到顶峰（128.94万hm^2）。2022年新疆维吾尔自治区党委、政府立足把新疆打造成为全国优质农牧产品重要供给基地的战略定位，将粮食工作方针由"区内平衡、略有结余"调整为"区内结余、供给国家"，提出"扩面积、攻单产、增总量、提产能"的工作思路。2023年，全区小麦播种面积120.92万hm^2、总产量702.84万t，分别同比增长5.56万hm^2和49.35万t，全年小麦增量位居全国第一，让"中国碗"装上了更多的"新疆粮"，超额完成自治区粮食产能提升的任务目标，为保障国家粮食安全作出了新疆贡献。

小麦的稳步发展与产能提升离不开技术的革新，尤其麦田滴灌技术的应用，堪称是密植作物灌溉的一次改革。然而，在麦田滴灌技术的应用推广过程中，仍然存在滴水量过大、滴灌施肥技术不规范、肥料施用量过多、水肥利用率不高等问题，致使滴灌水肥一体化工程措施的优势打折扣、小麦产量、经济效益未能充分发挥。因此，如何在滴灌条件下进一步优化灌溉制度，在利用节水设施的前提下更为高效地利用水肥资源，实现水肥一体化协同提高养分与水分的利用效率和土地产出率，关键问题之一在于明确滴水量及施肥量与小麦高质量群体构建的关系。针对这些问题，课题组研究团队于2012—2018年期间相继开展了麦田灌水量及施氮量方面的相关研究，以期为优化滴灌小麦水肥一体化栽培技术提供理论与技术参考，同时为构建"节水、省肥、高产、绿色"的麦-豆周年轮作体系水、肥一体化技术奠定基础。

8.1 冬小麦适宜滴灌量研究

极度匮乏的水资源是限制新疆农业发展的主要因素，寻求节水与稳（增）产途径一直是新疆当地政府和科技工作者十分关注的问题。灌溉制度是水肥一体化实现精准水分调控的基础，而灌溉量的确定对于权衡节水与维持较高的单产水平有重要意义。为此，研究团队于新疆伊犁哈萨克自治州伊宁县农业科技示范园（43°35′~44°29′N，81°13′~82°42′E）开展了不同滴灌量田间试验，滴水量设置及分配见表8-1，探究适宜于冬小麦生长及获得高产的最佳滴灌量，为完善滴灌冬小麦灌溉制度提供技术和理论依据。

表8-1 不同处理各阶段的滴灌量　　　　　　　　　　　　　　单位：m³/hm²

处理	拔节期—孕穗期	孕穗期—抽穗期	抽穗期—扬花期	扬花期—灌浆期	灌浆期—乳熟期	总灌水量
A	990	660	660	825	165	3 300
B	1 170	780	780	975	195	3 900
C	1 350	900	900	1 125	225	4 500

8.1.1　不同滴灌量对冬小麦叶面积指数的影响

不同滴灌量处理冬小麦叶面积指数（LAI）均随生育进程的推进呈"增加—缓慢降低—陡然下降"的变化趋势（图8-1），各处理的LAI均在孕穗期达到最大，以处理B最高，达5.73，较处理A、处理C分别提高10.78%和2.69%，至6月27日接近完熟时，三个滴灌量处理的小麦LAI均趋近于0。自拔节期至灌浆中期（6月13日左右）各处理的LAI始终表现为处理B>处理C>处理A，处理B与处理C之间差异不显著，但二者均显著高于处理A，尤其在进入灌浆期（5月30日左右）后，这种差异表现更为明显。说明适当增加灌水量可以有效地增大作物群体生长后期叶面积指数，减缓LAI在小麦生育后期的下降速度，从而有利于光合产物的形成与积累，但继续增加滴灌量对促进LAI增长效果不明显。

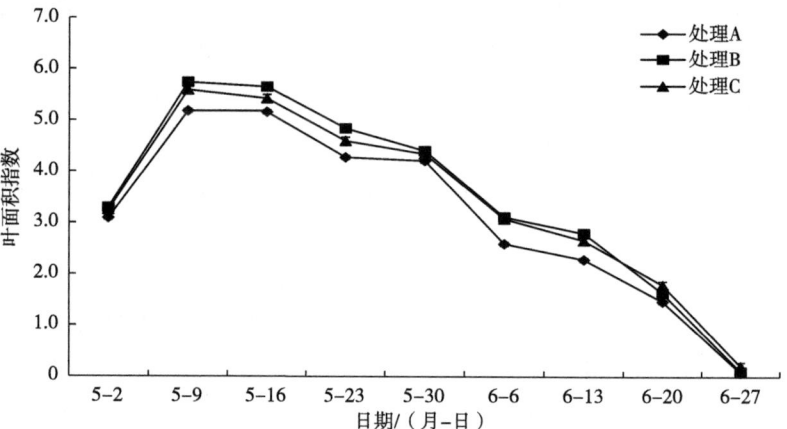

图8-1　不同处理冬小麦叶面积指数动态变化

8.1.2　不同滴灌量对冬小麦叶片叶绿素含量值的影响

由图8-2可知，自冬小麦拔节期至完熟期，不同处理之间叶绿素含量（SPAD值）的变化趋势基本一致，均为上升—平缓下降—陡然下降（扬花期后），但各处理高峰值出现时间不同，小麦抽穗期以前，各处理SPAD值表现为处理A>处理B>处理C，这可能是由于高滴灌量增加了土壤水分，小麦叶片吸收水分充足，较高的叶片含水量使得SPAD值较低；随着冬小麦由营养生长转为生殖生长，营养物质由"源"向"库"转移，尤其在进入灌浆（6月6日）后，冬小麦生长旺盛需水量增大，加之此阶段天气炎热，冬小麦灌浆期至成熟期SPAD值随灌水量的增加而增加；而滴灌量最小的处理A，由于土壤水分相对亏缺阻碍了叶绿素的合成，使得叶片枯黄，叶绿素含量迅速降低，说明小麦生长中后期水分足量供给更有利于小麦生殖生长对水分的需求，维持较长时间的绿叶功能期，有利于光合作用的进行，从而增加干物质积累，促进小麦产量的提高。

8.1.3 不同滴灌量对冬小麦光合参数的影响

由图8-3（a、b、e）可知，随着滴灌量的增加，不同处理各生育时期叶片的蒸腾速率（Tr）、净光合速率（Pn）、气孔导度（Gs）均呈增加趋势，且随滴灌量的增

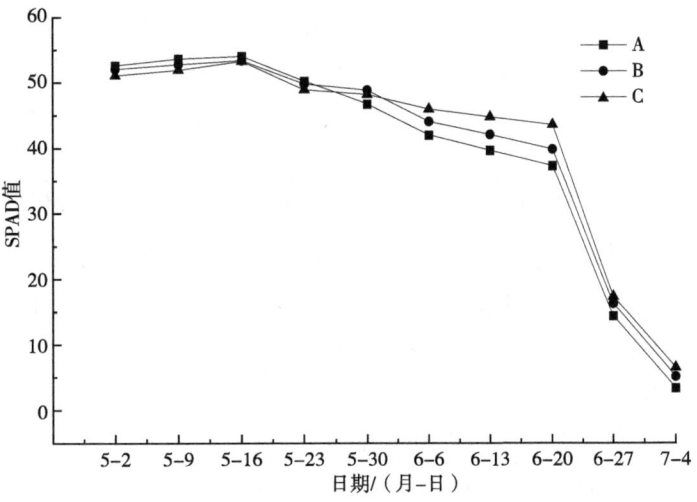

图8-2 不同处理冬小麦叶片SPAD值的动态变化

加始终表现为处理C>处理B>处理A的变化趋势，说明增加滴灌量对冬小麦叶片的Tr、Pn、Gs均具有促进作用。但是旗叶的水分利用效率则随着滴灌量的增加呈现出"先升高后降低"的变化趋势（如图8-3c所示），说明适宜的滴灌量有利于减少水分的无效散失、提高小麦的单叶水分利用效率；不同处理的胞间CO_2浓度（C_i）（如图8-3d所示）却随生育进程推进表现出"先降低再升高"的变化趋势，但同一生育时期仍始终表现为处理A>处理B>处理C，

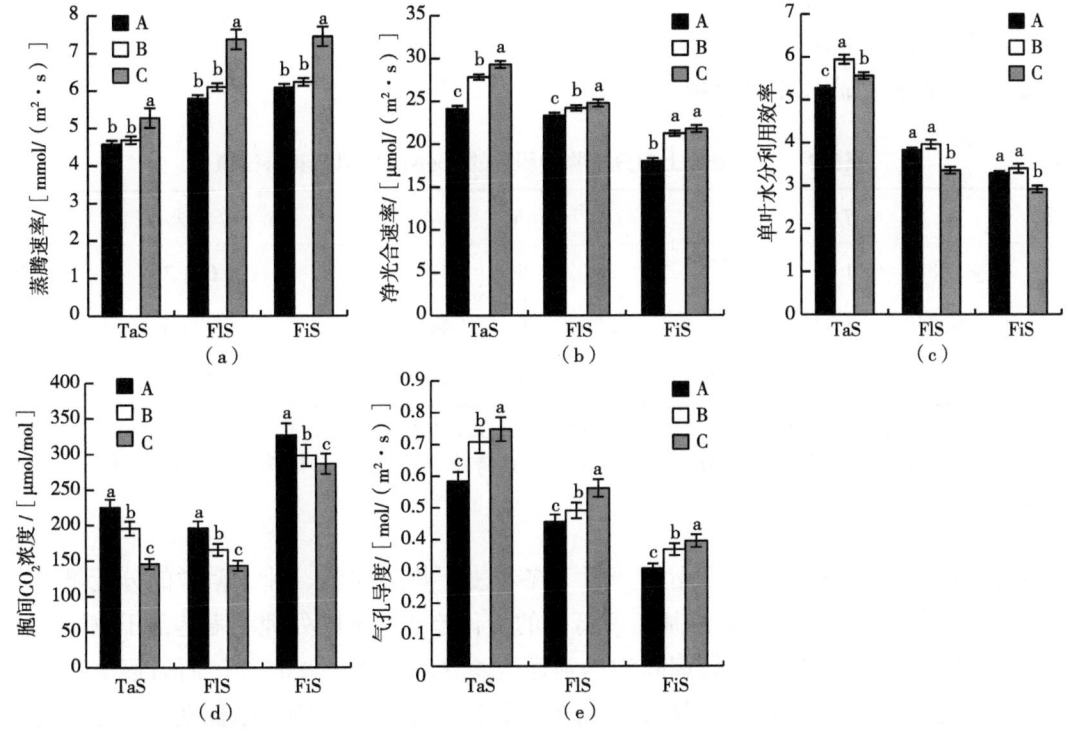

图8-3 不同处理冬小麦不同生育时期叶片光合生理参数的变化

注：TaS为抽穗期；FlS为开花期；FiS为灌浆期。柱上小写字母不同表示各处理间差异显著（$P<0.05$）。

且不同处理间均达到显著性差异水平（$P<0.05$），进一步说明了适当增加灌水量可有效提高叶片光合作用效率。试验中处于中等水平灌水量的处理B不仅具有较高的净光合速率，为作物形成高产奠定了良好基础，同时保持了最高的单叶水分利用效率，避免了水资源的浪费。

8.1.4 不同滴灌量对冬小麦干物质积累与分配的影响

增加滴灌量有利于促进干物质的积累，不同滴灌量处理的干物质均随生育进程的推进表现为处理C>处理B>处理A（图8-4）。对干物质积累进行Logistic方程模拟可知（表8-2），不同滴灌量处理对小麦干物质积累最大速率出现的时间t_0以及两个生长函数的拐点t_1、t_2的影响较小；但快增期持续的时间（Δt）随着滴灌量的增加而延长，然而，随着滴灌量的不断加大，Δt延长的时间缩短，处理C的Δt较处理A和处理B分别增加了4 d和1 d；速度特征值（V_m）表现为处理B>处理C>处理A。表明适当增大滴灌量可保证较高的V_m，但滴灌量过高V_m不增反降。

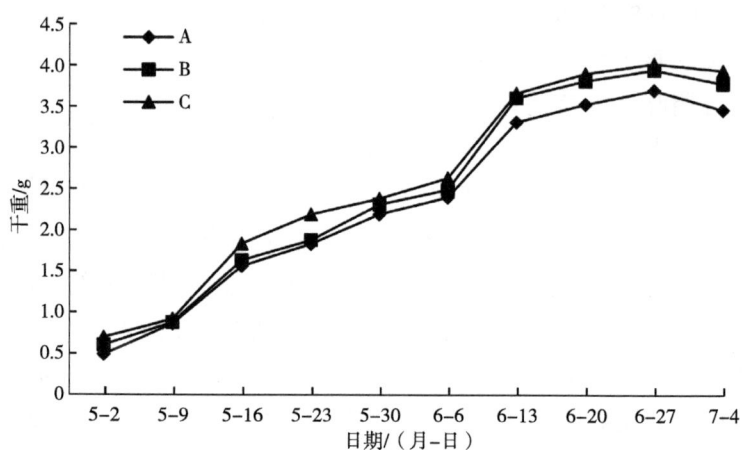

图8-4　不同处理冬小麦单株干物质积累动态变化

表8-2　冬小麦地上部分干物质积累的Logistic模拟及其特征值

处理	方程	t_0/d	t_1/d	t_2/d	Δt	V_m [g/（株·d）]	F
A	$y=3.881\,4/(1+e^{1.694\,7-0.073\,4t})$	24	5	42	36	0.071 2	121**
B	$y=4.269\,7/(1+e^{1.731\,3-0.070\,8t})$	25	6	44	39	0.075 6	112**
C	$y=4.381\,5/(1+e^{1.563\,2-0.067\,6t})$	24	4	43	40	0.074 0	104**

注：t为冬小麦抽穗后的天数；y为冬小麦干物质积累量；t_0为干物质积累最大速率出现时间；t_1和t_2分别为Logistic生长函数的两个拐点；Δt为干物质快速积累持续天数（d）；V_m为干物质最大增长速率；*为$F_{(2,4)0.05}=6.94$；**为$F_{(2,4)0.01}=18$。

结合表8-3可知，不同滴灌量处理条件下冬小麦干物质向茎、叶、鞘中的分配量（百分比）均随生育进程推进呈现"先增加后降低"的变化趋势。不同处理小麦茎部干物质占比均在花后7 d达到最大值，且不同处理间均达到显著差异水平（$P<0.05$），而后逐渐降低；叶和叶鞘干物质占比均在拔节期达到最大后降低；穗部干物质占比则从孕穗期开始逐渐增加，至成熟期达到最大，此时处理A与处理B无显著差异（$P>0.05$），但二者均显著高于处理C（$P<0.05$），这可能是因为小麦穗部干物质积累的灌浆速率与灌浆持续期受到灌水量的影响

所致，整个生育期内较大的灌水量在一定程度上滞后了小麦完成灌浆的时间，因而致使在受到其他因素同等影响下，相同时间内穗部干物积累总量反而降低，由此也说明适度的水分亏缺有利于干物质向穗部转移。

表8-3 不同滴灌量处理冬小麦各生育期干物质分配特征　　　　单位：%

器官	处理	拔节期	孕穗期	抽穗期	开花期	花后7 d	花后14 d	花后21 d	花后28 d	成熟期
茎	A	27.03cC	34.26bB	40.10bB	42.74bB	40.53cB	32.09aA	31.25aA	27.14aA	24.33cC
	B	26.43bB	34.86bB	38.49cB	41.48cB	40.13aB	30.15cC	29.03bB	25.59bB	25.07bB
	C	29.00aA	35.59aA	42.92aA	44.48aA	40.97bA	30.34bB	28.95cB	25.95cB	25.96aA
叶	A	40.00aA	22.53bB	18.76bB	15.83bB	12.71bB	8.64aA	7.40aA	5.88bB	3.31bB
	B	37.85bB	22.66bB	19.95aA	16.20aA	12.97bB	8.36bB	7.36aA	5.98bB	3.32bB
	C	36.99cB	23.02aA	18.34bB	16.05aA	13.14aA	8.21bB	7.57aA	6.05aA	4.36aA
鞘	A	26.65bB	19.99bB	17.29bB	14.56bB	11.87bB	8.22aA	7.63aA	6.49bB	6.92aA
	B	28.72aA	19.58bB	18.03aA	13.62bB	12.06aA	7.87cB	7.14bB	6.36bB	6.64bB
	C	26.50bB	20.78aA	17.43bB	14.29aA	11.22aAB	7.98bB	7.11bB	6.55aA	6.38bB
穗	A	7.51aA	20.61bA	21.31bB	25.18bB	34.67aA	53.46bA	56.36aA	61.45aA	65.44aA
	B	6.99bB	22.91abA	23.53aA	28.69aA	34.83aA	53.62aA	56.48aA	61.79aA	65.24aA
	C	6.32cB	23.23aA	23.85aA	26.86bB	34.89aA	51.05cB	53.71bB	60.49bB	63.30bB

注：不同小写字母表示差异显著（P<0.05），大写字母表示差异极显著（P<0.01）。

8.1.5 滴灌量对冬小麦灌浆特性及产量的影响

不同滴灌量对冬小麦籽粒干重变化影响趋势基本一致，均表现为花后籽粒干重持续增长，灌浆速度前期增长迅速，后期趋于平缓（图8-5）。但不同灌浆阶段滴灌量对籽粒干物质积累的影响具有差异，随滴水量的增大，灌浆前期表现为处理A>处理B>处理C，中期为处理B>处理C>处理A，后期为处理C>处理B>处理A，说明灌浆期降低水分补给虽一定程度上增加了前期籽粒干物质的积累，但持续时间较短；适当增大滴水量将有利于延长籽粒的灌浆时间，促进粒重的增加；较大的滴水量虽使小麦后期仍有较大的灌浆速率，但具有导致籽粒晚熟的风险，亦会影响产量。

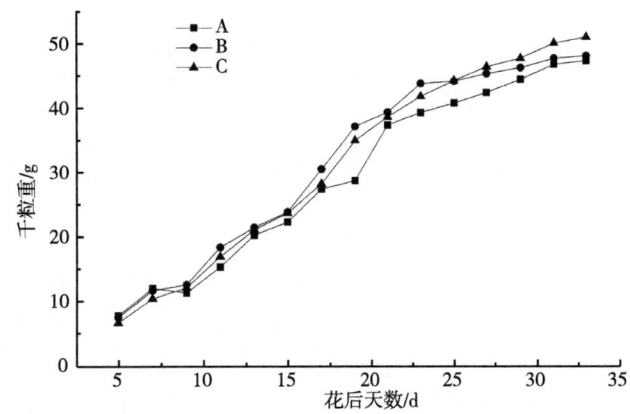

图8-5 不同处理冬小麦千粒重动态变化

进一步对不同处理冬小麦的籽粒灌浆进程进行Logistic方程拟合（表8-4），结果显示R^2均达到了0.99以上，表明该方程能够客观反映不同滴灌量处理对冬小麦籽粒灌浆进程的影响。此外，随滴灌量的增大，拟合方程中k值（理论千粒重）也呈现出"先升高后降低"的变化趋势，再次说明了适宜的水分管理可充分促进籽粒干物质的积累，水分偏低或过高均不利于籽粒的灌浆过程。

表8-4　不同处理冬小麦籽粒灌浆进程的Logistic方程参数估计值

处理	$Y=k/(1+ae^{-bt})$			R^2
	k	a	b	
A	49.73	2.696 9	0.189 3	0.992 9
B	53.25	2.711 9	0.172 2	0.997 8
C	50.71	2.512 9	0.156 8	0.991 4

不同灌浆阶段对小麦籽粒灌浆进程的贡献率不同（表8-5），不同滴灌量处理均以速增期最大（61.43%～62.5%），缓增期次之（26.69%～27.12%），渐增期最小（10.39%～11.91%）；但各灌浆阶段持续时间则以缓增期持续天数最长，占整个灌浆持续时间的44.86%～46.12%，其次为速增期，占灌浆时间的36.05%～37.06%，而渐增期占比最小，为16.82%～19.09%。

随着滴灌量的增大，冬小麦灌浆各阶段增重（W值）均表现出"先增大后减小"的趋势，以处理B最高，其W_1、W_2、W_3分别为11.25 g、30.74 g、10.72 g；平均灌浆速率与最大灌浆速率减小；达到最大灌浆速率的时间延后；灌浆各阶段时间均有所延长，但速增期与缓增期的灌浆速率却随之降低，其中处理A与处理B差异不显著（$P>0.05$），但二者均与处理C达显著性差异水平（$P<0.05$）。说明适当增加灌水量有利于延长速增期和缓增期的持续时间，尤其是对灌浆进程的贡献率最大的速增期，延长1～3 d。因此，在保持其灌浆速率较高的前提下，延长速增期的时间，对籽粒增重的意义重大。

表8-5　不同处理对冬小麦籽粒灌浆阶段特征参数的影响

处理	渐增期				速增期				缓增期				T_{max}/d	R_{max}	R_{mean}
	T_1/d	W_1/g	R_1	贡献率/%	T_2/d	W_2/g	R_2	贡献率/%	T_3/d	W_3/g	R_3	贡献率/%			
A	7.29	10.51	1.44	11.79	13.91	28.71	2.06	61.51	17.32	10.01	0.58	26.69	14.25	2.35	1.29
B	8.10	11.25	1.39	11.91	15.30	30.74	2.01	61.43	19.04	10.72	0.56	26.66	15.75	2.29	1.25
C	7.63	10.72	1.41	10.39	16.80	29.28	1.74	62.50	20.91	10.21	0.49	27.12	16.03	1.99	1.12

注：T_1为渐增期；T_2为快增期；T_3为缓增期；W_1为灌浆渐增期增重；W_2为灌浆快增期增重；W_3为灌浆缓增期增重；R_1为渐增期灌浆速率[mg/(粒·d)]；R_2为快增期灌浆速率[mg/(粒·d)]；R_3为缓增期灌浆速率[mg/(粒·d)]；T_{max}为到达最大灌浆速率的时间；R_{max}为最大灌浆速率[mg/(粒·d)]；R_{mean}，平均灌浆速率[mg/(粒·d)]。

8.1.6 不同滴灌量与冬小麦籽粒灌浆参数的关系

对冬小麦灌浆参数与其粒重进行相关性分析可知（表8-6），冬小麦粒重与R_{max}、R_{mean}、R_2、R_3、T_2、T_3和C_0呈极显著正相关，与T_{max}呈显著负相关，而与R_1、T_1无显著相关性。此外，R_{max}、R_{mean}与T、T_2、T_3和C_0有显著或极显著负相关，与R_1、T_1和T_{max}无显著相关性，但T_2、T_3与R_2和R_3之间却存在显著负相关。由此可见，小麦的平均灌浆速率、最大灌浆速率、灌浆持续期，尤其是速增期与缓增期的持续时间以及它们期间的灌浆速率高低对小麦的粒重形成具有重要的影响作用。

表8-6 冬小麦灌浆参数与粒重的相关系数

参数	R_{max}	R_{mean}	R_1	R_2	R_3	T	T_{max}	T_1	T_2	T_3	C_0
R_{max}	1.00										
R_{mean}	1.00**	1.00									
R_1	0.37	0.41	1.00								
R_2	1.00**	1.00**	0.37	1.00							
R_3	1.00**	1.00**	0.37	1.00**	1.00						
T	−0.9*	−0.92*	−0.74	−0.9*	−0.9*	1.00					
T_{max}	−0.74	−0.76	−0.90	−0.74	−0.74	0.96**	1.00				
T_1	−0.06	−0.10	−0.95*	−0.06	−0.06	0.49	0.72	1.00			
T_2	−0.94*	−0.96**	−0.66	−0.94*	−0.94*	0.99**	0.92	0.39	1.00		
T_3	−0.94*	−0.94*	−0.66	−0.94*	−0.94*	0.99**	0.92	0.39	1.00**	1.00	
C_0	−0.99**	−1.00**	−0.46	−0.99**	−0.99**	0.94*	0.80	0.01	0.97**	0.97**	1.00
粒重	1.00**	1.00**	−0.42	1.00**	1.00**	0.92*	−0.97*	−0.04	0.96**	0.96**	1.00**

注：*表示在$P<0.05$水平显著；**表示在$P<0.01$水平显著。T为灌浆时间；C_0为生长潜势，其余灌浆参数定义同表8-5。

8.1.7 滴灌量对冬小麦产量及构成因素、收获指数及水分利用效率的影响

不同滴灌量处理冬小麦有效穗数存在显著差异（表8-7），且处理A、B与处理C存在极显著性差异；处理B与处理A在单穗粒数、千粒重方面有显著性差异，与处理C无差异；处理B与处理A、处理C在产量上存在极显著性或显著性差异，处理A与处理C二者之间则无差异，较两者而言，处理B的产量分别高出7.09%和4.55%，这说明滴水量的多少对小麦产量构成因素及产量有一定影响，表现为随着灌溉量的增大，冬小麦产量增加，以处理B产

量最高，为8 958.29 kg/hm²，继续增大灌水量（处理C）产量则降低4.35%。而灌溉量与灌溉水利用率（IWUE）和收获指数（HI）之间均表现出反比例关系，即灌水量越大IWUE、HI越低，其中处理A、B的IWUE无显著差异，但二者均显著高于C处理（$P<0.05$）。因此，为了获得高产同时尽可能提高灌溉水利用率，本试验条件下滴灌小麦的灌水定额可控制在3 300~3 900 m³/hm²。

表8-7　不同滴灌量冬小麦产量及产量构成因素、灌溉水利用率、收获指数的比较

处理	有效穗数/ （万穗/hm²）	单穗粒数/ （粒/穗）	千粒重/ g	产量/ （kg/hm²）	灌溉水利用率/ （kg/m³）	收获指数
A	644.61aA	35.43bc	42.1bB	8 365.44bB	2.32aA	0.35
B	642.00bA	36.58a	43.83aA	8 958.29aA	2.13aA	0.34
C	634.85cB	35.94ab	43.17aA	8 568.4bAB	1.79bB	0.32

注：同列不同小写字母表示差异达到显著水平（$P<0.05$）；大写字母表示差异达到极显著水平（$P<0.01$）。

8.1.8　小结

适宜的滴灌量不仅益于小麦维持较高的LAI，有效减缓LAI在小麦生育后期下降速度，利于冬小麦叶片保持较长的绿叶功能期的同时具有较高的净光合速率，从而促进干物质的积累，延长籽粒灌浆时间，促进粒重的增加，进而获得高产。偏高的灌溉量虽对小麦的部分生长指标（如生育后期LAI、SPAD值、Pn）具有增益作用，但却同步降低了小麦单叶水分利用效率、IWUE以及穗部干物质积累量，因其滞后了籽粒灌浆时间，收获时反而产量下降。因此认为，滴灌冬小麦适宜灌溉量以3 300~3 900 m³/hm²较为合适。

8.2　滴灌冬小麦适宜施氮量研究

施用氮肥是促进作物增产的重要措施之一，但我国主要农作物平均氮肥利用效率却仅为30%左右，滴灌作为目前世界上一种先进的节水灌溉技术，相比于常规灌溉肥料撒施于田地，滴施肥料的利用率提高了20%~40%。然而，生产过程中不乏存在滴灌施肥仍遵循漫灌过量施用问题。鉴于此，课题组基于明确最佳滴灌量的前提下，于新疆伊犁哈萨克自治州伊宁县农业科技示范园试验地开展了氮肥滴施试验，试验地土壤0~20 cm的pH值8.3，有机质1.56 g/kg，碱解氮69.6 mg/kg，有效磷7.5 mg/kg，速效钾78.5 mg/kg。以9 150 kg/hm²为目标产量，设置4个氮肥（纯氮）水平：不施肥（N0）、104 kg/hm²（N1）、173 kg/hm²（N2）、242 kg/hm²（N3），研究施氮量对冬小麦的生长、光合特性、干物质分配及养分运

移特征、产量及经济效益的影响研究,为优化滴灌冬小麦高产栽培施肥技术提供理论依据。

8.2.1 施氮量对冬小麦LAI动态变化及粒叶比的影响

不同施氮量处理下的LAI均表现出先增后降的变化趋势,且均在5月14日(孕穗后期)达到峰值(图8-6),其中以N3处理最高,达5.87,分别较N0、N1、N2高出26.55%、10.08%和6.67%。累积各处理冬小麦各生育时期每次测量平均值可得,N0、N1、N2、N3四个不同氮肥水平下的LAI的平均值分别为3.00、3.71、4.08和4.07,表现为N2处理与N3处理相持平,平均分别高于N0、N1 35.71%和9.93%。此外,进入灌浆期(6月4日)以前,三个不同施氮处理的LAI表现为N3>N2>N1,之后却表现为N2>N3>N1。表明滴灌条件下,氮肥随水滴施可显著促进LAI增加,同时,在一定范围内增加施氮量有利于进一步提高冬小麦LAI,但继续增加施氮量则会使小麦LAI增加趋于平缓甚至可能降低。这是因为,氮素缺乏导致小麦植株叶片营养不足,从而制约了小麦群体合理LAI的构建,但过大的施氮量却容易造成冬小麦前期LAI偏高,后期小麦底部叶片因光照不足而早衰,从而致使后期LAI迅速下降。由此可见,施加适量的氮素对维持小麦较大的LAI及较长持续期都具有重要意义。

施氮量对滴灌冬小麦粒叶比的影响如图8-7所示,随着施氮水平的提高,粒叶比呈先增后降的变化趋势,在N1达到最大值,粒数叶比和粒重叶比分别为0.35和15.87,较N0虽有所增加,但并未达显著性差异水平;相对于N1而言,N2、N3粒叶比不增反降,尤其是粒重叶比,N3较N1、N2分别显著降低13.68%和7.23%,这可能是因为虽然增施氮肥相应提高了冬小麦的单穗粒数和粒重,但对冬小麦叶面积的增大作用更为明显,故而导致其粒叶比降低。由此可知,只有合理地控施氮肥才能更好地协调小麦植株的"源-库"关系,达到提高单位面积承载的库容量以及库对源物质的调运能力的目的。

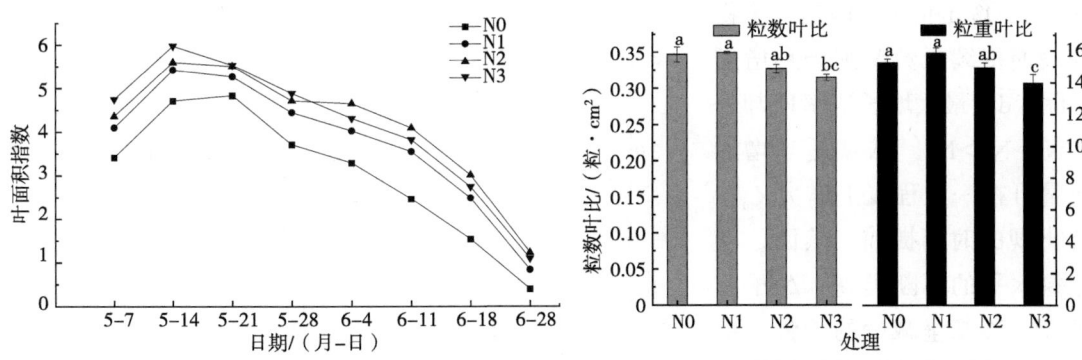

图8-6 氮肥对冬小麦叶面积指数的影响　　图8-7 不同施氮量对冬小麦粒叶比的影响

8.2.2 施氮量对冬小麦SPAD值的影响

小麦叶片SPAD值的高低能够很好地反映其含氮量。由图8-8可知,自冬小麦拔节期至成熟期,不同施氮量处理下叶片SPAD值变化趋势基本一致,均表现为缓慢升高(拔节期至抽穗期)—缓慢降低(扬花期至灌浆前期)—急剧下降(灌浆中期直至成熟),但不同生育时期处理间存在差异，在抽穗期（5月21日）以前各处理的SPAD值表现为N3>N2>N1>N0，此后则表现为N2>N3>N1>N0，这可能是因为在相同供水条件下，前期营养生长旺盛，施氮量增加促使叶片氮素浓度升高，但随着冬小麦由营养生长进入生殖生长阶段，植株根系吸收养分能力减弱，叶片逐渐衰老，灌水量不变条件下增加施氮量，超

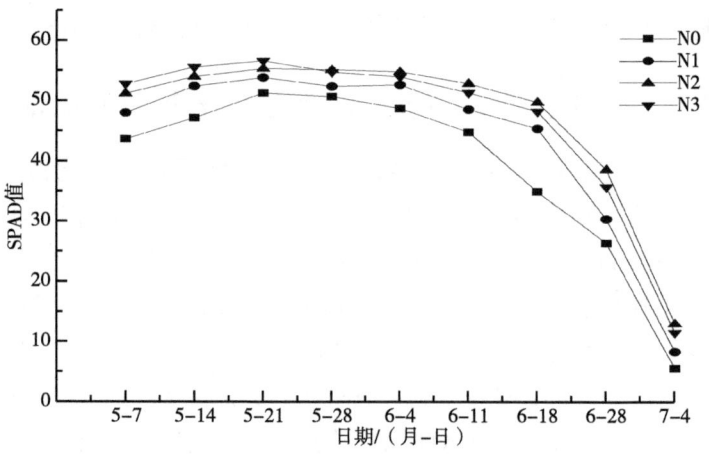

图8-8　氮肥对冬小麦旗叶SPAD值的影响

出一定范围后造成养分不能被植株吸收，表现为SPAD值降低。

8.2.3　不同施氮量对冬小麦干物质积累分配的影响

拔节期至成熟期，不同供氮水平冬小麦单株干物质积累总体变化趋势基本一致（图8-9），均表现为灌浆期前干物质积累较为迅速，而后趋于平缓，至成熟期干物质略有降低，这主要是由于植株营养器官衰老脱落所致。进一步对冬小麦地上部分干物质积累进行Logistic模拟（表8-8）可知，与不施氮相比，滴施氮肥显著提高了冬小麦地上部干物质积累量，与此同时，不同施氮水平对冬小麦干物质积累最大速率出现的时间t_0以及两个生长函数的拐点t_1、t_2的影响也不同，较中氮水平N2而言，N1、N3的t_0分别延长了1.42 d和2.75 d，t_2分别推后了约3 d和5 d，但是，干物质快增期持续天数Δt则分别增加了3 d和4 d；最大增长速率V_m却表现为N2>N3>N1。表明适当增加施氮量可在一定程度上增大V_m，使V_m出现的时间提前。然而，随着施氮水平的不断提高，Δt虽有所延长，V_m却呈减少的趋势。由此可见，通过调节氮素施用量可有效改变干物质积累持续时间及最大增长速率，且只有在适宜的施氮量条件下，两者才可均衡提高，促进干物质积累。

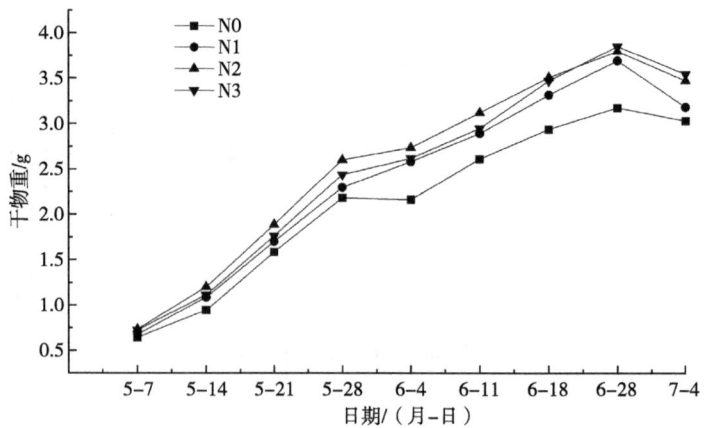

图8-9　氮肥对单株冬小麦干物质积累的影响

表8-8 冬小麦地上部分干物质积累的Logistic模拟及其特征值

处理	方程	持续时间/d				V_m/[g/(株·d)]	F
		t_0	t_1	t_2	Δt		
N0	$y=2.816\,5/(1+e^{1.320\,2-0.098t})$	13.49	0.03	26.94	26.91	0.069	116**
N1	$y=3.201\,3/(1+e^{1.328\,5-0.085\,9t})$	15.47	0.13	30.80	30.67	0.069	133**
N2	$y=3.691\,3/(1+e^{1.337\,0-0.095\,2t})$	14.05	0.21	27.88	27.67	0.084	165**
N3	$y=3.643\,4/(1+e^{1.390\,9-0.082\,8t})$	16.80	0.89	32.70	31.81	0.075	146**

注：t为冬小麦拔节后的天数；y为冬小麦干物质积累量（g）；t_0为干物质积累最大速率出现时间；t_1和t_2分别为Logistic生长函数的两个拐点；Δt为干物质快速积累持续天数（d）；V_m为干物质最大增长速率；*为$F_{(2,4)0.05}=6.94$；**为$F_{(2,4)0.01}=18$。

不同施氮量处理条件下冬小麦的茎、叶片、叶鞘占单株干物质的百分比均呈现先增加后降低的变化趋势（表8-9）。不同施氮处理小麦的茎均在花后7 d达到最大值，N1与N2、N3均达极显著差异水平（$P<0.01$），未施氮处理冬小麦茎所占比重则在开花期达到最大值，且与施氮处理之间均存在显著差异（$P<0.05$）；叶片比重在拔节期最高，随后逐渐降低，至成熟期，叶片在小麦植株各器官中占单株总重比例最小；叶鞘在孕穗期达到最大后降低；自孕穗期开始，各处理干物质向穗中的分配量随着时间进程的推进不断增加，直至成熟期达到最大，此时N2与其他3个处理之间均存在显著差异（$P<0.05$），这可能是因为施氮量影响了小麦的灌浆速率，施氮量过少或过多均滞后了小麦完成灌浆的时间，因而致使相同时间内穗部干物不增反降。

表8-9 不同施氮量冬小麦各生育时期干物质分配特征 单位：%

器官	处理	拔节期	孕穗期	抽穗期	开花期	花后7 d	花后14 d	花后21 d	花后28 d	成熟期
茎	N0	24.41cB	28.06aA	32.52bA	49.55aA	44.56cC	32.66bB	27.30bB	22.19bB	17.44bA
	N1	24.99cB	26.84bB	33.63aA	47.99bA	49.46aA	36.06aA	30.57aA	25.30aA	18.00aA
	N2	27.62aA	28.89aA	33.60aA	46.23bcA	47.49bB	36.87aA	29.96aA	24.40aA	17.10bB
	N3	26.88bA	29.02aA	34.44aA	45.87cB	46.12bB	36.36aA	30.69aA	25.21aA	19.37aA
叶片	N0	48.63bA	35.59aA	21.74aA	14.35aA	14.29aA	10.54aA	8.42aA	6.92aA	5.60aA
	N1	50.94aA	33.40bB	21.40aA	14.14aA	12.10cB	10.76aA	8.13aA	7.05aA	5.34aA
	N2	47.41cB	30.57cC	21.64aA	14.59aA	13.05bA	10.00aA	8.24aA	6.82aA	5.23aA
	N3	48.07bA	33.70bB	21.46aA	13.69aA	12.45bA	10.04aA	8.52aA	7.18aA	5.19aA
叶鞘	N0	26.96aA	27.69bA	18.96bA	13.47aA	13.45aA	10.79aA	9.51aA	7.84aA	6.75aA
	N1	24.08bB	28.91aA	20.16aA	13.64aA	11.62aB	10.07aA	8.71aA	7.37aA	6.51aA
	N2	24.97bA	27.31bB	18.41bB	12.15aB	11.01bB	9.57bB	8.27bB	7.12aA	6.21aA
	N3	25.05bA	26.36CB	19.89aA	13.34aA	11.72bB	10.19aA	8.46bB	7.22aA	6.22aA

续表

器官	处理	拔节期	孕穗期	抽穗期	开花期	花后7 d	花后14 d	花后21 d	花后28 d	成熟期
穗	N0	0.00	8.67cC	26.79aA	22.63cC	27.70bAB	46.02aA	54.77aA	63.04aA	70.20bA
	N1	0.00	10.85bB	24.80bB	24.23bB	26.82cB	43.11bB	52.59cB	60.27cB	70.16bA
	N2	0.00	13.23aA	26.34aA	27.02aA	28.45bA	43.57bB	53.53bA	61.67bB	71.32aA
	N3	0.00	10.92bB	24.21bB	27.10aA	29.71aA	43.41bB	52.33cB	60.39cB	69.36cA

注：不同小写字母表示差异显著（$P<0.05$），大写字母表示差异极显著（$P<0.01$）。

穗部是冬小麦花后主要的干物质积累器官，冬小麦不同施氮量处理间相差最大是成熟期的籽粒干物质量达2 096.5 kg/hm²（表8-10）。此外，各处理叶片、叶鞘及茎所累积的同化产物因冬小麦由营养生长转入生殖生长阶段而分解外运，重量均呈不同程度降低，但其移动量随不同施氮量调控而变化，与N0相比，施氮处理增加了营养器官同化产物的移动量，其中以N2最为明显，较N0的叶片+叶鞘、茎移动量分别高出124.18%和203.60%。同时，施氮处理明显提高了茎部向籽粒的移动量，但随施氮量的增加，茎的相对移动量增幅仅为1%左右，说明继续增加施氮量对茎的移动量影响并不大。与不施氮相比，施氮处理N1、N2和N3的物质移动量占籽粒百分率分别提高了49.72.32%、80.91%和71.81%，说明通过采取恰当的施氮量调控措施可以提高叶片、叶鞘向籽粒的运转量，从而提高籽粒产量。

表8-10 冬小麦开花后各器官干物质质量的变化

处理	器官	开花期/(kg/hm²)	成熟期/(kg/hm²)	移动量/(kg/hm²)	移动总量/(kg/hm²)	移动相对/%	移动占籽粒/%
N0	茎	4 725.88	4 412.25	-313.63		21.83	
	叶片+叶鞘	2 988.58	1 865.55	-1 123.03	-1 436.66	78.17	22.95
	籽粒	0	6 260.40	6 260.40		100	
N1	茎	5 067.60	4 343.17	-724.43		26.53	
	叶片+叶鞘	4 226.78	2 220.58	-2 006.19	-2 730.63	73.47	34.36
	籽粒	0	7 946.00	7 946.00		100	
N2	茎	5 733.75	4 781.60	-952.15		27.44	
	叶片+叶鞘	4 821.56	2 303.92	-2 517.64	-3 469.79	72.56	41.52
	籽粒	0	8 356.90	8 356.90		100	
N3	茎	6 155.65	5 240.75	-914.89		28.48	
	叶片+叶鞘	5 018.28	2 720.23	-2 298.05	-3 212.94	71.52	39.43
	籽粒	0	8 148.20	8 148.20		100	

注：移动总量=（叶片+叶鞘）移动量+茎移动量，移动相对（%）=叶片+叶鞘（茎）移动量/移动总量，移动占籽粒（%）=移动总量/籽粒移动量×100%。

8.2.4 不同施氮量对冬小麦灌浆特性的影响

用Logistic方程对不同氮肥施用量下冬小麦籽粒干物质积累进行拟合，拟合方程的相关系数（R^2）均高于0.992 0，经F检验结果均达到极显著差异水平（表8-11）。不同氮肥处理冬小麦籽粒干物质自花后5 d均逐渐增大（图8-10），但因氮肥施用量的不同其变化趋势有所差异。花后13 d内籽粒干物质积累表现为N0>N1>N2>N3，花后15 d后则表现为N2>N3>N1>N0，至收获时（花后39 d），N2处理千粒重比N0、N1及N3处理分别高出21.38%、8.37%和3.53%。此外，由表8-12的Logistic模拟方程参数也可看出，理论千粒重亦为N2处理最高，较其他3个处理依次高出20.65%、9.08%和4.73%，与实际值平均差值仅为1.18%，也进一步说明栽培措施相同条件下，千粒重除受自身遗传因素限制外，也很大程度依赖于氮素的适量供应，不施或

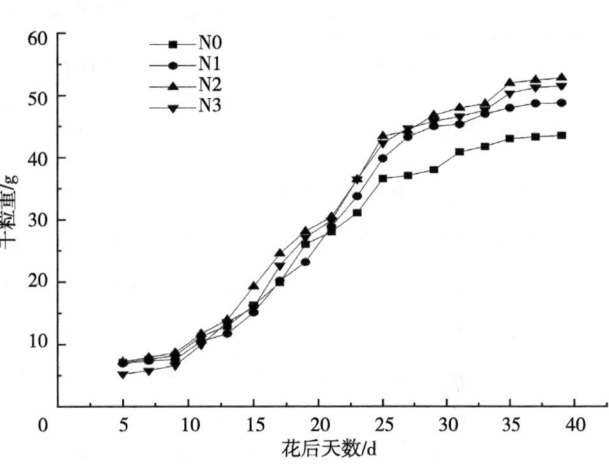

图8-10 氮肥对冬小麦千粒重的影响

少施氮肥易造成冬小麦由于氮素缺失提前进入生殖生长阶段，因此灌浆前期粒重较大，而后期则易因养分不足而早衰，表现为籽粒增重平缓甚至停滞，故最终粒重较小。

表8-11 不同处理冬小麦籽粒灌浆进程的Logistic方程参数估计值

处理	方程	R^2
N0	$y=45.430\ 6/[1+e^{(2.912\ 2-0.162\ 324x)}]$	0.994 7**
N1	$y=50.244\ 2/[1+e^{(3.42-0.178\ 174x)}]$	0.992 3**
N2	$y=54.810\ 1/[1+e^{(3.091\ 9-0.165\ 472x)}]$	0.995 0**
N3	$y=52.328\ 9/[1+e^{(3.546\ 6-0.189\ 768x)}]$	0.996 2**

依据籽粒干物质量积累"慢—快—慢"的趋势，将灌浆进程主要划分为渐增期（T_1）、速增期（T_2）和缓增期（T_3）3个阶段（表8-12），各阶段持续时间中以T_3持续时间最长（18~20 d），T_2次之（15~16 d），T_1最短（10~14 d）；各阶段籽粒增重平均贡献率则依次为15.87%、58.67%、25.46%，表现为$T_2>T_3>T_1$；各阶段平均灌浆速率分别为0.95、1.89和0.53 mg/粒/d，T_2平均灌浆速率分别为T_1、T_3的100.01%及256.92%。由此可见，延长T_2持续时间及该阶段内灌浆速率对形成高粒重意义重大。与不施氮处理相比，施氮明显增加了$T_{\max}$、$R_{\max}$和$R_{\mean}$，相对于整个灌浆进程而言，施氮虽然降低了T_2时期在籽粒增重过程中的贡献率，但却相对增加了在该期间的灌浆速率，该时期内籽粒增重量W_2高于N0处理。随着施氮

量的增加，各灌浆阶段内籽粒增重 W 及整个关键进程的平均灌浆速率 R_{mean} 均呈先增后降的变化趋势，均在 N2 达到最大值，且延迟了最大灌浆速率出现时间 1~3 d 不等，继续增加施氮量对籽粒灌浆参数影响不大，反而在一定程度上降低了 T_2 和 T_3 阶段对籽粒增重的贡献率，不利于最终粒重的形成。

表8-12 不同处理对冬小麦籽粒灌浆阶段特征参数的影响

处理	渐增期				速增期				缓增期				T_{max}/d	R_{max}	R_{mean}
	T_1/d	W_1/g	R_1	贡献率/%	T_2/d	W_2/g	R_2	贡献率/%	T_3/d	W_3/g	R_3	贡献率/%			
N0	9.77	9.60	0.98	13.39	16.14	26.23	1.63	60.40	20.08	9.15	0.46	26.21	17.84	1.85	0.99
N1	11.80	10.83	0.92	16.93	14.78	29.59	2.00	57.93	18.40	10.32	0.56	25.14	19.19	2.28	1.14
N2	10.73	11.58	1.08	14.68	15.92	31.65	1.99	59.50	19.81	11.03	0.56	25.82	18.69	2.27	1.18
N3	13.80	11.06	0.80	18.50	15.52	30.21	1.95	56.83	19.31	10.53	0.55	24.66	21.56	2.22	1.08

注：T_1 为灌浆渐增期；T_2 为灌浆快增期；T_3 为灌浆缓增期；W_1 为灌浆渐增期增重；W_2 为灌浆快增期增重；W_3 为灌浆缓增期增重；R_1 为渐增期灌浆速率 [mg/(粒·d)]；R_2 为快增期灌浆速率 [mg/(粒·d)]；R_3 为缓增期灌浆速率 [mg/(粒·d)]；T_{max} 为到达最大灌浆速率的时间；R_{max} 为最大灌浆速率 [mg/(粒·d)]；R_{mean} 为平均灌浆速率 [mg/(粒·d)]。

8.2.5 施氮量与冬小麦籽粒灌浆参数的关系

为探讨灌浆参数与粒重的关系，对二者进行了相关性分析，结果表明，冬小麦粒重与 T_2、T_3、R_{mean} 和 R_2 呈极显著正相关，与 R_{max} 呈显著负相关，与其他灌浆参数无显著相关性。此外，R_{max} 与 R_{mean}、R_2、R_3 和 T 均呈显著或极显著性正相关，但与 T_{max} 呈显著负相关，R_{mean} 与各阶段灌浆速率及 C_0 均呈显著正相关，但与 T_1 和 T_{max} 为显著负相关性（表8-13）。说明延长冬小麦籽粒灌浆期 T_2 与 T_3 的持续时间，尤其保证 T_2 阶段内籽粒具有较高的灌浆速率，对最终粒重的形成意义重大。

表8-13 冬小麦灌浆参数与粒重的相关系数

参数	R_{max}	R_{mean}	R_1	R_2	R_3	T	T_{max}	T_1	T_2	T_3	C_0
R_{max}	1.000										
R_{mean}	0.973*	1.000									
R_1	0.654	0.976*	1.000								
R_2	1.000**	0.983*	0.654	1.000							
R_3	1.000**	0.983*	0.654	1.00**	1.000						
T	0.985*	−0.687	−0.513	−0.985*	−0.985*	1.000					
T_{max}	−0.919*	−0.973*	−0.900	−0.919*	−0.919*	0.837	1.000				

续表

参数	R_{max}	R_{mean}	R_1	R_2	R_3	T	T_{max}	T_1	T_2	T_3	C_O
T_1	-0.830	-0.999**	-0.965*	-0.830	-0.830	0.721	0.983*	1.000			
T_2	-0.394	0.232	0.438	-0.394	-0.394	0.547	-0.010	-0.185	1.000		
T_3	-0.394	0.232	0.438	-0.394	-0.394	0.547	-0.010	-0.185	1.000**	1.000	
C_O	0.540	0.936*	0.990**	0.540	0.540	-0.387	-0.829	-0.918*	0.560	0.560	1.000
粒重	-0.431*	0.992**	0.401	0.931**	-0.431	0.581	0.040	-0.145	0.999**	0.999**	0.526

8.2.6 不同施氮量对冬小麦养分吸收的影响

冬小麦植株对氮、磷、钾的吸收因施氮量高低而异，随着施氮量的增加，植株对氮素的吸收表现为N2>N3>N1的趋势（表8-14），在N2水平达到峰值，继续增加施氮量，植株对氮素的吸收量反而下降7.23%，对磷、钾的吸收量则呈现出不断上升的趋势，100 kg籽粒消耗的养分量亦呈现相同的规律，但养分消耗增加幅度不尽相同，氮、磷、钾分别为18.57%、8.60%、5.67%（N1→N2）和-4.40%、13.67%、5.77%（N2→N3）。说明相同灌溉水平下，增施氮肥能够更好满足产量形成所需，但同时也要适当补充磷肥、钾肥，以免形成养分缺口从而影响产量。

表8-14 施氮量对滴灌冬小麦养分吸收的影响

处理	籽粒产量/（kg/hm²）	氮、磷、钾吸收量/（kg/hm²）			100 kg籽粒消耗的养分量/kg		
		N	P_2O_5	K	N	P_2O_5	K
N1	8 054.00	225.32	74.87	199.30	2.80	0.93	2.47
N2	8 455.69	280.61	85.39	220.30	3.32	1.01	2.61
N3	8 242.18	261.70	96.62	228.60	3.18	1.17	2.77

8.2.7 不同施氮量对冬小麦拔节后养分积累的动态模型及分析

利用Logistic方程$y=K/[1+EXP(A+Bx)]$在本试验各氮肥处理下，对滴灌冬小麦养分吸收总量（Y）依拔节后天数（t）的积累增长过程进行拟合，各曲线拟合度的R^2值均超过了0.98（表8-15），达极显著差异水平（$P<0.05$）。施氮处理氮、磷、钾养分累积量（Y）、养分最大吸收速率（V_m）、养分快速积累持续天数（Δt）及快速积累生长特征值（GT）均高于未施氮处理。随着施氮水平的提高，冬小麦植株氮素、磷素和钾素的积累增幅分别为116.44～146.73、8.42～12.24和13.97～21.84，但不同养分积累理论最大值（K）、V_m及GT随施氮量增大的变化趋势有所不同，氮素积累表现为N2>N3>N1，而磷、钾则表现为

N3>N2>N1的变化趋势；增施氮肥可在一定程度上延长养分快速积累持续天数，但超出一定范围时，Δt的增加并不明显，施氮量从N2水平增加到N3水平时，氮、磷、钾Δt分别仅延长了0.06 d、0.05 d和0.2 d，GT增加值则为-19.95 kg/hm²、2.58 kg/hm²和5.18 kg/hm²，说明一定范围内增施氮肥可协同促进小麦植株对磷、钾的吸收，但可能受到灌水量的限制，因其二者不能较好地耦合协调，故而影响小麦植株的吸收，产生不必要的损失。

表8-15 不同施氮量滴灌冬小麦拔节后地上部分养积累的模拟方程及特征值

养分	处理	方程	持续时间/d				V_m/(kg/hm²)	GT/(kg/hm²)	R^2
			t_m	t_1	t_2	Δt			
N	N0	$y=97.46/[1+e^{(3.2261-0.0696t)}]$	43.77	25.90	61.64	35.74	1.80	64.18	0.984**
	N1	$y=173.07/[1+e^{(3.2846-0.0701t)}]$	46.89	28.09	65.69	37.60	3.03	113.97	0.989**
	N2	$y=319.80/[1+e^{(3.1874-0.06468t)}]$	49.28	28.92	69.20	40.72	5.17	210.59	0.990**
	N3	$y=289.51/[1+e^{(3.1400-0.06460t)}]$	48.61	28.22	69.00	40.78	4.68	190.64	0.984**
P₂O₅	N0	$y=72.87/[1+e^{(3.5079-0.0657t)}]$	51.41	33.36	73.46	40.10	1.20	47.98	0.995**
	N1	$y=89.30/[1+e^{(3.2707-0.0636t)}]$	52.39	30.70	72.09	41.39	1.42	58.80	0.997**
	N2	$y=97.72/[1+e^{(3.1945-0.0594t)}]$	53.82	31.63	76.01	44.38	1.45	64.35	0.994**
	N3	$y=101.54/[1+e^{(3.1943-0.0589t)}]$	54.22	31.87	76.58	44.71	1.50	66.93	0.971**
K₂O	N0	$y=202.72/[1+e^{(2.6690-0.0727t)}]$	36.70	18.59	54.81	36.22	3.69	133.49	0.992**
	N1	$y=211.99/[1+e^{(2.7363-0.0694t)}]$	39.46	20.47	58.45	37.98	3.68	139.60	0.993**
	N2	$y=225.96/[1+e^{(2.7565-0.0692t)}]$	39.85	20.81	58.88	38.08	3.91	148.79	0.993**
	N3	$y=233.83/[1+e^{(2.7571-0.07033t)}]$	39.21	20.48	57.94	37.46	4.11	153.97	0.990**

注：t为滴灌冬小麦拔节后的天数；y为冬小麦养分积累量；V_m为养分最大积累速率；t_m为养分最大积累速率出现的时间；t_1和t_2分别为Logistic生长函数的两个拐点；Δt为养分快速积累持续天数（d）；GT为快速积累生长特征值；**为$P<0.01$。

8.2.8 不同施氮量对冬小麦产量、肥料利用效率的影响

冬小麦有效穗数、千粒重、产量随着施氮量的增加均呈先升后降的变化趋势（表8-16），且均以N2最高，较N0、N1、N3处理分别提高了32.82%、12.64%、5.16%；穗粒数随施氮量增加而增加，N2与N3无显著性差异，但二者均显著高于N1（$P<0.05$）；氮肥农学利用效率及偏生产力随氮肥施用量的增加表现为不断下降趋势，不同氮肥处理间均达显著性差异水平（$P<0.05$），表明同一灌水条件下，适当增加施氮量可有效提高小麦有效穗数及粒重，从而增加籽粒产量，而过量施氮不仅会导致减产，且显著降低了肥料利用效率，造成不必要的损失，这可能与过量施氮造成小麦植株前期旺长、后期易倒伏，同时期内籽粒灌浆时间滞后、灌浆速率延缓有关，故而粒重降低有关。

表8-16 不同处理冬小麦产量、产量构成因素及氮肥效率

处理	穗数/（万穗/hm²）	穗粒数/（粒/穗）	千粒重/g	产量/（kg/hm²）	氮肥农学利用效率/（kg/kg）	氮肥偏生产力/（kg/kg）
N0	594.48cC	28.66cB	43.44cC	6 366.30dC	—	—
N1	661.12bB	31.17bA	45.44aA	8 054.00cB	7.50aA	35.80aA
N2	669.93aA	32.13aA	45.68aA	8 455.69aA	6.43aA	26.02bB
N3	666.00aA	32.42aA	44.39bA	8 242.18bAB	3.57bB	15.70cC

8.2.9 滴灌小麦不同施氮量经济效益分析

不同施氮水平下的冬小麦经济效益（表8-17），可以看出总投入随着氮肥量的增加而增加，N3处理的总投入最高，为10 119.3元/hm²，但总产值、产投比均以N2最高，分别为28 396.7元/hm²和2.93，N0、N1、N2、N3的纯收益依次为10 521.3元/hm²、17 742元/hm²、18 697.4元/hm²、17 948.9元/hm²，N2较N0、N1、N3分别提高77.71%、5.38%和4.17%。进一步说明适量施氮不仅可以提高小麦产量，而且可节约成本增加经济效益。因此，适宜施氮量控制在173 kg/hm²左右具有最佳的经济效益。

表8-17 不同施氮量处理的经济效益分析　　　　　　　　　　　　　　　　　单位：元/hm²

处理	投入类型					总投入	产出类型			总产出	产投比
	种子	化肥	劳力	水电费	滴灌带		滴灌带折旧	秸秆	籽粒		
N0	1 320.0	900.0	3 000.0	1 453.2	2 343.6	9 016.8	1 506.6	6 224.6	11 806.9	19 538.1	2.17
N1	1 320.0	1 372.5	3 000.0	1 453.2	2 343.6	9 489.3	1 506.6	8 005.9	17 718.8	27 231.3	2.87
N2	1 320.0	1 582.5	3 000.0	1 453.2	2 343.6	9 699.3	1 506.6	8 287.7	18 602.4	28 396.7	2.93
N3	1 320.0	2 002.5	3 000.0	1 453.2	2 343.6	10 119.3	1 506.6	8 428.7	18 132.9	28 068.2	2.77

8.2.10 小结

本研究中，滴施氮肥量从0 kg/hm²增加至173 kg/hm²，提高了滴灌小麦的LAI、SPAD值、单株干物质积累及干物质向穗部分配比例，促使干物质积累最大速率及其最大增长速率出现时间增加或提前，并通过提升各灌浆阶段内籽粒增重、关键进程的平均灌浆速率以及延长养分快速积累持续天数，进而增加千粒重，最终获得最高产8 455.69 kg/hm²。但随着施氮量进一步升高至243 kg/hm²，小麦粒叶比、氮肥农学利用效率和氮肥偏生产力显著下降，产量降低的同时最终经济效益减少近750元/hm²。因此认为，滴灌冬小麦施氮量以173 kg/hm²为宜，冬小麦产量最高及经济效益最佳。

8.3 施氮量对麦田土壤氨挥发的影响研究

氮肥用量不仅影响小麦的产量形成过程，同时不合理的氮肥施用也会导致盈余的氮素随水淋溶流失或以气态形式排放到大气中，增加生产成本的同时造成环境污染，尤其在多熟种植生产中，普遍存在一年两季作物比一年一季作物潜在施肥量更多的现象，加之受气候变暖影响，作物对氮素需求量上升，生态环境受到污染、产量增幅小甚至出现负增长等问题频发。因此，在保证冬小麦季产量的前提下，探究施氮对土壤氮素含量的影响不仅已成为当前非常迫切的任务，而且也对后茬复播作物合理施用氮肥具有重要意义。

为此，在前期研究基础上，于2017年、2018年连续两年在北疆伊犁哈萨克自治州伊宁县农业科技示范园内继续开展麦季滴施氮肥用量田间试验，设置同样的4个氮肥（纯氮）水平：0 kg/hm²（N0）、104 kg/hm²（N1）、173 kg/hm²（N2）、242 kg/hm²（N3），其中，氮肥用量的40%作为基肥一次性施入，剩余的氮肥以追施的形式分别于拔节期、抽穗期各按施氮量的30%随水滴施。研究不仅可探明施氮量对滴灌麦田土壤氨挥发及铵态氮、硝态氮的分布、残留的影响，同时对指导后茬复播夏大豆氮肥合理施用提供理论参考依据。

8.3.1 施氮量对土壤氨挥发速率的影响

随施肥后时间的延长，冬小麦不同时期施肥后不同处理氨挥发速率均表现为下降趋势，且施氮量越大氨挥发速率越大（图8-11）。其中，基肥施入后各处理氨挥发速率在施肥后第8天达到最低值，而后受降水影响稍有回升；冬小麦拔节期追肥后氨挥发速率则随时间逐步增强，在第4天达到峰值，在施肥后的第12天氨挥发基本结束；穗肥后氨挥发速率基本随时间推移一直缓慢下降，直至第14天基本结束。进一步比较各处理可知，不同施肥期施肥后各处理的氨挥发速率均随施氮量的增加而显著提高，表现为N3>N2>N1>N0。在冬小麦施入基肥、拔节肥及穗肥后农田土壤氨挥发速率分别在0.22~0.58 kg/（hm²·d），0.27~0.85 kg/（hm²·d）及0.22~0.56 kg/（hm²·d）。

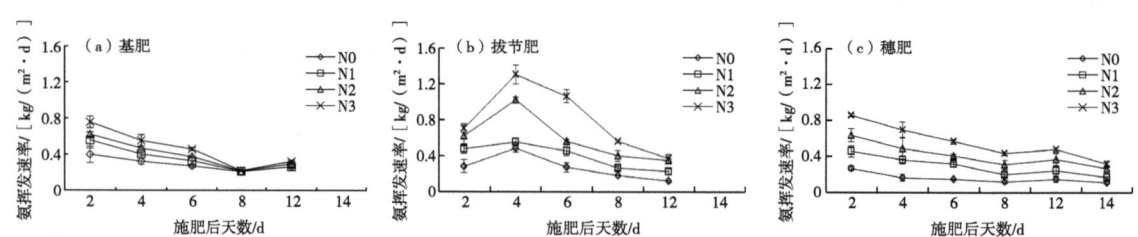

图8-11 冬小麦施肥后农田土壤氨挥发速率动态变化（2017年）

8.3.2 施氮量对土壤氨挥发积累量的影响

不同时期施肥后农田土壤氨挥发积累量均随施氮量的增加而增加，表现为N3>N2>N1>N0（$P<0.05$），且随施肥后天数的延长，各处理之间的差距增大（图8-12）。拔节期、抽穗期追肥的土壤氨挥发积累量略高于基肥。基肥、拔节肥、穗肥后各处理氨挥发量的范

围分别为6.25~8.18 kg/hm²、7.08~14.24 kg/hm²、6.29~11.98 kg/hm²，分别占氨挥发总量的31.86%~23.78%、36.09%~41.40%、32.06%~34.83%。

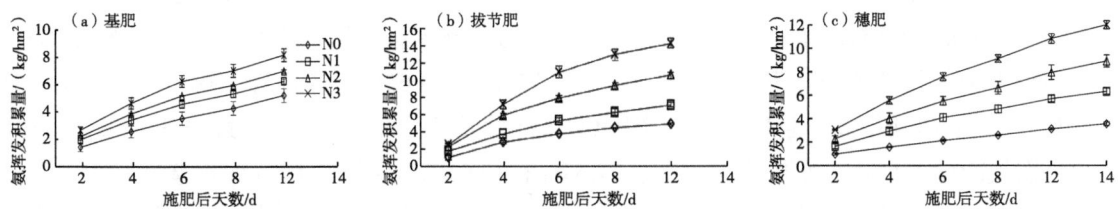

图8-12 冬小麦施肥后农田土壤氨挥发积累量动态变化（2017年）

8.3.3 施氮量对土壤氨挥发损失量的影响

冬小麦氨挥发总量及损失量均随施氮量的增加而递增（表8-18）。不同处理基肥、拔节肥及穗肥后土壤氨挥发积累量分别为5.20~8.18 kg/hm²、4.86~14.24 kg/hm²、3.53~11.98 kg/hm²。氨挥发总量与施氮量之间存在显著的指数线性关系，随施氮量的增加呈显著增加的趋势，$R^2=0.9984^{**}$（图8-13）。氨挥发损失率分别为2.52%~3.08%、7.12%~12.92%、8.85%~11.64%，且不同施肥时期各处理间氨挥发损失差异显著。

表8-18 冬小麦施肥后氨挥发及积累量（2017年）

处理	氨挥发损失量/（kg/hm²）				氨挥发损失占施氮量的比率/%			
	基肥	拔节肥	抽穗肥	累积	基肥	拔节肥	抽穗肥	累积
N0	5.20d	4.86d	3.53d	17.43d	—	—	—	—
N1	6.25c	7.08c	6.29c	23.6c	2.52	7.12	8.85	5.97
N2	7.00b	10.54b	8.90b	30.80b	2.60	10.94	10.35	7.73
N3	8.18a	14.24a	11.98a	38.76a	3.08	12.92	11.64	8.81

注：同列不同小写字母表示差异显著（P<0.05）。

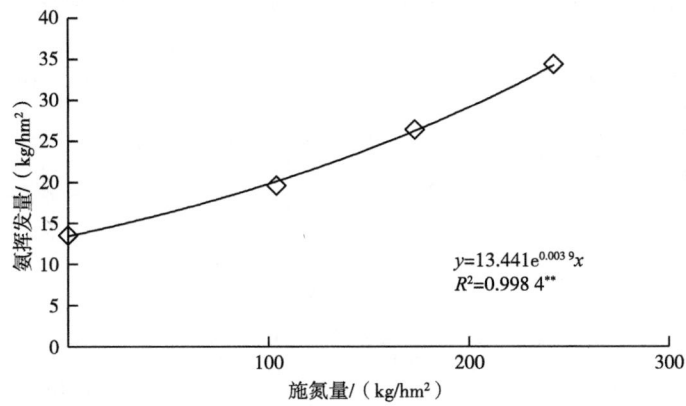

图8-13 氨挥发总量与施氮量关系

8.3.4 施氮量对冬小麦收获后土壤NO_3^--N含量的影响

不同年份冬小麦收获后土壤0~100 cm土层NO_3^--N含量如图8-14所示，施氮显著增加了土壤0~100 cm土层NO_3^--N的含量（$P<0.05$），且随着施氮量的增加而增加，N1、N2、N3平均分别较未施氮处理（N0）增加了49.22%、78.25%和119.62%。各处理土壤NO_3^--N含量均在20~40 cm土层达到最高，且N3处理土壤NO_3^--N含量最高，两年平均值为14.65 mg/kg，两年平均分别较N0、N1、N2增加了92.86%、44.69%和17.03%，不同土层各处理基本均呈显著差异（$P<0.05$）。此外，其他土层土壤NO_3^--N含量两年变化趋势基本一致，波动较小，说明麦季施氮主要影响20~40 cm土层的土壤NO_3^--N含量，且施氮量越多土壤NO_3^--N含量越高，可供冬小麦直接吸收利用的氮素越充裕。

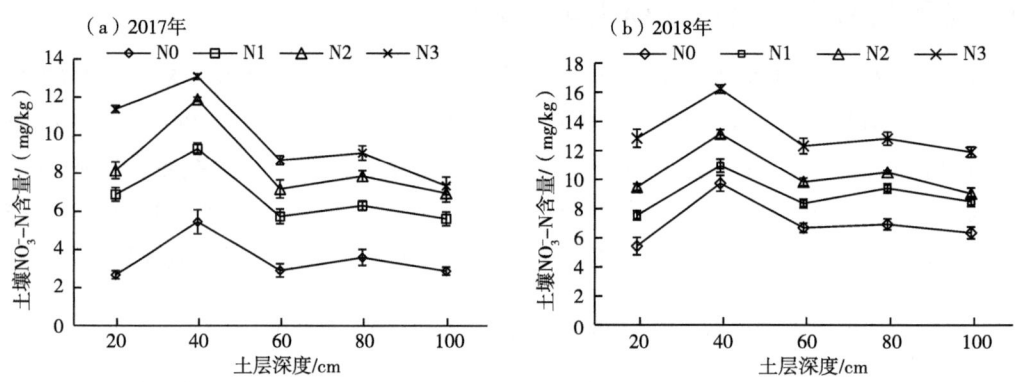

图8-14 施氮量对冬小麦收获后各0~100 cm土层土壤NO_3^--N含量的影响

8.3.5 施氮量对冬小麦收获后土壤铵态氮含量的影响

施氮同样增加了冬小麦收获后土壤0~100 cm土层的土壤NH_4^+-N含量（图8-15），且各处理土壤NH_4^+-N含量均表现为随着施氮量的增加而增加，N3、N2、N1土壤0~100 cm土层平均NH_4^+-N含量分别较N0处理增加51.29%、41.65%和24.05%，且0~40 cm土层各处理间差异显著（$P<0.05$）。冬小麦各处理土壤NH_4^+-N含量均在20~40 cm土层达到最高，其中不同施氮水平中N3最高，两年平均值为4.26 mg/kg，较其他处理平均增加了8.46%~69.95%，

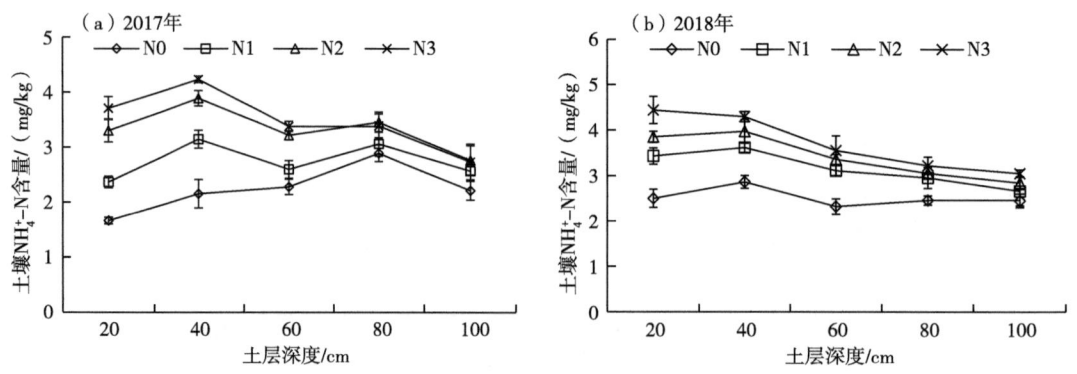

图8-15 施氮量对冬小麦收获后0~100 cm土层土壤NH_4^+-N含量的影响

且不同层次土壤各处理均呈显著差异（$P<0.05$）；其次土壤NH_4^+-N含量较高的是$0\sim20$ cm土层（除2017年N0、N1外），N3处理土壤NH_4^+-N含量两年平均值达到最高为4.07 mg/kg，较其他处理平均增加了13.92%~95.76%，且不同层次土壤各处理大部分达到显著性差异（$P<0.05$）。此外，$40\sim60$ cm土层除N0处理NH_4^+-N含量较上一土层有增加的趋势（2017年），其他处理均降低，且$40\sim100$ cm土层土壤NH_4^+-N含量变化波动较小，平均波动范围在$2.44\sim3.22$ mg/kg。

8.3.6 施氮量对冬小麦收获后土壤无机氮残留的影响

冬小麦收获后土壤$0\sim100$ cm土层中无机氮残留量主要以NO_3^--N的形式存在，且施氮量越高，NO_3^--N残留量的比例越大（图8-16），其中N0、N1、N2、N3的NO_3^--N残留量平均分别占其总无机氮残留量的68.65%、72.49%、73.37%和76.07%。土壤氮素残留量随施氮量的增加而增加，2017年和2018年N1、N2、N3的无机氮残留量较N0平均分别增加了41.35%、66.89%和98.28%，其中N3处理无机氮残留量显著高于N1和N2，但N1处理和N2处理间差异不显著。

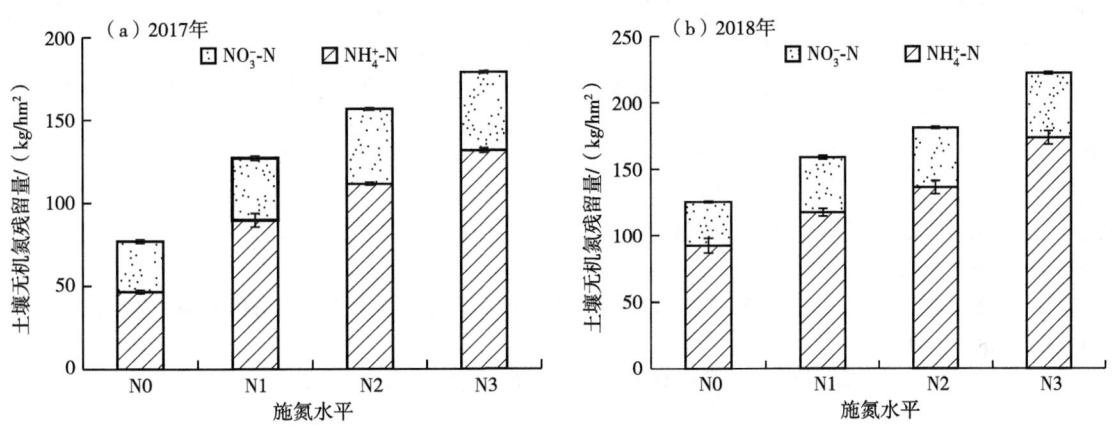

图8-16 施氮量对冬小麦收获后$0\sim100$ cm土层土壤无机氮残留量的影响

8.3.7 小结

$0\sim100$ cm土层内，冬小麦不同施氮量土壤NO_3^--N及NH_4^+-N含量均以$20\sim40$ cm土层最高，且土壤NO_3^--N含量、NH_4^+-N含量、无机氮残留量均随施氮量的增高而升高，在243 kg/hm² 处理条件下达到最大，分别为14.65 mg/kg和4.26 mg/kg、200.62 kg/hm²。因此，从土壤氨挥发和无机氮残留角度考虑，进一步证实了滴灌冬小麦施氮量以173 kg/hm²为宜的合理性和科学性。

8.4 结论

本试验条件下，冬小麦表型生长指标（叶面积指数、光合特性、干物质积累与分配）、籽粒灌浆特性和产量等均以滴灌量为3 900 m³/hm²左右时优于其他处理，在此基础上，配合滴施氮肥173 kg/hm²，不仅可保持较高的灌溉水分利用效率及氮肥利用效率，同时滴灌冬小麦产量及经济效益均为最高，且土壤氨挥发适中，麦收后0～1.0 m土层内无机氮残留量显著低于高氮（243 kg/hm²）处理，达到了节水、省肥、高产、环境友好相统一的目的。

参考文献

房彦飞，符小文，徐文修，等，2021. 周年施氮对冬小麦-夏大豆轮作产量及土壤氮素含量的影响[J]. 核农学报，35（05）：1178-1187.

符小文，2019. 周年施氮对冬小麦-夏大豆轮作体系土壤氨挥发及氮肥利用效率的影响[D]. 乌鲁木齐：新疆农业大学.

符小文，张永杰，杜孝敬，等，2020. 麦-豆轮作体系周年施氮量对夏大豆氮素利用效率和产量的影响[J]. 植物营养与肥料学报，26（03）：453-460.

王冀川，高山，徐雅丽，王洪仁，2011. 新疆小麦滴灌技术的应用与存在问题[J]. 节水灌溉（9）：25-29.

新疆维吾尔自治区人民政府，2024. "新疆粮食全面丰收　产量创历史新高"新闻发布会[EB/OL]. https://www.xinjiang.gov.cn/xinjiang/xwfb/202401/1266ff6c728d4f188b42f4b96d419836.shtml.

张娜，仵妮平，徐文修，等，2015. 不同施氮水平对滴灌冬小麦干物质生产及产量的影响[J]. 中国农学通报，31（33）：21-26.

张娜，徐文修，李兰海，等，2016. 施氮量对滴灌冬小麦冠层垂直结构特征、粒叶比及经济效益的影响[J]. 应用生态学报，27（8）：2491-2498.

张娜，张永强，李大平，等，2014. 滴灌量对冬小麦光合特性及干物质积累过程的影响[J]. 麦类作物学报，34（6）：795-801.

张娜，张永强，唐江华，等，2013. 滴灌带配置方式对冬小麦生长及产量的影响[J]. 麦类作物学报，33（6）：1197-1201.

张娜，张永强，仵妮平，等，2015. 滴灌量对冬小麦籽粒灌浆特性的影响研究[J]. 水土保持研究，22（5）：271-275.

CHEN R, CHENG W, CUI J, et al., 2015. Lateral spacing in drip-irrigated wheat: the effects on soil moisture, yield, and water use efficiency[J]. Field Crops Research, 179: 52-62.

SINGANDHUPE R B, RAO G G S N, PATIL N G, et al., 2003. Fertigation studies and irrigation scheduling in drip irrigation system in tomato crop (*Lycopersicon esculentum* L.)[J]. European Journal of Agronomy, 19(2): 327-340.

第9章
复播大豆品种和种植模式的筛选研究

大豆[*Glycine max* (L.) Merr.]是世界五大粮食作物之一,具有40%左右的蛋白质和20%左右的脂肪,是世界上最主要的油料作物和蛋白粮饲兼用作物。随着经济的飞速发展和人们生活质量的明显提升,以及新兴食品工业、畜牧业、压榨业等行业的兴起,全球市场对大豆的需求量和贸易量也随之飙涨,中国已成为世界上大豆消费第一大国。与大豆主产国美国、巴西等国家相比,我国大豆生产的效益相对偏低,农民种植大豆意愿不高,国内大豆产量远远不能满足消费,因此,我国每年都需要大量进口,而且每年进口量不断增长。2020年中国大豆进口量达到了10 032.72万t,比2019年增长了1 174.13万t,比2000年(进口量1 041.6万t)增长了近10倍。近年来,随着全球经济格局的变化,国与国之间的贸易摩擦、贸易战日益激烈,给我国大豆产业格局和发展带来了一些挑战和机遇。基于此,我国对大豆种植及产业发展的重视程度逐年增加,2015年提出增加种植大豆的建议,2019年中央一号文件提出大豆振兴计划,2022年中央一号文件提出大力开展大豆和油料产能的提升工作,这将有助于提高我国大豆的自给能力和自主创新,实现大豆的供应稳定和安全,满足国内消费和产业发展。在我国耕地资源有限和气候不断变暖的大背景下,通过增加复播大豆面积,提高复播大豆产量,是我国迅速提高大豆种植面积和产量的有效办法之一。

新疆地域辽阔,光热资源充足,在全球气候变暖的背景下,新疆气候表现出不同程度的"暖湿化"变化,尤其是北疆热量资源增加更加显著。20世纪90年代初北疆沿天山一带利用麦后剩余的热量资源,可以复播一些热量要求较少的白菜、绿肥和油葵等作物。进入21世纪,热量的持续增加使北疆麦后复播早熟大豆和青贮玉米的种植模式不断涌现并有不断扩大趋势。但是,由于新疆复播大豆发展起步较晚,缺乏优质、高产的复播大豆品种和相应的高产栽培技术措施,致使无法更好地发掘复播大豆的增产潜力。品种是作物高产栽培的依托,不同的大豆品种在生长过程中受到气候、种植制度、土壤、施肥等多种因素的影响,会表现出不同的生长特征和产量。新疆复播大豆种植历史短,缺乏高产早熟适宜复播的自育大豆品种,为此,通过筛选适宜的复播大豆品种,不仅有助于种植户规避因复播大豆不成熟带来的风险,还能提高产量,增加农民的收入。为此,筛选出适应于新疆气候特点的复播大豆品种、研究确定复播大豆高产栽培的最佳播种密度和株行距配置模式就成为亟待解决的问题。

9.1 复播大豆不同品种生育进程和产量比较

9.1.1 试验设计

研究团队2013年从黑龙江、内蒙古等地引进登科1号、蒙豆14号、蒙豆15号、黑河45、黑河35、黑河38、黑河43、黑河50号共计8个品种，进行了大田品种比较试验。2023年为了更好地应对北疆复播大豆生产对早熟高产品种需求的迫切性，研究团队再次从疆内、外收集引进了来豆1、合丰51、合交02-69、佳豆30、黑河45、贺豆9、合农77、合农114等共计18个大豆品种，在大田滴灌条件下，每个品种种植密度均为52.5万株/hm²，30 cm等行距种植，株距6.3 cm，滴灌带毛管铺设方式为1带滴灌2行大豆，带间距60 cm。在相同水肥条件下对不同品种生育进程和产量进行对比分析，以期筛选出适宜的复播大豆品种。

9.1.2 不同复播大豆品种生育进程比较

伊犁河谷霜冻期一般为10月中下旬，而该区域小麦一般在6月下旬至7月中上旬成熟，麦收后至初霜期剩余可达90～110 d作物生长期，因此选择生育期在110 d以内甚至更短的复播大豆品种是麦后复播大豆正常成熟的保证。从本次试验的8个复播大豆品种生育期的观察可知（表9-1），参试的黑河系列及登科1号品种均在10月中旬正常成熟，其生育期平均为94～97 d，但蒙豆系列的两个品种生育期较长，直至初霜到来仍未完熟，充分说明本次参试的8个品种中，黑河系列的5个品种及登科1号在正常年份作为复播用种是可行的。

表9-1 2013年不同复播大豆品种生育进程比较

品种	苗期	开花期	结荚期	鼓粒期	成熟期	生育期/d
登科1号	7月19日	8月12日	8月21日	9月4日	10月21日	95
蒙豆14号	7月18日	8月12日	8月20日	9月4日	—	—
蒙豆15号	7月18日	8月14日	8月20日	9月4日	—	—
黑河45	7月18日	8月12日	8月21日	9月2日	10月21日	94
黑河38	7月18日	8月10日	8月20日	9月4日	10月22日	95
黑河50	7月18日	8月10日	8月20日	9月2日	10月21日	94
黑河35	7月17日	8月10日	8月20日	9月4日	10月21日	97
黑河43	7月20日	8月12日	8月21日	9月4日	10月21日	94

由表9-2可知，2023年引进参试的18个大豆品种中，其中有8个品种的生育期在82～98 d，从田间种植看均能在10月上旬成熟，可用于北疆地区正常年份复播用种植，10月上旬是北疆冬小麦的适播期，这些品种的引进种植既能保证复播大豆正常成熟，又不影响冬小麦种植。

表9-2 2023年不同复播大豆品种生育进程比较

品种	出苗期	开花期	结荚期	鼓粒期	成熟期	生育期/d
来豆1	7月8日	8月2日	8月15日	9月22日	10月12日	97
合丰51	7月7日	8月2日	8月19日	9月22日	10月12日	98
合交02-69	7月7日	8月2日	8月18日	9月21日	10月11日	97
佳豆30	7月8日	8月1日	8月15日	9月18日	10月6日	89
黑河45	7月5日	7月31日	8月14日	9月10日	9月25日	82
贺豆9	7月10日	7月31日	8月15日	9月17日	10月6日	91
合农77	7月7日	8月1日	8月18日	9月20日	10月8日	94
合农114	7月7日	8月1日	8月18日	9月20日	10月9日	95
来豆2	7月7日	8月3日	8月21日	9月22日	10月15日	101
黑农54	7月10日	8月4日	8月20日	9月22日	10月18日	101
垦丰	7月8日	8月5日	8月21日	9月22日	10月17日	102
新大豆21	7月11日	8月2日	8月18日	9月20日	10月18日	100
绥农54	7月9日	8月5日	8月21日	9月22日	10月18日	102
山宁17	7月7日	9月25日	10月15日	—	—	
陕垦豆4	7月7日	9月23日	10月15日	—	—	
齐黄34	7月7日	9月19日	10月8日	—	—	
毛豆13	7月11日	8月2日	9月12日	10月5日		
中黄13	7月9日	9月26日	10月15日	—	—	

注：数据由陈志华2023年试验获取。

9.1.3 不同复播大豆品种农艺性状的比较

进一步分析正常成熟复播大豆品种的农艺性状可知（表9-3），2023年度引进的各品种株高差异较大，介于68.99～95.11 cm，均值为83.53 cm，变异系数为10.56，其中来豆1株高最高，为95.11 cm，黑河45最矮，为68.99 cm，来豆1与其他品种差异显著（$P<0.05$）。各品种茎粗在5.81～7.32 mm，均值为6.66，变异系数为6.80，合交02-69茎粗最粗为7.32 mm，黑河45最细为5.81 mm，其中合交02-69显著高于其他品种。各品种主茎节数为14.07～17.67个，均值为15.55个，变异系数为7.18，其中，合交02-69主茎节数最多为17.67个，佳豆30主茎节数最低为14.07个，且合交02-69与其他品种差异显著。各复播大豆品种底荚高度介于5.60～15.47 cm，均值为11.88，变异系数为25.51，其中合丰51最高，为15.47 cm，黑河45最低，为5.30 cm，且来豆1和合丰51与其他品种差异显著（$P<0.05$）。

表9-3 2023年不同复播大豆品种农艺性状比较

品种	株高/cm	茎粗/mm	主茎节数/节	底荚高度/cm
来豆1	95.11a	6.92ab	16.43b	15.36a
合丰51	89.49b	6.87ab	15.97b	15.47a
合交02-69	91.30b	7.32a	17.67a	12.01bc
佳豆30	73.10e	6.71abc	14.07d	11.49bc
黑河45	68.99f	5.81d	15.00c	5.30d
贺豆9	78.41d	6.53bc	14.43cd	10.62c
合农77	90.11b	6.16cd	14.80cd	13.60ab
合农114	81.77c	6.99ab	16.03b	11.18c

注：数据由陈志华2023年试验获取。同列不同小写字母表示差异显著（$P<0.05$）。

9.1.4　不同复播大豆品种产量构成比较

由表9-4可知，2013年试验的各品种产量均在2 500 kg/hm²以上，并且各处理之间均达到极显著差异，其中黑河35的产量最高达3 160.71 kg/hm²，其次是黑河45和黑河43，分别为3 081.17 kg/hm²和2 973.43 kg/hm²。进一步分析各品种产量构成因素可知，产量位居前三位的品种其单株粒重和单株粒数也表现较好，其中黑河43的单株粒数最高达67.50粒，比黑河35、黑河45分别高出25.93%和27.60%，并达到显著性水平（$P<0.05$）。黑河45的单株粒重最高（8.65 g）分别比黑河35、黑河43高出6.22%和10.61%。

表9-4 2013年不同复播大豆品种产量和产量构成因素比较

品种	单株粒数/粒	单株粒重/g	百粒重/g	实收产量/（kg/hm²）
登科1号	52.50Bbc	7.96ABbc	13.49Cc	2 823.68Ee
黑河45	52.90Bb	8.65Aa	15.78Bb	3 081.17Bb
黑河38	49.10Bc	7.02Cd	13.12Cc	2 527.92Ff
黑河50	54.30Bb	7.40BCcd	16.57Aa	2 902.66Dd
黑河35	53.60Bb	8.15ABab	13.43Cc	3 160.71Aa
黑河43	67.50Aa	7.82ABCbc	15.55Bb	2 973.43Cc

由表9-5可知，2023年各品种产量介于2 478.67～3 592.29 kg/hm²，其中合丰51产量最高，为3 592.29 kg/hm²，其次是合农114、合交02-69、来豆1，分别为3 585.41 kg/hm²、3 572.51 kg/hm²、3 554.30 kg/hm²，且与佳豆30、黑河45、贺豆9、合农77呈显著性差异（$P<0.05$）。进一步分析各品种产量构成因素可知，产量位于前四位的品种其单株粒数、单株荚数和百粒重也表现良好，其中合交02-69的单株荚数高达39.70个，比合丰51、合农114、

来豆1分别高出6.35%、10.58%、22.91%，且呈显著差异。合丰51单株粒数最多（105.43粒），分别比合交02-69、合农11、来豆1多8.61%、10.05%、12.09%。

表9-5 2023年不同复播大豆品种产量和产量构成因素比较

处理	收获株数/（万株/hm²）	单株荚数/个	单株粒数/粒	百粒重/g	产量/（kg/hm²）
来豆1	40	32.30e	94.06d	19.86b	3 554.30a
合丰51	38	37.33b	105.43a	19.62bc	3 592.29a
合交02-69	37	39.70a	97.07b	20.88a	3 572.51a
佳豆30	37	30.77f	82.20g	17.61e	2 478.67d
黑河45	37	35.33d	83.77f	17.84e	3 444.33b
贺豆9	37	36.86bc	92.07e	18.53d	2 775.69c
合农77	39	32.57e	91.43e	19.25c	3 451.68b
合农114	39	35.90cd	95.80c	17.52e	3 585.41a

注：数据由陈志华2023年试验获取。同列不同小写字母表示差异显著（$P<0.05$）。

9.1.5 小结

2013年试验中黑河35号产量最高，其次为黑河45号和黑河43号，产量分别为3 160.71 kg/hm²、3 081.17 kg/hm²和2 973.43 kg/hm²，生育期在94～97 d；2023年试验中合丰51产量最高，其次是合农114、来豆1、合交02-69，产量分别为3 592.29 kg/hm²、3 585.41 kg/hm²、3 572.51 kg/hm²和3 554.30 kg/hm²，生育期为95～98 d。因此，这些大豆品种可以作为复播品种在北疆气温条件较好、10月中下旬之后初霜出现的北疆部分地区种植。为了获取复播大豆高产，在小麦收获后及时采取合理的耕作方式进行整地，为复播大豆尽早播种争取时间，以保证复播大豆在初霜来临之前正常成熟。

9.2 复播大豆适宜种植密度研究

9.2.1 试验设计

合理的群体密度是确保作物高产稳产的主要措施之一，为筛选出适合于北疆复播大豆适宜的种植密度，本团队以筛选出的黑河43为供试材料，在大田滴灌条件下设置了37.5万株/hm²（A）、45.0万株/hm²（B）、52.5万株/hm²（C）、60.0万株/hm²（D）、67.5万株/hm²（E）共计5个种植密度，种植方式为30 cm等行距，灌水方式为滴灌，滴灌带采用"1管2行"（1条滴灌带管2行大豆）的铺设方式。各处理均基施尿素225 kg/hm²，磷酸二铵150 kg/hm²，开花期随水追施尿素150 kg/hm²，其他田间管理措施同当地。研究了不同种植密度对大豆农艺性状、产量构成等的影响，筛选出适宜的密度，以期为北疆复播大豆合理化密植提供理论依据。

9.2.2 不同种植密度复播大豆株高及茎粗的变化

株高与茎粗是大豆植株的基本性状，与结荚习性和抗倒伏性关系非常密切。由图9-1、图9-2可知，不同种植密度处理下复播大豆在各个生育时期株高的生长趋势基本一致，均随密度的增大而增大，并呈现处理E>处理D>处理C>处理B>处理A的生长态势。在生长发育前期不同种植密度下复播大豆的株高差异性很小，但在开花期之后差异明显，表现出复播大豆株高在生殖生长与营养生长并进的时期增加显著。然而，在全生育过程中，复播大豆的茎粗则随着密度增加而显著变细，其与株高表现出显著的负相关性，相关系数高达-0.8928。由此说明种植密度越大，大豆个体间争夺阳光及空间等因素的竞争也越加激烈，竞争的结果在株高和茎粗上得到了明显的体现。密度越大，植株越高茎粗越细，从而易发生倒伏导致减产。故生产上在增加密度的同时，在生长中期应进行合理的肥水管理，结合化学调控，防止营养生长过旺，导致大豆倒伏、中下部花荚脱落，降低产量。

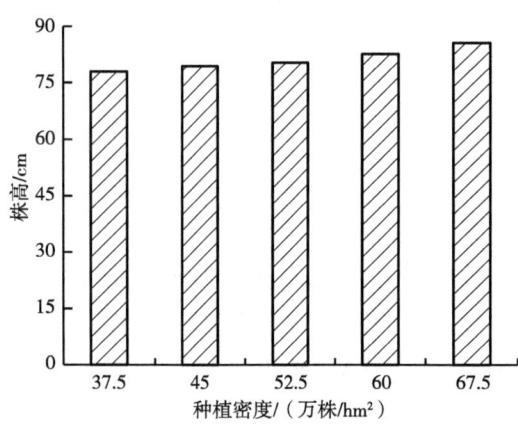

图9-1 不同种植密度下复播大豆株高的变化

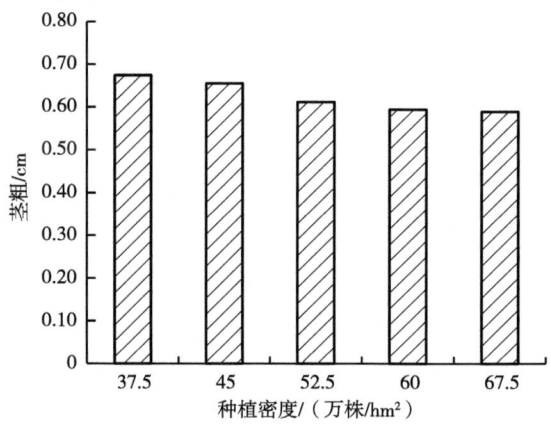

图9-2 不同种植密度下复播大豆茎粗的变化

9.2.3 不种植密度对复播大豆主茎节数及节间长度的影响

由图9-3可知，各处理大豆主茎节数平均达14~15节，全生育期大豆节间长度均表现为"正态分布型"曲线变化。进一步分析不同节序的节间长度变化可知，不同种植密度群体下均表现为第1节节间长度长于第2节，由第2节开始各处理大豆节间长度逐渐增长至第9~10节，然后开始下降，各处理均表现出11~15节间急剧缩短的现象。从全生育期来看，密度越大，大豆植株各节的节间长度均越长，尤其是在苗期，肥水充足，大豆第1节间生长迅速，密度越大越易导致第1节的节间过长形成"高脚苗"，对大豆鼓粒后期的倒伏造成潜在危险，不利于高产。大豆由营养生长进入生殖生长是导致大豆第11节后节间长度急剧缩短的重要原因。进一步比较各处理节间长度可知，随着密度的加大，各茎节节间长度均有增长趋势，但最大节间长度出现的节序随着密度的加大有所延后，表现为处理A、B的最大节间出现在第9节，处理C、D、E出现在第10节；最高密度的最大节间长度比最低密度的最大节间长1.11 cm。节间长度不仅影响大豆的株高，还对荚粒在茎秆上的分布有着很大的影响。

因此，在不同的生育时期对复播大豆进行合理的化控，不但能有效控制其株高，而且还能提高大豆茎秆的着粒密度，从而可以更有效地避免因荚粒分布不均造成的大豆植株"头重脚轻"而导致后期倒伏的现象。

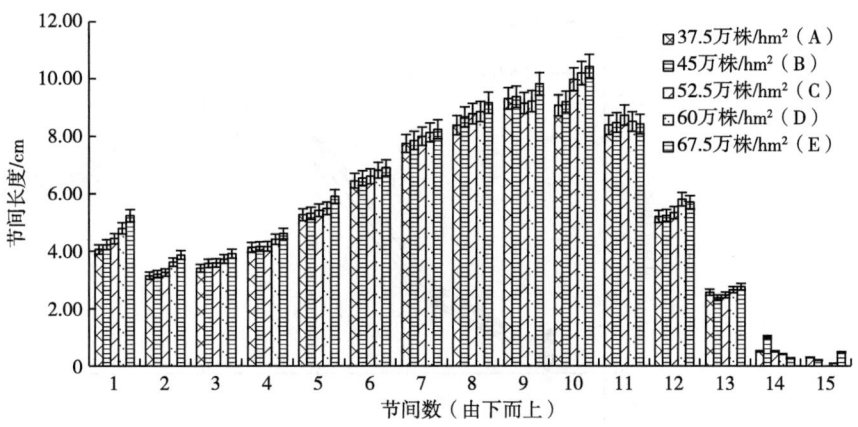

图9-3 不同种植密度下复播大豆节间长度的变化

9.2.4 种植密度对复播大豆LAI动态变化的影响

由图9-4、图9-5可知，不同种植密度条件下，大豆单株叶面积及群体LAI表现规律一致，均呈先增加后降低的单峰抛物线变化趋势，均在鼓粒期达到最大。见花以前各处理单株叶面积差异很小，但见花之后，各处理间差异逐渐增大，并呈现出A>B>C>D>E，即密度越大单株叶面积越小，鼓粒期A处理的叶面积分别比处理B、C、D、E高17.50%、26.80%、40.50%和52.00%，达极显著差异水平。LAI是群体结构的重要量化指标，能直接反映群体冠层的大小及郁闭程度，合理的LAI是植株充分利用光能、获得高产的重要条件。图9-5显示，各处理LAI在各个生育时期始终表现为E>D>C>B>A的规律，并在鼓粒期达到峰值，其中最大密度处理E（67.5万株/hm²）的LAI峰值为6.24，分别较处理A、B、C、D的同期值高出18.41%、15.99%、7.22%和4.00%；生育后期随着叶片的脱落，LAI减小，各处理间的差异也逐渐缩小。但LAI越高，群体中下部的透光性越差，导致中部叶片处于光饱和点以下而处于半饥饿状态，不利于干物质及产量的形成。因此，协调个体与群体以及群体上中下层之间的矛盾是提高大豆产量的关键，确定适合的种植密度是获得高产的有力保证。

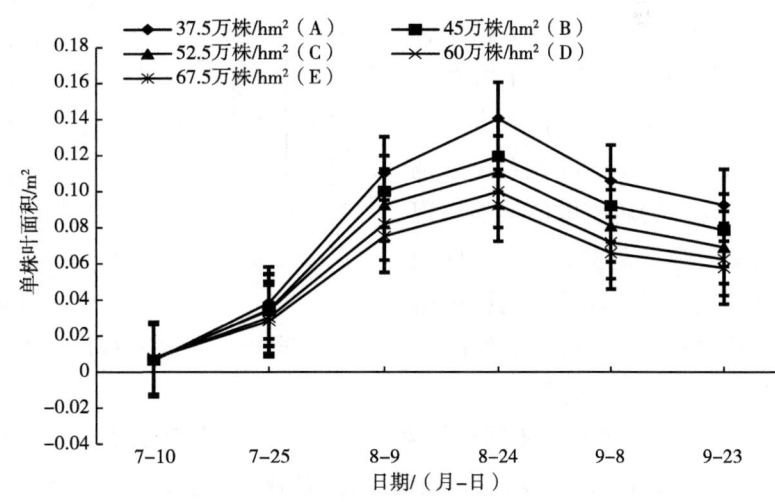

图9-4 不同种植密度对复播大豆单株叶面积的影响

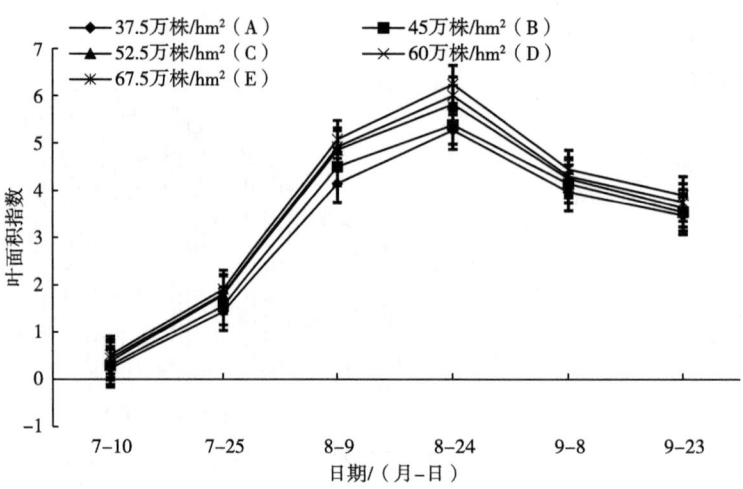

图9-5 不同种植密度下复播大豆叶面积指数的动态变化

9.2.5 种植密度对大豆叶片Pn、Tr的影响

由图9-6可以看出,复播大豆叶片的Pn随着生育时期的推进,表现出先增加后降低的趋势,各处理均在鼓粒期达到最高,然后有所下降。在整个测量期内,累积各处理每次测量值并求平均,得出A、B、C、D、E五个处理的复播大豆叶片Pn的平均值分别为21.52 μmol/(m²·s)、23.24 μmol/(m²·s)、23.53 μmol/(m²·s)、22.43 μmol/(m²·s)、20.78 μmol/(m²·s),表明Pn随着种植密度的增加呈现先增加后降低的变化趋势。处理C与处理A、B、D、E相比,分别提高了9.37%、1.25%、4.94%和13.25%。在各个生育时期,各处理的净光合速率也均表现出随着密度的增加呈现先增后降的趋势,以C处理最高。说明只有在适宜的种植密度条件下才能保证较高的Pn,为高产奠定一定的基础。

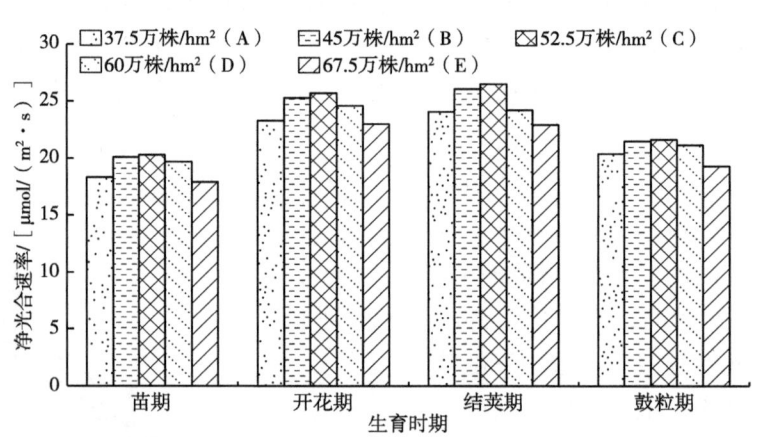

图9-6 种植密度对复播大豆叶片净光合速率的影响

由图9-7可知,不同种植密度下复播大豆叶片Tr均于开花期达到最高峰后缓慢降低。各处理间Tr随着密度的增大,表现出先增后降的趋势;在整个测量期内,累积各处理每次测量值并求平均,得出A、B、C、D、E 5个处理叶片Tr的平均值分别为7.38 mmol/(m²·s)、7.75 mmol/(m²·s)、8.93 mmol/(m²·s)、8.35 mmol/(m²·s)、7.13 mmol/(m²·s),蒸腾速率最高的处理C分别较处理A、B、D、E增大了21.02%、15.16%、6.89%

和 25.26%，差异显著（$P<0.05$）。研究结果表明，合理的种植密度可有效提高复播大豆叶片的 Tr。

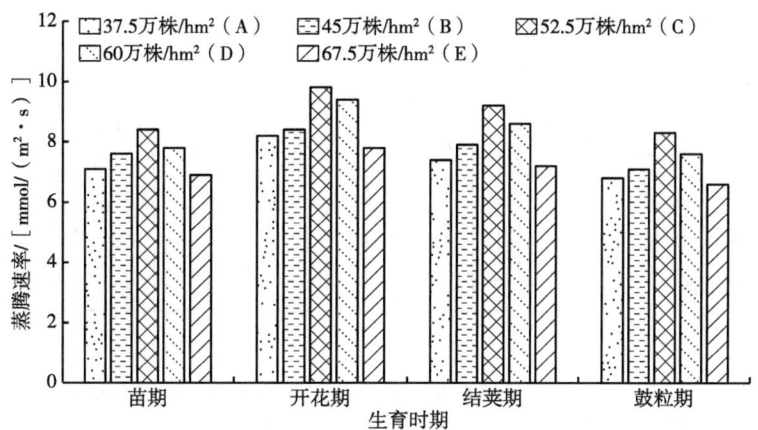

图 9-7 不同种植密度对复播大豆叶片蒸腾速率的影响

9.2.6 种植密度对大豆叶片 Gs、Ci 的影响

气孔是叶片和外界环境进行 CO_2 和水分交换的重要通道，其行为会直接控制植物的光合作用和蒸腾作用等生理活动。由图 9-8 可知，复播大豆叶片的 Gs 随着生育进程的推进呈现先增大后减小的趋势。各处理均在结荚期 Gs 达到最大值，随后降低。在整个测量期内，累积各处理每次测量值并求平均，得出处理 A、B、C、D、E 的复播大豆叶片 Gs 的平均值分别为 0.71 mol/（$m^2 \cdot s$）、0.76 mol/（$m^2 \cdot s$）、0.89 mol/（$m^2 \cdot s$）、0.85 mol/（$m^2 \cdot s$）、0.69 mol/（$m^2 \cdot s$）。处理 C 与处理 A、B、D、E 相比，分别提高了 24.3%、17.1%、4.80% 和 28.0%。充分说明种植密度对复播大豆的气孔导度影响显著，在实际生产中可合理控制种植密度，有效促进气孔导度的增大，进而提高光合作用为高产打下基础。

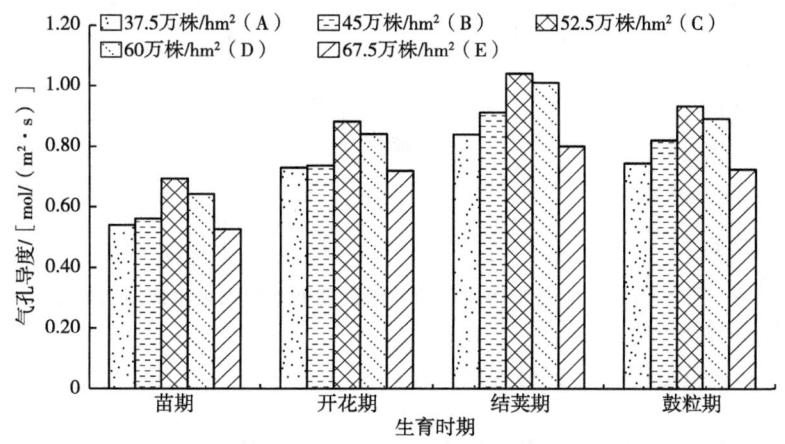

图 9-8 不同种植密度对复播大豆叶片气孔导度的影响

由图9-9可知，复播大豆叶片的Ci随着生育进程的推进表现出先降低后增加的变化趋势。在整个测量期内，累积各处理每次测量值并求平均，得出处理A、B、C、D、E的复播大豆叶片Ci的平均值分别为261.03 μmol/mol、237.83 μmol/mol、217.09 μmol/mol、232.21 μmol/mol、

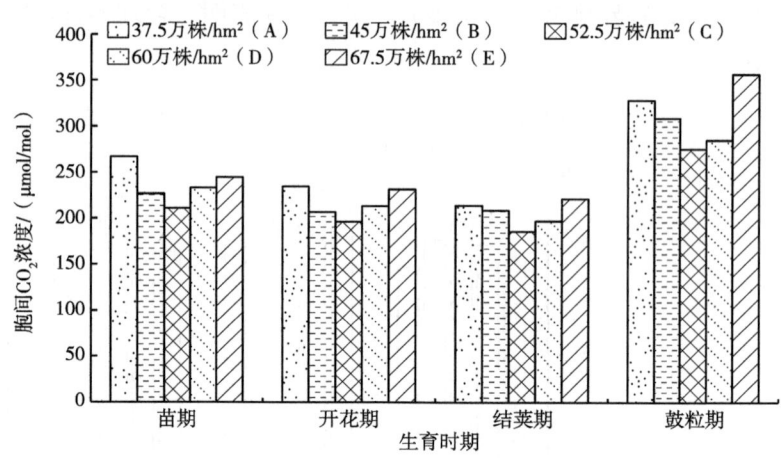

图9-9 不同种植密度对复播大豆胞间CO_2浓度的影响

263.70 μmol/mol，即随着密度的增加呈现出先降低后增加的变化趋势。

9.2.7 种植密度对复播大豆单株地上部分干物质积累的影响

干物质是光合作用的产物，较高的干物质是大豆产量形成的物质基础。由图9-10可知，不同种植密度下复播大豆单株干物质积累均呈现"缓慢—迅速—缓慢"的"S"形变化趋势。比较各处理间的单株干物质量变化可知，在全生育过程中各处理均表现为，低密度处理的单株干物质量高于高密度处理，高密度条件下植株细高，单株生长空间小，导致大豆植株个体间争夺生长空间、养分激烈，再加上密度越大，大豆群体LAI越大，使大豆植株中、下部通风透气性差、光照不充足等，进而影响干物质的积累。进一步比较可以看出，处理A、B和C均在鼓粒中期（9月8日左右）单株干物质量达到最大值，处理D、E则推后到鼓粒后期（9月23日左右）达到最大值，说明低密度有利于促进复播大豆单株干物质量提早达到最大值。

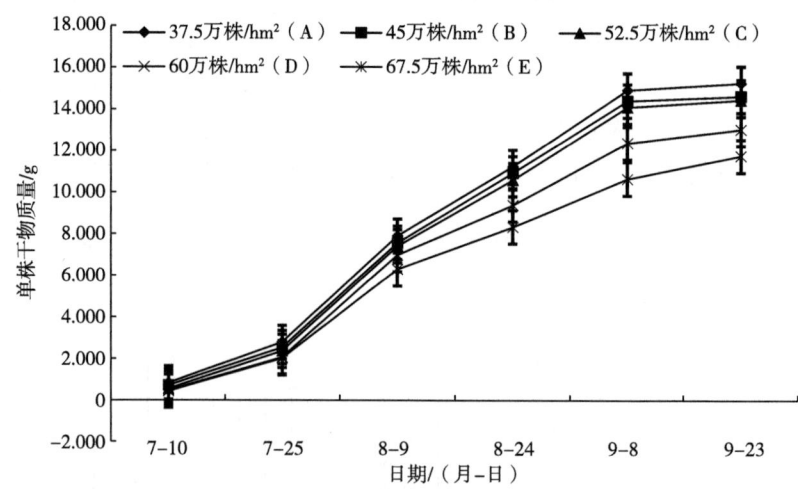

图9-10 不同种植密度下复播大豆单株地上部分干物质动态变化

9.2.8 种植密度对复播大豆荚、粒时空分布的影响

由图9-11可以看出，不同种植密度下复播大豆荚、粒主要分布在第2~15节，而且无论

是豆荚还是粒数均于第10节最高。在垂直分布上各处理基本上均以中层分布最多，其荚数占总荚数的44.40%～48.57%，粒数占总粒数的39.07%～47.40%；其次是上层的荚数、粒数，其分别占总荚数的28.62%～35.12%，占总粒数的29.09%～48.19%；下层分布最少，均不足25%。由表9-6可知，随着密度的增加单株荚数和单株粒数在上层所占的比例整体上呈现增加趋势，尤其是粒数表现最为突出，最高密度E处理的单株上层粒数所占比例比最低密度A处理的增加了19.1个百分点；除C处理外，下层的单株荚数和单株粒数所占比例均随着密度的增加而减小，密度对中层单株荚数所占比例的影响规律不明显，但对粒数所占比例则有影响，基本呈现出随着密度增加而减少趋势；由于随着密度的增加，单株个体营养面积变小，群体内部通风透光条件逐步恶化，致使下部叶黄化脱落，由于大豆植株各个节位叶与荚构成一个小的"源-库"单位，因叶的脱落而断了"源"对"库"的供给，造成下层荚不能正常发育而脱落，这可能是导致下层的荚、粒所占比例减小的重要原因。研究表明，密度对荚、粒在垂直方向分布的影响主要是改变了荚、粒在上层和下层的分布比例，随着密度的增加，大豆光合产物不断向上层籽粒运输，保证了上层籽粒的灌浆和成熟，使得植株的重心不断上移，导致大豆植株"头重脚轻"，加之植株高细，从而造成鼓粒中后期大豆植株易倒伏，密度越大倒伏越严重。

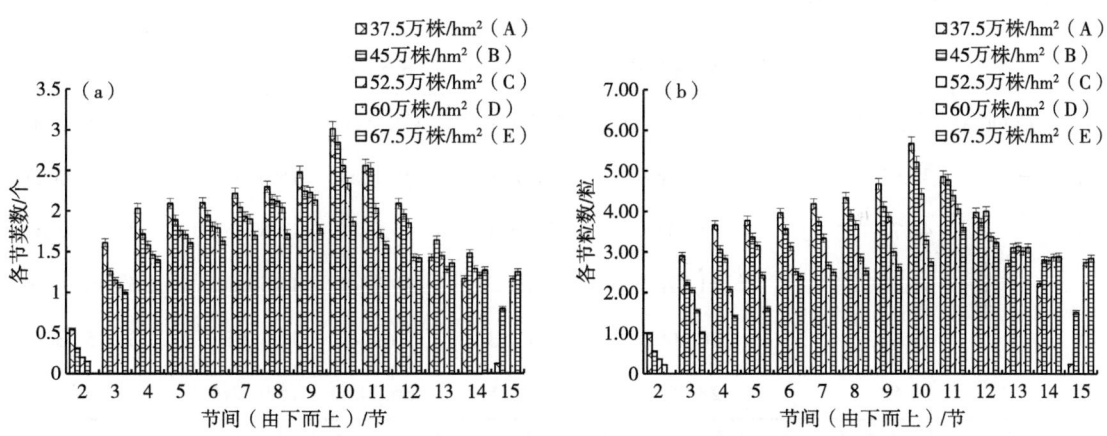

图9-11 不同种植密度下复播大豆荚（a）、粒（b）的时空分布

表9-6 不同种植密度对复播大豆荚、粒的时空分布的影响 单位：%

处理	单株荚数			单株粒数		
	上层	中层	下层	上层	中层	下层
A	28.62	47.01	24.37	29.09	47.40	23.51
B	33.87	45.25	20.88	34.84	44.98	20.18
C	30.07	48.57	21.36	34.71	44.85	20.44
D	31.81	47.60	20.59	43.83	39.07	17.10
E	35.12	44.40	20.48	48.19	39.40	12.41

9.2.9 种植密度对复播大豆产量及产量构成因素的影响

对密度和产量之间的关系进行方程模拟可得，$y=-1.250\,9x^2+138.353x-619.55$，$R^2=0.994\,7$，该方程是开口向下的抛物线。其中以C处理（52.5万株/hm^2）的产量最高，为3 205.04 kg/hm^2，与其他各处理差异显著，分别较A、B、D、E四个处理提高了14.26个百分点、4.09个百分点、1.42个百分点和5.88个百分点（表9-7）。进一步分析密度与产量构成因素之间的关系可知，密度与单株荚数、单株粒数均呈显著负相关性，密度越高单株结荚数越少，单株粒数降低。处理A的单株荚数最多为25.76个，而处理E的仅为19.6个，单株粒数之差达15粒以上。空荚率随密度的增加也呈现上升趋势；本研究结果中，百粒重随着密度的增加而降低，究其原因可能是在大豆鼓粒至成熟期各处理间出现了倒伏现象，由表9-8可知，处理A、B、C、D、E的倒伏率依次为18.41%、24.02%、33.17%、42.55%、53.47%，比较倒伏率与百粒重的变化可得出，倒伏率与百粒重呈极显著负相关，相关系数达-0.95。大豆产量是群体产量，单纯依靠增加群体密度，造成单株有效荚数、单株粒数的降低，最终导致产量降低。仅增加群体株数必然给整个群体生长带来不利影响，所以选择适宜的群体密度，以构建适宜的群体结构是协调个体与群体关系的关键，只有产量各构成因素之间处于协调状态，才能获得理想的产量结果。

表9-7 不同种植密度下复播产量与产量构成因素

处理	实际收获株数/（万株/hm^2）	单株荚数/个	单株空荚数/个	单株粒数/粒	百粒重/g	产量/（kg/hm^2）
A	35.63	36.80aA	1.30bcB	48.13aA	16.08baAB	2 752.06eD
B	42.75	35.43aA	1.10cB	45.68bB	15.87abAB	2 994.01dC
C	48.30	31.37bB	1.23bcB	40.10cC	16.59aA	3 240.30aA
D	49.80	30.60bB	1.33bB	39.92cC	15.31bB	3 045.33cC
E	54.68	28.00bC	2.30aA	36.20dD	15.97abAB	3 130.56bB

注：同列不同小写字母表示差异显著（$P<0.05$），不同大写字母表示差异极显著（$P<0.01$）。

表9-8 不同种植密度下复播大豆倒伏率　　　　　　　　　　　　　　　　　　单位：%

处理	A	B	C	D	E
倒伏率	18.41	24.02	33.17	42.55	53.47

9.2.10 小结

不同种植密度通过影响大豆的株高、群体叶面积指数，进而影响干物质的积累及产量的形成。本研究表明，在整个生育过程中复播大豆的株高均随着密度的增加而增高、茎粗均随着密度的增加而变细，株高与茎粗呈显著的负相关（$R^2=-0.892\,8$）。单株荚数、单株空荚数、单株粒数随密度的增大而降低;密度对荚、粒在垂直方向分布的影响主要是改变了荚、粒在上层和下层的分布比例,而对中层荚粒所占比例影响很小。着粒密度则随着密度的增加而降低,最低密度(A处理)较最高密度(E处理)着粒密度提高了63.16%。复播大豆的LAI随着密度的增加逐渐增大,LAI越大,其群体内部通风透光性能降低,导致复播大豆中下部光照强度不足,光合作用减弱,使中下部叶片的光合产物降低,不利于后期产量的提高。叶片的P_n、T_r及G_s均随着密度的增加表现为先增后降,且均以C处理最高,P_n、G_s在结荚期达到极值,而T_r在开花期最大;C_i随着密度的增加呈现出先降后增的趋势。因此,构建造良好的群体结构不仅有利于大豆群体对光能的利用及群体内部与外界的气体交换,而且有利于提高大豆的籽粒产量。密度在37.5万~67.5万株/hm^2,随着密度的增加,复播大豆产量随着密度的增加呈现先增后降的趋势,以处理C(52.5万株/hm^2)产量最高,达3 205.04 kg/hm^2。

综上所述,北疆复播大豆获得理想产量的适宜种植密度应在52.5万~60.0万株/hm^2,该密度与内地学者对春大豆的研究结果相比高出很多,进一步说明相对春播大豆来说,高密度栽培是新疆复播大豆获得高产的重要技术措施之一。但是,由于复播大豆生长周期短,在生育前期没有充足的时间进行蹲苗,再加上滴灌条件下植株根系在土层中分布较浅,以及加上7—8月北疆地区进入雨季,常伴有大风天气等,这些因素更加剧了高密度栽培导致复播大豆茎秆细高而易倒伏的危险。因此,如何就调整密度、株高与抗倒伏之间的矛盾,采取相应的肥、水供给及相应的化学控制,这是课题组在今后进一步提高北疆复播大豆产量和经济效益需要研究的重点。

9.3 复播大豆不同株行距配置研究

9.3.1 试验设计

在确定了复播大豆适宜种植密度的研究基础上,为了更好地构建高产大豆的合理群体结构,进一步研究了合理种植密度条件下的播种方式,以探究高产的株行距配置方式。2014年试验于伊宁县进行,在55万株/hm^2的种植密度条件下,设置了5种行距×株距配置处理,分别为30 cm×6 cm(处理A)、40 cm×4.5 cm(处理B)、60 cm×3 cm(处理C)、(15+30)cm×8 cm(处理D)、(15+15+60)cm×6 cm(处理E),研究了不同株行配置对复播大豆生长发育特征,探讨不同株行距配置对复播大豆光合特性、光合物质生产及灌浆特性和产量的影响,为筛选出高产复播大豆适宜的种植方式提供一定的理论依据。灌溉方式均为滴灌,全生育期间滴水6次,共滴水4 200 m^3/hm^2,各处理均于开花期随水滴施尿素150 kg/hm^2,其他田间管理措施同当地大田。

9.3.2 株行距对复播大豆植株株高的影响

从图9-12可知,不同株行距配置对复播大豆的株高产生了影响。比较不同株行距配置处理的大豆株高(图9-12)可知,在等行距种植条件下,大豆株高随着行距的缩小、株距的扩大而逐渐增加，具体表现为处理A>处理B>处理C，其中处理A的株高最高为59.75 cm，这说明在同一密度下缩小行距、扩大株距有利于复播大豆植株株高的提高；比较宽窄行种植的处理D和处理E可知，宽窄行种植处理D的株高比处理E增加了2.43%。进一步比较株距相同的等行距处理A和宽窄行处理E可知，宽窄行种植处理E的株高比处理A高了2.68 cm，这说明宽窄行种植方式有利于大豆植株的生长，可能是因为宽窄行种植条件下，大豆行间通风透光性好，利于植株个体的生长发育。本研究中，在一定范围内，随着行距的缩小、株距的扩大大豆株高逐渐增大，尤其在株距相同的条件下采用宽窄行种植更有利于大豆植株株高的增大，从而促进大豆植株个体形态的建成。

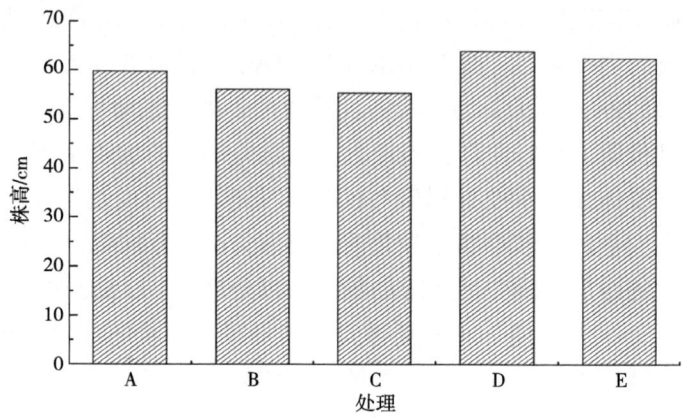

图9-12　不同株行距配置下复播大豆的株高

9.3.3　株行距对复播大豆植株茎粗的影响

大豆植株茎粗的增加有利于产量的增加。由图9-13可知，不同株行距配置对复播大豆的茎粗影响不同。分析不同株行距配置的大豆茎粗可知，在等行距种植的条件下，随着大豆行距缩小、株距扩大，大豆茎粗呈现增加的趋势，表现为处理A>处理B>处理C，处理A的茎粗最大为0.49 cm，这说明缩小行距、扩大株距利于促进大豆植株生长；比较宽窄行种植的处理D和处理E可知，宽窄行种植处理D的茎粗较处理E增加15.92%。进一步研究比较株距相同条件下等行距种植处理A和宽窄行种植处理E可知，宽窄行种植处理E的茎粗比处理A增加了2.42%，这说明在株距相同条件下采取宽窄行的种植方式更有利于大豆植株的生长发育，促进植株个体形态的建成。在研究范围内，随着行距的缩小、株距的扩大复播大豆茎粗逐渐增加，尤其宽窄行的种植方式更能促进大豆茎粗的增加，利于大豆植株株型的塑造。

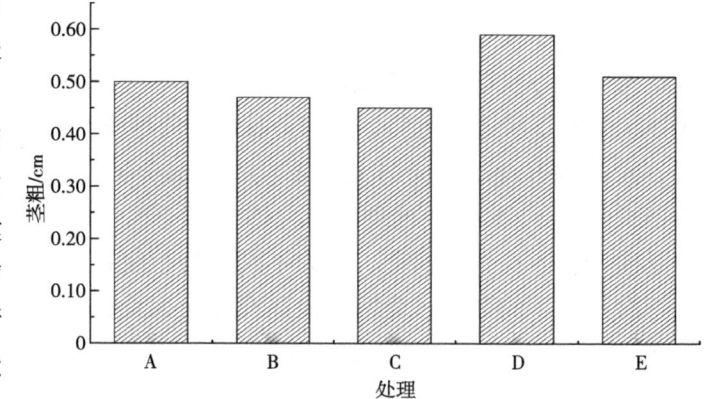

图9-13　不同株行距配置下复播大豆的茎粗

9.3.4　株行距对复播大豆LAI的影响

LAI能够反映作物群体对光能利用效率大小，作物的产量在一定范围内随LAI的增加而提高。由图9-14可以看出，不同株行距配置下复播大豆LAI产生差异。自苗期至成熟期，不同株行距配置下LAI的变化趋势基本一致，表现为近"几"字形变化的趋势，并在8月22日至9月11日结荚期间（苗后40~60 d）达到最大，各个测定时期LAI总体呈现为处理D>处理E>处理A>处理B>处理C趋势，各处理在8月2—12日差异不显著，在8月12日至10月1日差异显著。分

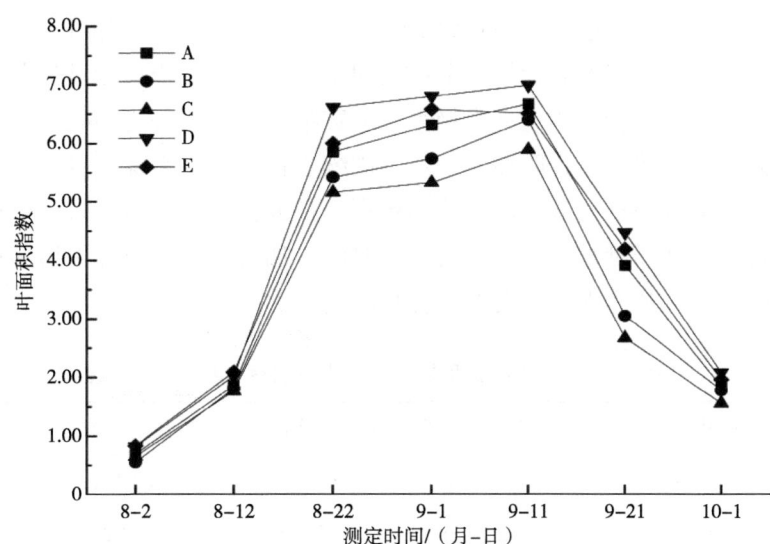

图9-14 不同株行距配置下复播大豆的叶面积指数

析各处理测定时期内LAI的平均值可得，在等行距种植条件下LAI表现为处理A>处理B>处理C，其中处理A的LAI最高为3.88，分别比处理B、C增加9.60%和17.93%（$P<0.05$）；比较宽窄行种植条件下处理D和处理E的测定期内LAI的平均值分别为4.26和4.02，处理D比处理E增加了0.24。进一步分析株距相同条件下等行距种植处理A和宽窄行种植处理E测定期内LAI平均值可知，处理E的LAI平均值比处理A提高了3.61%。说明随着行距缩小、株距扩大，复播大豆LAI有增加的趋势，尤其宽窄行种植更能够增加LAI，这可能是因为缩小行距、扩大株距的种植方式，可以使植株分布相对合理，提高了土壤有效利用面积，加之宽窄行种植方式合理利用了自然空间，使田间通风透光性良好，利于复播大豆叶片的生长发育，提高光能利用效率，从而使光合作用更加充分，为作物产量的形成打下基础。

9.3.5 株行距对复播大豆群体光合势的影响

作物群体绿色叶面积大小及保绿时间决定了群体光合势的强弱，群体光合势影响作物群体光合性能的高低。从表9-9可以看出，不同株行距配置下复播大豆群体光合势表现不同，在生育期内各处理均呈现出先增加后降低的趋势，且不同株行距配置群体光合势均在结荚期至鼓粒期间达到最大。比较等行距种植方式可知，苗期至花期处理A的光合势显著高于处理B和处理C，处理B和处理C之间差异不明显，花期至成熟期处理间差异显著且表现为处理A>处理B>处理C；宽窄行种植条件下，苗期至鼓粒期间处理之间无差异，鼓粒期至成熟期间处理D的光合势显著高于处理E，增加了6.77%。比较宽窄行种植方式和等行距种植方式之间群体光合势可知，宽窄行种植群体光合势在不同测定阶段均显著高于等行距种植。进一步分析不同株行距配置生育期内的总光合势可知，不同株行距配置总光合势表现为处理D>处理E>处理A>处理B>处理C。等行距种植之间以及与宽窄行之间总光合势均表现差异显著（$P<0.05$），其中等行距种植条件下处理A的总光合势最高为$255.52 \times 10^4 \text{ m}^2 \cdot \text{d/hm}^2$，

较于处理B、处理C分别增加了14.56%和22.72%，但比株距相同宽窄行种植的处理E减少了7.15%，而宽窄行种植处理D和处理E之间的总光合势无显著性差异。大豆结荚期之后，各种植方式的光合势均呈下降趋势，但宽窄行处理较等行距处理的下降速度较慢，持续保持了较高的光合势。这说明在一定范围内缩小行距、扩大株距且采用宽窄行种植可以增加复播大豆群体光合势，可能是因为缩小行距、扩大株距的种植方式使植株分布均匀，促进个体的生长发育，从而延长了功能叶的持续时间，加之宽窄行条件下田间通风透光性较好，延缓了叶片的衰老，从而保持较高的光合势。

表9-9 不同株行距配置下复播大豆各生长阶段群体光合势的变化　　　　单位：$10^4 \; m^2 \cdot d/hm^2$

处理	苗期	苗期—花期	花期—结荚期	结荚期—鼓粒期	鼓粒期—成熟期	总光合势
A	6.94b	25.57b	81.73b	102.19b	39.09c	255.52b
B	5.48d	23.60c	75.54c	87.92c	30.50d	223.05c
C	6.53c	24.19c	70.91d	79.91d	26.66e	208.21d
D	8.22a	28.39a	88.17a	112.71a	44.71a	282.19a
E	8.25a	29.18a	86.76a	107.71a	41.88b	273.78a

注：同列小写字母表示差异显著（$P<0.05$）。

9.3.6 株行距对复播大豆SPAD值的影响

叶绿素是影响作物叶片光合速率的重要内在因素，在一定范围内，叶绿素含量与光合作用速率呈正相关。不同的种植方式下复播大豆SPAD值产生差异，由图9-15可以看出，不同株行距配置的复播大豆功能叶中SPAD值均随生育进程的推进呈现先增加后降低的变化趋势，且均在复播大豆的结荚期间SPAD值达到最大值（苗后50~70 d），这与叶面积指数的变化趋势基本表现一致。进一步比较不同株行距配置之间SPAD值可知，在等行距种植条件下各生育时期SPAD值均表现为处理A>处理B>处理C，这说明行距的缩小、株距的扩大可以增加功能叶叶绿素的含量；在宽窄行种植条件下，处理D和处理E生育前期（苗后20~40 d）的SPAD

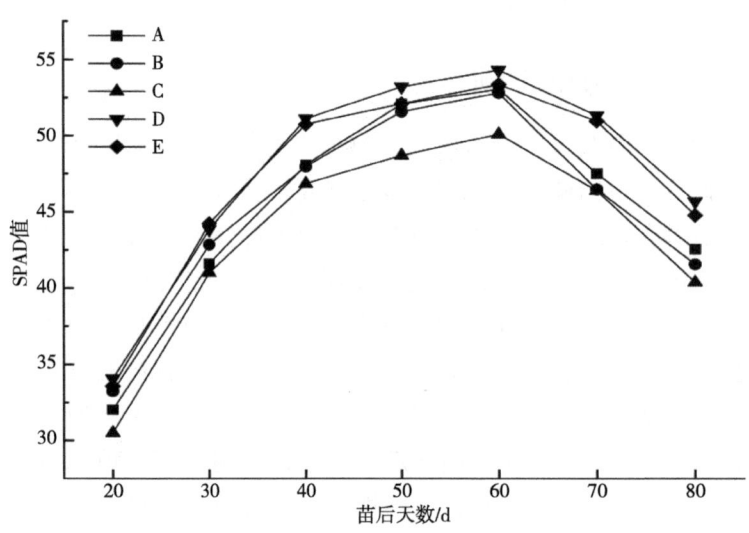

图9-15 不同株行距配置对复播大豆叶片SPAD值的影响

值差异不明显,在生育后期处理D和处理E的SPAD值差异明显,且处理D的SPAD值高于处理E。比较株距相同条件下等行距种植处理A和宽窄行种植处理E可知,随着生育进程的推进宽窄行种植处理E和处理A的SPAD值差异逐渐明显,且处理E的SPAD值高于处理A,尤其在生育后期(苗后60~80 d)相较于处理A,处理E的SPAD值仍然保持较高的水平。充分说明宽窄行种植方式不仅能够促进叶片的生长发育,更能够延缓生育期内叶片的衰老,使复播大豆的功能叶在整个生育时期均保持较高的叶绿素含量,从而促进叶片的光合作用,进一步提高复播大豆群体的干物质生产和籽粒的灌浆,为提高大豆产量奠定了基础。

9.3.7 株行距对复播大豆鼓粒期叶片光合指标的影响

干物质的积累量取决于光合能力的高低,而鼓粒期是籽粒中干物质积累的关键时期,此阶段的作物群体光合能力对产量的形成尤为重要。由表9-10可以看出,不同处理鼓粒期光合特征参数具有差异,等行距种植条件下各处理的Tr、Gs、Pn均表现为随行距缩小、株距的扩大而增加,均以处理A的最高,分别比处理B和处理C的平均值增加了30.65%、14.29%和12.25%,Ci则表现出相反的趋势,处理A比处理B和处理C的平均值减少了15.42%,说明缩小行距、扩大株距可以提高叶片光合能力,可能是因为缩小行距、扩大株距增大了植株个体空间,植株分布均匀,减少植株间光热资源竞争,提高了植株的光合能力;比较宽窄行种植的处理D和处理E可知,处理D的Tr、Gs、Pn均高于处理E,分别高出了1.97%、22.22%和3.64%,这说明处理D的叶片光合能力优于处理E。进一步比较等行距处理和宽窄行处理的各项光合特征参数可知,等行距各处理的光合特征参数与宽窄行各处理的均呈显著差异,且宽窄行种植两个处理的Tr、Gs、Pn的平均值比等行距处理的平均值分别增加了39.97%、36.36%和18.29%,这说明宽窄行处理的种植方式较于等行距的种植方式更有利于大豆植株光合能力的提高,进而积累较多的干物质。

表9-10 不同株行距配置下复播大豆鼓粒期叶片的光合指标

处理	胞间CO_2浓度/ (μmol/mol)	蒸腾速率/ [mmol/($m^2 \cdot s$)]	气孔导度/ [mol/($m^2 \cdot s$)]	净光合速率/ [μmol/($m^2 \cdot s$)]
A	217.58c	2.60b	0.16c	19.15b
B	239.25b	2.18c	0.15d	18.26b
C	263.00a	1.80d	0.13e	15.86c
D	190.50e	3.10a	0.22a	21.38a
E	204.50d	3.04a	0.18b	20.63a

注:同列数据后小写字母表示为在0.05水平上差异显著。

9.3.8 株行距对复播大豆单株地上部分干物质积累的影响

干物质是光合作用的产物，在作物生物学产量中，90%~95%的物质来自光合作用的产物。由图9-16可以看出，不同的种植方式对干物质的积累产生了影响，在整个测定期，不同株行距配置复播大豆单株干物质积累总体变化趋势相同，基本上均呈微"S"形的变化趋势，整个变化趋势可分为三个干物质积累阶段：积累缓慢期（出苗至苗后30 d）；积累快速期（苗后30~60 d）；积累渐缓期（苗后60~80 d）。复播大豆地上部分总干物质量快速积累时期出现在苗后33~62 d，大豆干物质理论最大积累量表现为处理D>处理E>处理A>处理B>处理C，其中宽窄行种植方式的处理D最高为26.51 g/株，分别较于处理A、处理B、处理C、处理E增加11.15%、12.81%、17.54%和7.85%。

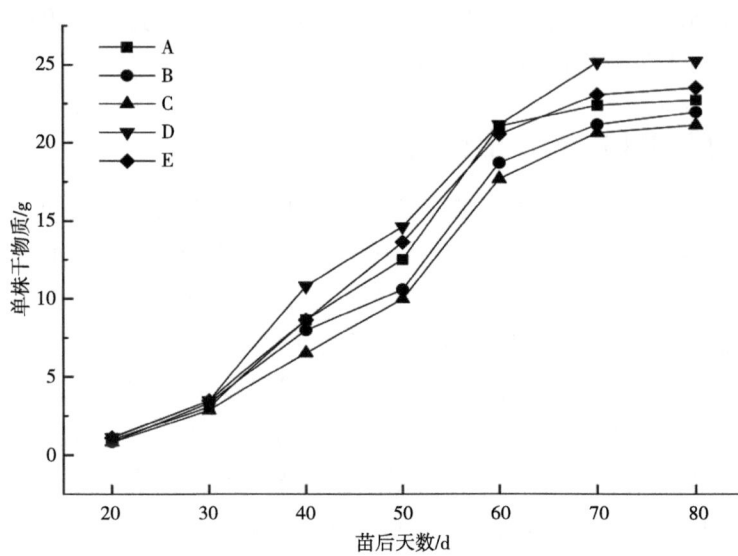

图9-16 不同株行距配置下复播大豆单株干物质积累量

9.3.9 株行距对复播大豆各器官干物质分配的影响

干物质积累是作物产量形成的基础，而植株各器官中干物质的分配率直接影响作物的最终产量。从表9-11大豆植株干物质分配情况可以看出，随着生育进程推进，各处理茎、叶柄的干物质分配率呈现先增加后减少的趋势，叶的干物质分配率呈现逐渐减少的趋势，各生殖器官（荚、籽粒）的干物质分配率表现为逐渐增加的趋势。比较宽窄行种植方式与等行距种植方式的大豆各器官中干物质分配率可知，在大豆鼓粒期宽窄行处理的茎、叶中干物质分配率分别为20.37%~20.85%、25.35%~25.45%，高于等行距处理，而荚、籽粒的干物质分配率分别为24.03%~24.94%、20.09%~20.67%，低于等行距处理干物质分配率。在大豆成熟期，宽窄行处理的茎、叶中干物质分配率分别为16.01%~16.69%、17.87%~18.27%，较等行距处理相比依然保持较高的分配率，荚、籽粒中干物质分配率分别为22.71%~22.88%、36.55%~36.89%，但二者均以等行距处理最高。在提高复播大豆单株干物质积累量的同时，促进植株营养器官（茎、叶、叶柄）中干物质向生殖器官（荚、籽粒）中转移，提高大豆的收获指数，有利于大豆单株籽粒产量的增加，从而为提高大豆单产奠定基础。

表9-11 不同株行距配置下复播大豆单株干物质分配特征　　　单位：%

生育时期	处理	茎	叶	叶柄	荚	籽粒
苗期	A	30.33b	60.91ab	8.76b	0.00	0.00
	B	28.94c	62.28a	8.78b	0.00	0.00
	C	32.12a	59.42b	8.46b	0.00	0.00
	D	29.94bc	60.40ab	9.66a	0.00	0.00
	E	31.41ab	59.97ab	8.62b	0.00	0.00
开花期	A	32.49c	51.10ab	16.40a	0.00	0.00
	B	37.15a	49.85bc	13.00c	0.00	0.00
	C	33.92bc	52.80a	13.29c	0.00	0.00
	D	36.02a	48.70c	15.27b	0.00	0.00
	E	34.29b	49.86bc	15.85ab	0.00	0.00
结荚期	A	32.86ab	42.64b	17.43a	7.07b	0.00
	B	31.76b	46.05a	16.20b	5.99c	0.00
	C	33.23ab	44.56ab	15.16c	7.04b	0.00
	D	33.73a	42.24b	16.36b	7.67a	0.00
	E	33.15ab	43.75b	16.29b	6.81b	0.00
鼓粒期	A	19.99ab	24.21b	9.42a	25.64ab	20.73a
	B	20.31a	25.39ab	8.93bc	26.03ab	19.35b
	C	19.08b	25.42ab	8.47d	26.69a	20.35a
	D	20.85a	25.35ab	9.10ab	24.03c	20.67a
	E	20.37a	25.45a	9.15ab	24.94bc	20.09ab
成熟期	A	15.72b	18.60a	5.94a	23.63ab	36.11a
	B	16.01ab	15.98b	6.16a	24.52a	37.33a
	C	15.90ab	16.41b	6.22a	24.70a	36.77a
	D	16.69a	17.87a	6.01a	22.88b	36.55a
	E	16.01ab	18.27a	6.11a	22.72b	36.89a

注：同列不同小写字母表示差异显著（$P<0.05$）。

9.3.10 株行距对复播大豆百粒重的影响

图9-17表明，不同株行距配置下复播大豆籽粒百粒重的变化趋势相似，均表现出百粒重随着鼓粒天数的延长而持续增长，在灌浆前期（0~15 d）灌浆增长速度缓慢，中期（15~25 d）增长迅速，后期（25~35 d）增长又变缓慢。宽窄行的D和E处理的籽粒干物质积累量均高于等行距处理，尤以处理D干物质积累量最高。等行距处理间前期差异不显著，

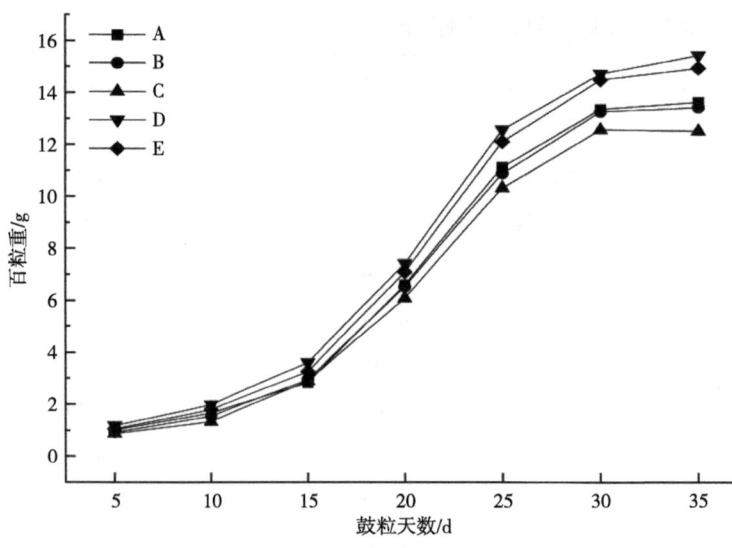

图9-17 不同株行距配置下复播大豆百粒重的动态变化

中后期处理A略高于处理B，且均显著高于处理C。说明适当缩小行距增大株距，可增加中后期籽粒干物质积累量；而采用宽窄行种植更有利于籽粒灌浆速度的提高，促进粒重的增加。通过对不同处理复播大豆籽粒灌浆进程拟合Logistic方程可知（表9-12），在等行距种植条件下，理论最高百粒重表现为随着行距的缩小株距的扩大而逐渐增加，说明缩小行距、扩大株距有利于籽粒积累更多的干物质；在宽窄行种植条件下，处理D的k值比处理E增加了3.35%。进一步比较株距相同的宽窄行处理E和等行距处理A，处理E的k值比处理A增加1.42 g。说明适当缩小行距扩大株距，植株个体分布更加均匀，从而籽粒中积累较多的干物质，宽窄行种植使行间光风通透性高，相较于等行距种植，促进籽粒中干物质的积累。

表9-12 不同株行距配置下复播大豆籽粒灌浆的Logistic方程参数估计值

处理	$Y=k/(1+a\mathrm{e}^{-bt})$			R^2
	k	a	b	
A	14.39	128.24	0.24	0.993 4
B	14.23	121.46	0.24	0.994 9
C	13.31	130.67	0.24	0.994 2
D	16.34	87.89	0.22	0.994 3
E	15.81	113.61	0.23	0.994 5

9.3.11 株行距配置对复播大豆产量及构成因素的影响

产量的形成不仅与作物品种特性有关，而且也受到种植措施的影响，合理的株行距配置，有利于作物生产潜力的充分发挥，从而获得高产。从表9-13可以看出，在等行距种植条件下，随着行距的缩小、株距的扩大各处理的产量表现为处理A>处理B>处理C，处理A的产量比处理B和处理C分别增加了8.76%和16.41%；在宽窄行种植条件下，处理D的产量比处理E增加2.43%。进一步分析株距相同的宽窄行种植处理E和等行距种植处理A可知，处理E的产量较处理A增加了13.93%,后者显著低于前者。进一步比较不同株行距配置产量构成因素可知,在等行距种植条件下,单株荚数、单株粒数和单株粒重均呈现处理A>处理B>处理C的变化趋势,处理A的单株荚数、单株粒数和单株粒重比处理B和处理C的平均值增加了18.62%、9.78%和12.53%;在宽窄行种植条件下,处理D的单株荚数、单株粒数和单株粒重比处理E分别增加8.56%、4.90%和2.44%。比较株距相同的宽窄行种植处理E和等行距种植处理A可知,处理E的单株荚数、单株粒数和单株粒重比处理A增加了2.88%、3.59%和13.92%。这说明采用宽窄行种植方式处理产量的提高主要来自单株荚数、单株粒数和单株粒重增加的贡献。

表9-13 不同株行距配置对复播大豆产量及产量构成因素的影响

处理	单株荚数/个	单株粒数/粒	单株粒重/g	实收产量/(kg/hm^2)
A	24.30b	61.20b	8.26b	2 973.03b
B	21.40c	55.80c	7.59c	2 733.55c
C	19.57d	55.70c	7.09d	2 554.00d
D	27.14a	66.50a	9.64a	3 469.54a
E	25.00b	63.40ab	9.41a	3 387.27a

注:同列小写字母表示差异显著($P<0.05$)。

9.3.12 小结

不同株行距配置影响复播大豆光合特性、光合物质生产及灌浆特性和产量形成。研究表明,宽窄行种植的处理群体叶面积指数(LAI)、光合势(LAD)、叶绿素含量(SPAD)、叶片净光合速率(Pn)、蒸腾速率(Tr)和气孔导度(Gs)均表现出优于等行距种植的处理,而胞间CO_2浓度(Ci)正好呈现相反的结果。LAI、LAD、SPAD、Pn、Tr、Gs以宽窄行种植的处理D的最高。处理D的干物质的最快生长期提前且最大相对生长速率最大,达0.68 g/(株·d),宽窄行种植处理D的花前花后同化物转运量最高,同时花前同化物转运率和贡献率最高为20.82%和29.18%。整个灌浆过程中,不同株行距配置下复播大豆百粒重动态变化均表现为"缓增—快增—缓增"的变化趋势,通过Logistic方程拟合得出,宽窄行种植处理D的百粒重理论最大值的最高为15.44 g,宽窄行种植处理的籽粒阶段干物质积累量和灌浆速率均高于等行距处理,宽窄行处理D的平均灌浆速率比其他处理增加了0.01~0.06 g/(粒·d)。不同株行距配置下复播大豆的产量以宽窄行种植的处理D的产量最高为3 469.54 kg/hm^2,较处理A、处理B、处理C、处理E的产量分别提高了16.70%、26.92%、35.85%和2.43%,增产明显。此外,宽窄行处理D的单株荚数、单株粒数和百粒重分别较其他各处理的平均值增加了20.26%和12.66%和19.20%。

作物在实际生产中的种植方式,不仅要考虑品种株型,而且也应该考虑当地的资源和地力水平,构建出较为合理的作物群体结构,充分利用光热资源,实现产量增加。综合分析得出，本试验条件下，复播大豆宽窄行种植处理（15+30）cm×8 cm，植株生长表现好，籽粒灌浆快，产量最高，可为当地复播生产提供一定的理论参考。

参考文献

陈传信，2017. 种植方式对复播大豆田间微环境及大豆光合物质生产的影响[D]. 乌鲁木齐：新疆农业大学.
陈传信，唐江华，陈佳君，等，2018. 种植方式对复播大豆鼓粒期叶片光合能力及籽粒灌浆特性的影响[J]. 干旱地区农业研究，36（3）：101-105.
陈传信，唐江华，王娜，等，2016. 种植方式对北疆滴灌复播大豆植株生长及产量的影响[J]. 新疆农业大学学报，39（6）：431-436.
范贝贝，2023. 大食物观下我国大豆供给困境探究[J]. 黑龙江粮食（10）：63-65.
胡壮壮，王路路，姜雪冰，等，2023. 我国大豆产业发展现状分析及对策[J]. 大豆科技（4）：1-11.
李奕聪，杨钰莹，李佳璇，等，2024. 2024年大豆产业发展趋势与政策建议[J]. 大豆科技（1）：1-5.
刘建新，1994. 谈谈北疆大豆复播[J]. 石河子科技（4）：47-48.
苗红萍，田聪华，2024. 新疆大豆产业发展特征与对策建议[J]. 大豆科技（1）：39-45.
彭姜龙，2015. 品种筛选和株行距配置方式对夏大豆产量形成的影响[D]. 乌鲁木齐：新疆农业大学.
彭姜龙，张晗，李亚杰，等，2015. 不同品种复播大豆产量与农艺性状的灰色关联度分析[J]. 新疆农业科学，52（4）：607-613.
彭姜龙，张永强，唐江华，等，2015. 株行距配置对夏大豆光合特性及产量的影响[J]. 大豆科学，34（5）：794-800，807.
徐瑶，冷苏凤，张玉明，等，2022. 1982—2021年江苏省审定大豆品种主要农艺性状、产量、品质及抗性演变分析[J]. 中国油料作物学报，44（4）：780-789.
张慧艳，2023. 中国大豆进口依赖性风险生成机理及规避研究[D]. 扬州：扬州大学.
张永强，张娜，唐江华，等，2014. 密度对北疆复播大豆荚粒时空分布及产量形成的影响[J]. 大豆科学，33（2）：179-183.
张永强，张娜，唐江华，等，2014. 密度对北疆复播大豆生长动态及产量的影响研究[J]. 新疆农业大学学报，37（1）：7-11.
张永强，张娜，王娜，等，2015. 种植密度对北疆复播大豆光合特性及产量的影响[J]. 西北植物学报，35（3）：571-578.
张永强，张娜，王娜，等，2015. 种植密度对复播大豆光合特性及产量构成的影响[J]. 核农学报，29（7）：1386-1391.
朱隽睿，2023. 粮食安全视角下我国大豆贸易影响因素及优化布局研究[D]. 杭州：浙江财经大学.

第10章 复播大豆水肥一体化技术研究

新疆地处西北内陆，降水稀少，水资源匮乏，是典型的绿洲灌溉农业区，灌溉农田超过92.4%，可以说没有水就没有新疆的农业。因此，发展节水型农业已成为新疆、我国，乃至世界农业发展亟待解决的问题之一。而通过发展节水灌溉，采用先进的节水灌溉技术措施，提高灌溉水的有效利用率已成为实现水资源可持续利用的关键所在。

麦后复播大豆不但能有效利用小麦收获后的光、热等自然资源，而且还能提高当地的复种指数，扩大大豆的种植面积，达到增加我国大豆总产和当地农民收入的目的。然而，在北疆小麦收获后正值当地春播作物用水高峰期，麦后复播大豆无疑会加重农业用水紧张，还会增加地力的消耗和年总施肥量，与单季作物相比，复播作物的施肥量和施肥时期必然不同，农民盲目地追施化肥增加作物产量，不仅肥料利用效率降低，而且造成环境污染。如何有效地利用有限的水资源，提高水氮利用效率的同时提高作物产量，是新疆乃至我国农业生产发展长期需要探究并加以解决的问题。

2013—2019年连续7年以伊宁县复播大豆为研究对象，开展了复播大豆水肥高效利用技术研究。依据当地复播大豆具体条件，首先开展了未覆膜条件下复播大豆最佳滴灌量的研究，在探索出最佳滴灌量的基础上进行了复播大豆最佳水、氮组合技术研究，探究出促进复播大豆高产和水肥利用率提高的最佳栽培技术。随着伊宁县地膜栽培的推广应用，在前期研究的基础上又深入探究了覆膜条件下复播大豆的最佳滴灌量，以探究最大限度地提高水肥利用效率的栽培技术，上述研究对制定复播大豆高产高效的水肥一体化栽培技术具有重要的理论和实践意义。

10.1 滴灌量对复播大豆产量形成的影响

10.1.1 试验设计

本试验研究不同滴灌量对北疆复播大豆的光合特性、干物质积累及分配和转运、产量与品质的影响，为北疆复播大豆高产、节水栽培提供科学依据与技术支撑。试验于2013年采取单因素随机区组试验设计，共设4个灌水梯度处理：3 000 m³/hm²（W_{3000}）、3 600 m³/hm²（W_{3600}）、4 200 m³/hm²（W_{4200}）、4 800 m³/hm²（W_{4800}）。各处理每次滴灌定额依次为375 m³、450 m³、525 m³和600 m³，全生育期共灌水8次，滴灌毛管设置见图10-1，具体灌水量及分配时期见表10-1。

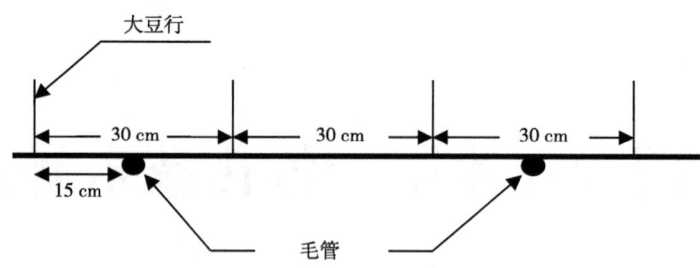

图10-1 复播大豆滴灌毛管布置示意

表10-1 不同处理各阶段的滴灌量　　　　　　　　　　　　　　　　　单位：m^3/hm^2

滴灌处理	出苗水	苗期—开花期	开花期—结荚期	结荚期—鼓粒期	鼓粒期—成熟期	总计
W_{3000}	375	750	750	750	375	3 000
W_{3600}	450	900	900	900	450	3 600
W_{4200}	525	1 050	1 050	1 050	525	4 200
W_{4800}	600	1 200	1 200	1 200	600	4 800

复播大豆播种前结合整地，各处理均深施尿素75 kg/hm²作为基肥，并于大豆开花期随水滴施尿素150 kg/hm²，结荚期、鼓粒期各叶片喷施KH_2PO_4一次，供试品种黑河43号，其他田间管理措施同当地常规方式。

10.1.2 滴灌量对复播大豆光合生理特性的影响

光合作用是指绿色植物通过叶绿体利用光能把CO_2和H_2O转化成有机物，并释放出O_2的生化过程，它是直接决定作物生物量和产量高低的最重要因素。而水作为植物光合作用的原料，直接参与光合作用过程，因此，水分的多少必定会影响植物的光合作用。

大豆叶片的光合作用是作物产量形成的生理基础，光合速率的高低与生物量和产量的关系十分密切。由图10-2可知，复播大豆倒3功能叶片的P_n整体变化趋势一致，均随滴灌量的增加呈先升后降的变化趋势，叶片Pn均表现为$W_{4200}>W_{4800}>W_{3600}>W_{3000}$的变化规律，各处理均在结荚期达到最大，为28.50 μmol/（m²·s）（W_{4200}处理），分别较W_{3000}、W_{3600}和W_{4800}高出22.58%、9.83%和5.36%，经方差分析达显著性差异水平（$P<0.05$），表明滴灌量过大，反而不利于叶片的光合作用。处理间复播大豆叶片的Tr与Pn具有相似的变化趋势，但叶片Tr比叶片Pn较早达到峰值，最大值出现在开花期，为9.36 mmol/（m²·s）（W_{4200}处理），分别较W_{3000}、W_{3600}和W_{4800}增大了8.71%、3.88%和4.23%，与W_{3000}处理差异显著（$P<0.05$），与W_{3600}、W_{4800}差异不显著。

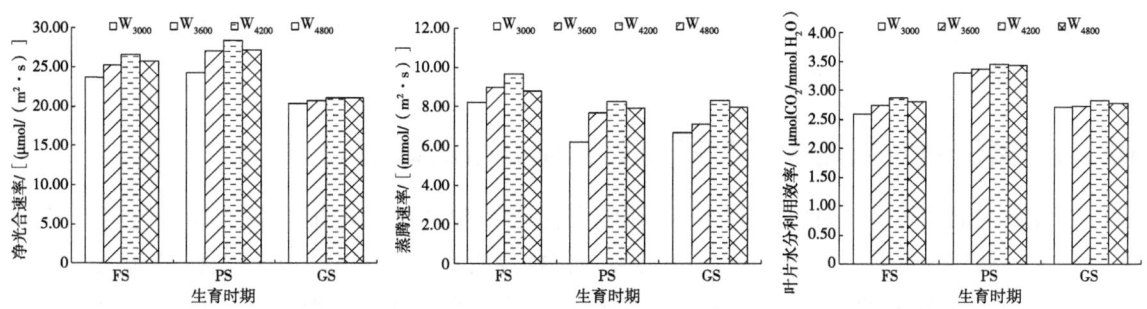

图10-2 不同处理复播大豆净光合速率、蒸腾速率、叶片水分利用效率的变化

叶片水分利用效率（WUE_L）表示叶片蒸腾消耗一定量的H_2O时所同化CO_2的量，是水分利用效率的理论值，其取决于Pn与Tr的比值，可表示Pn与Tr之间的定量关系。复播大豆WUE_L随着滴灌量的增加呈"先升后降"的变化趋势，其随着生育进程的推进，处理间差异减小。通过对开花期、结荚期和鼓粒期各处理每次测量值累积并求其平均，得出W_{4200}处理的最高，为3.04 μmol/mmol，比滴灌量最大的W_{4800}处理提高了1.56%，说明适宜的滴灌量更有利于提高复播大豆叶片的光合作用，减少了水分的无效散失。

气孔是叶片和外界环境进行CO_2和水分交换的重要通道，而气孔导度（Gs）表示植物叶片气孔张开的程度，其行为与Pn和Tr密切相关。由图10-3可知，在复播大豆开花期、结荚期和鼓粒期的叶片气孔导度均随着滴灌量的增加呈"先增后降"的变化趋势，具体表现为W_{4200}>W_{4800}>W_{3600}>W_{3000}，其中最大值为1.04 mol/（m²·s）（W_{4200}处理），比W_{3000}、W_{3600}和W_{4800}分别增大了33.61%、9.50%和4.87%，达显著差异水平（$P<0.05$）。进一步分析可知，同一处理叶片Gs随着生育进程的推进亦均呈"先增后减"的变化规律，各处理均在结荚期达到最大，鼓粒期则最小。

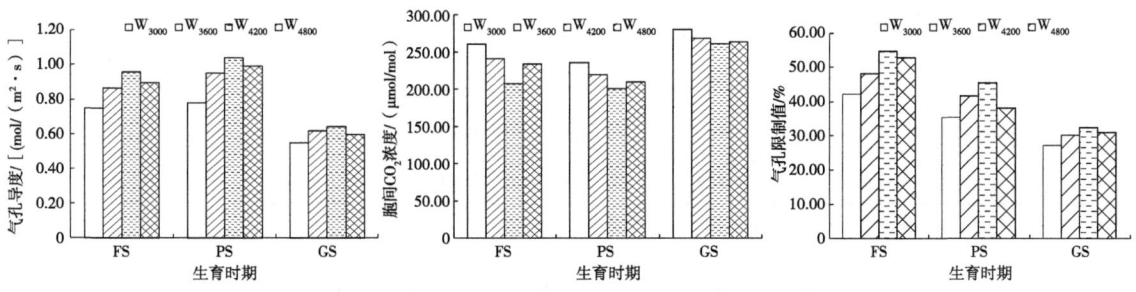

图10-3 不同处理复播大豆气孔导度、胞间CO_2浓度、气孔限制值的变化

叶片光合作用是胞间CO_2的主要消耗途径，净光合速率（Pn）反映了胞间CO_2浓度（Ci）的消耗速率。不同滴灌量处理，复播大豆叶片胞间Ci的变化趋势与Pn相反，Ci随生育进程推进呈"先降低后升高"的趋势，但在不同生育时期表现为W_{3000}>W_{3600}>W_{4800}>W_{4200}，且不同处理间差异显著（$P<0.05$）。复播大豆叶片L_s与P_n、T_r和G_s的变化规律相同，各处理均在开花期达到最大，其以W_{4200}处理最高为54.72%，较W_{3000}、W_{3600}和W_{4800}分别高出29.70%、13.60%和3.89%。说明在一定范围内增加滴灌量能促进复播大豆叶片的水气交换，

但超过适宜值时,反而抑制了大豆叶片的水气交换,进而限制了Pn的增加。Ls的变化不仅会导致Tr和Pn的变化,还会对WUE_L造成影响。

10.1.3 滴灌量对复播大豆生长及荚、粒分布的影响

大豆属全株结荚性作物,其在花荚期随着主茎节数的不断增加,各节陆续进行花芽分化、开花、结荚、鼓粒。可见,大豆结荚性与其株高有着密切关系。大豆植株的高低、粗细以及荚、粒在茎秆上的空间分布与其抗倒伏性密切相关。而水作为大豆生长发育的重要物质,不同的滴灌量必然会构造形成不同大豆株型,进而形成不同的荚、粒分布格局。

由表10-2可以看出,随着滴灌量的增加,复播大豆株高呈增加趋势,茎粗呈降低趋势,二者呈负相关(R^2=-0.998)。滴灌量最大的W_{4800}处理较滴灌量最小的W_{3000}处理株高增加13.12%,而茎粗却降低了7.92%,均达显著差异水平($P<0.05$)。进一步分析可知,复播大豆节间长度随着滴灌量的增加而增长,节间长度增长是株高增加的主要原因。各处理复播大豆的结荚节位和底荚高度表现为W_{4800}>W_{4200}>W_{3600}>W_{3000},即结荚节位和底荚高度随着滴灌量的增加而增加。复叶数随着滴灌量的增加表现出先增后降的变化趋势,其中以W_{4200}处理最高,平均为8.10个,分别较W_{3000}、W_{3600}和W_{4800}高出12.50%、8.00%和2.53%,方差分析表明,W_{4200}处理与W_{3000}和W_{3600}处理之间显著差异($P<0.05$),但与W_{4800}处理之间差异不显著。研究表明,复播大豆的着粒密度随着滴灌量的增大呈"先增后降"的变化趋势,其中以W_{4200}处理最大,为0.78粒/cm,较最小的W_{4800}处理的着粒密度提高了14.71%,差异显著($P<0.05$);但W_{3000}和W_{3600}、W_{4800}之间差异不显著。

表10-2 不同处理复播大豆的基本农艺性状

滴灌处理	株高/cm	茎粗/cm	节间长度/cm	结荚节位	底荚高度/cm	复叶数/个	着粒密度/(粒/cm)
W_{3000}	55.61d	0.518a	4.15c	1.83d	7.99c	7.20b	0.71bc
W_{3600}	59.10c	0.502b	4.26c	2.00c	8.05c	7.50b	0.73b
W_{4200}	62.96b	0.489c	4.39b	2.12b	8.47b	8.10a	0.78a
W_{4800}	65.16a	0.477c	4.92a	2.55a	10.91a	7.90a	0.68c

注:同列不同小写字母表示差异显著($P<0.05$)。

由图10-4可以看出,不同滴灌量处理下复播大豆荚、粒主要分布在第2~13节,而且无论是荚数还是粒数均于第8节最多。在垂直分布上各处理基本上均以中层分布最多,其荚数占总荚数的57.53%~58.64%,粒数占总粒数的51.17%~56.29%;其次是下层的荚、粒数,其分别占总荚数的26.08%~35.69%、占总粒数的27.96%~88.16%;上层分布最少,均不足17%,这可能是由于黑河43号为亚有限结荚习性品种,主茎开花自下而上,加之复播大豆生长后期,北疆气温偏低,荚、粒形成受阻而空荚率增大,造成上层荚、粒所占比例降低。由表10-3可知,随着滴灌量的增加,单株荚数、单株粒数在上层所占的比例整体上呈现增加趋势,滴灌量最大的W_{4800}处理的单株上层荚数、粒数所占比例分别比滴灌量最小的W_{3000}处

理增加了9.38个百分点和8.43个百分点；而上层荚、粒所占比例随着滴灌量的增加呈降低趋势，滴灌量对中层荚、粒所占比例的影响不大，且规律性不明显。说明滴灌量对荚、粒在垂直方向分布的影响主要是改变了荚、粒在上层和下层的分布比例，随着滴灌量的增大使植株的重心不断上移，导致大豆植株"头重脚轻"，加之植株高而细，从而造成鼓粒中后期大豆植株易倒伏。

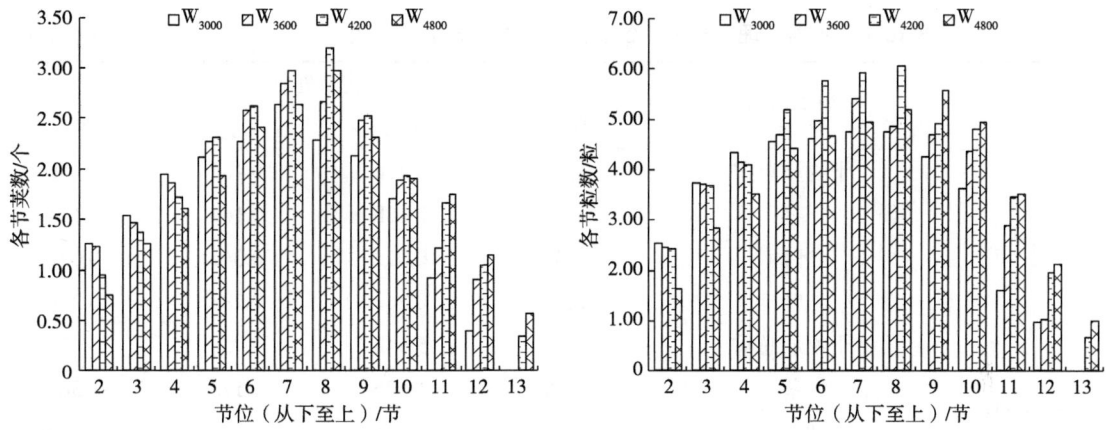

图10-4　不同处理复播大豆各节荚数、粒数的垂直分布

表10-3　复播大豆荚、粒的时空分布　　　　　　　　　　　　　　单位：%

滴灌处理	单株荚数/个			单株粒数/粒		
	上层	中层	下层	上层	中层	下层
W_{3000}	6.78	57.53	35.69	6.44	55.41	38.16
W_{3600}	9.81	58.33	31.86	9.00	56.29	34.74
W_{4200}	13.39	58.64	27.99	12.42	56.19	31.39
W_{4800}	16.16	57.75	26.08	14.87	51.17	27.96

综上说明，只有在适宜的滴灌量（4 200 m³/hm²）条件下，复播大豆不仅能保持良好的株型构造，而且使荚、粒在主茎上分布合理，在保证节水的同时，也为高产奠定一定的基础。

10.1.4　滴灌量对复播大豆干物质积累及分配的影响

大豆干物质积累过程与产量的形成关系密切，定量分析干物质积累的动态变化对揭示作物产量形成和掌握高产群体构建意义重大。此外，水作为植物对营养物质吸收运输的良好介质，水分的多少必然会影响大豆植株各器官的积累。

干物质积累与分配的过程是大豆产量形成的过程。由表10-4可知，不同滴灌量处理下复播大豆各时期单株干物质总量及各器官干物质量变化规律一致，均随着滴灌量的增加呈"先增后降"的趋势，且均以W_{4200}处理最大。但随着生育进程的推进，不同的器官，干物质量变化规律不同，茎、叶、叶柄等营养器官的干物质量随着生育进程的推进呈"先增后降"的变化趋势,其中叶在结荚期达到最大,最大值为6.03 g/株(W_{4200}处理),分别较W_{3000}、W_{3600}和W_{4800}高出了29.12%、17.32%和6.16%,均达显著差异($P<0.05$);茎和叶柄在鼓粒期达到最大,最大值均出现在W_{4200}处理,5.46 g/株(茎)、2.70 g/株(叶柄);荚、粒的干物质量随着生育进程的推进而逐渐增大,表现为$W_{4200}>W_{4800}>W_{3600}>W_{3000}$,且处理间差异显著($P<0.05$)。

表10-4 不同处理复播大豆各生育期干物质分配的比较　　　　　　　　　　单位:g/株

生育期	测定项目	滴灌处理			
		W_{3000}	W_{3600}	W_{4200}	W_{4800}
苗期	干物质总重	0.38d	0.41c	0.48a	0.45b
	茎	0.11c	0.13b	0.16a	0.15a
	叶柄	0.02c	0.02c	0.04a	0.03b
	叶	0.25d	0.26c	0.28a	0.27b
开花期	干物质总重	4.75c	5.54b	5.75a	5.65ab
	茎	1.29c	1.52b	1.57a	1.56ab
	叶柄	0.81c	0.96b	0.98a	0.97b
	叶	2.65c	3.06b	3.19a	3.12ab
结荚期	干物质总重	9.62d	10.59c	12.88a	11.66b
	茎	2.52d	2.72c	3.61a	3.02b
	叶柄	1.83c	1.99b	2.22a	2.08b
	叶	4.67d	5.14c	6.03a	5.68b
	荚	0.60d	0.75c	1.01a	0.89b
鼓粒期	干物质总重	16.44d	18.60c	20.50a	19.80b
	茎	4.81b	5.24a	5.46a	5.33a
	叶柄	2.14c	2.43b	2.70a	2.62a
	叶	3.93d	4.26c	4.79a	4.54b
	荚	3.83d	4.65c	5.21a	5.11b
	籽粒	1.73d	2.02c	2.35a	2.20b
成熟期	干物质总重	19.15d	20.54c	23.14a	22.39b
	茎	3.59c	4.04b	4.43a	4.40a
	荚	5.88c	5.92bc	6.36a	6.13ab
	籽粒	9.68d	10.57c	12.35a	11.86b

注:同行不同小写字母表示差异显著($P<0.05$)。

进一步分析各器官干物质量所占比例可知,随着生育进程的推进,叶片所占比例逐渐降低,开花期以前,各处理均在55.20%以上,花期以后,随着荚等生殖器官的出现,叶片所占比例减少,鼓粒期最少,在22.87%~23.89%,且处理间差异不显著;叶柄所占比例呈"先增后降"的变化趋势,在结荚期达到最大,在17.25%~19.05%;荚、粒所在比例逐渐增大,在成熟期达到最大,其中荚在27.04%~30.72%,豆在51.47%~53.37%;茎所占比例变化规律不明显。说明在复播大豆开花期以前光合产物主要分配给叶片等营养器官上,用于大豆植株形态构建;开花期以后重心转移到生殖器官上,为获得高产奠定基础。

由表10-5可知,复播大豆花前、花后的干物质转运量均与籽粒产量呈正相关关系,相关系数R^2值分别为0.36和0.94,表明复播大豆花前、花后干物质的转运量均会影响其籽粒产量的形成,且以花后影响较大。进一步分析可知,花前以W_{3600}处理同化物转运量最大为1.49 g/株,分别较W_{3000}、W_{4200}、W_{4800}高出28.71%、13.54%和20.24%,差异显著($P<0.05$),其干物质转运率及对籽粒贡献率也表现最大,分别为26.97%和14.13%,明显高于其他处理;复播大豆花后干物质转运量、转运率及对籽粒贡献率均表现为$W_{4200}>W_{4800}>W_{3600}>W_{3000}$,最高的$W_{4200}$处理比$W_{3000}$、$W_{3600}$、$W_{4800}$处理干物质转运量分别增加了29.47%、21.53%和3.94%;转运率增大了7.25%、4.86%和0.10%;对籽粒贡献率提高了1.51%、4.05%和0.26%,说明适宜的滴灌量有利于促进复播大豆花后干物质向籽粒中转运,从而提高花后干物质对籽粒的贡献率,达到增产的目的。

表10-5 不同滴灌量处理下复播大豆花前和花后干物质转运情况的比较

滴灌处理	花前干物质				花后干物质			
	转运量/(g/株)	转运率/%	对籽粒贡献率/%	R^2	转运量/(g/株)	转运率/%	对籽粒贡献率/%	R^2
W_{3000}	1.16c	24.44a	11.98b		8.52d	59.16b	88.02a	
W_{3600}	1.49a	26.97a	14.13a	0.36	9.08c	60.51ab	85.87a	0.94*
W_{4200}	1.32b	22.88b	10.65c		11.03a	63.45a	89.35a	
W_{4800}	1.24b	22.00b	0.48d		10.62a	63.39a	89.12a	

注:同列不同小写字母表示差异显著($P<0.05$)。

10.1.5 滴灌量对复播大豆品质的影响

滴灌是一种以点源供水的灌溉方式,与常规灌溉相比,其不仅能有效降低水分的渗漏和无效损失,还能做到适时适量地供应作物根际所需水分,有效杜绝了外围水的损失问题,大大提高水的利用效率。水是影响大豆产量的主要外界环境因素,而水分的多少会影响大豆植株体内酶的活性,进而影响籽粒中蛋白质和脂肪的合成。

由表10-6可知,不同滴灌量处理,复播大豆籽粒中蛋白质含量随着滴灌量的增大呈增加的趋势,到W_{4200}处理达到最大,为35.53%,比W_{3000}、W_{3600}分别高出4.50%和1.69%;滴灌量最大W_{4800}处理反而比W_{4200}处理降低0.14个百分点,但二者间差异不显著。脂肪含量却随着滴灌量的增加却呈现下降的趋势,即$W_{3000}>W_{3600}>W_{4200}>W_{4800}$,从高滴灌量至低滴灌量降幅依次为5.26%、2.29%和0.56%。蛋白质和脂肪总含量以W_{4200}处理最高,高达53.03%,比滴灌量最小的W_{3000}处理高出1.98%,比滴灌量最大的W_{4800}处理高出1.05%。由此说明,适宜的滴灌量不仅可协调复播大豆产量构成因素间的关系，达到增加产量的目的，还能改善复播大豆籽粒中蛋白质和脂肪的比例，提高蛋白质和脂肪总含量。

表10-6 不同处理下复播大豆籽粒品质的比较

滴灌处理	蛋白质/%	脂肪/%	蛋脂总量/%
W_{3000}	34.00c	18.00a	52.00a
W_{3600}	34.94bc	17.90ab	52.84a
W_{4200}	35.53a	17.50ab	53.03a
W_{4800}	35.38ab	17.10b	52.48a

注：同列不同小写字母表示差异显著（$P<0.05$）。

10.1.6 滴灌量对复播大豆产量及产量构成因素的影响

由表10-7可以看出，收获株数受滴灌量的影响不大，但不同滴灌量处理对复播大豆产量和产量构成因素影响不同，各处理的单株荚数、单株粒数、单株粒重、百粒重及产量总体变化规律基本一致，即均随着滴灌量的增加呈"先增后降"的变化趋势，各项指标均以W_{4200}处理最高，其比滴灌量最少的W_{3000}处理相比，单株荚数增加了3.41个，单株粒数增加了3.59粒，单株粒重增加了1.60 g，且均达到了显著差异水平（$P<0.05$）；而W_{3600}与W_{4800}两处理间单株荚数、单株粒数以及单株粒重差异不显著，但二者均显著高于W_{3000}处理。虽然百粒重是大豆品种的固有性质，但不同滴灌量处理对复播大豆的百粒重有一定的影响，以W_{4200}处理最大，较最小的W_{3000}处理高出8.34%，达显著差异水平（$P<0.05$），但与W_{3600}处理和W_{4800}处理无显著差异。产量以W_{4200}处理最高，为3741.23 kg/hm²，显著高于W_{3000}、W_{3600}和W_{4800}三个处理，增幅分别为30.42%、13.98%和8.44%，且处理间差异显著（$P<0.05$）；同时，滴灌量（x）和产量（y）的模拟方程为$y=-0.000484x^2+4.1360x-5217.7998$，（$R^2=0.92$），为开口向下的抛物线，根据方程预测，当滴灌量为4 272.73 m³/hm²，产量最高为3 618.20 kg/hm²，与实际结果吻合（图10-5）。由此表明，适宜的滴灌量可协调复播大豆产量构成因素间的关系，进而增加产量。随灌水量的增加，IWUE呈下降趋势，其中W_{3000}、W_{3600}、W_{4200}三个处理之间差异不显著，但均显著高于W_{4800}处理，说明滴灌量大，水分无效蒸散较多，导致冠层湿度增大，达不到节水的目的。

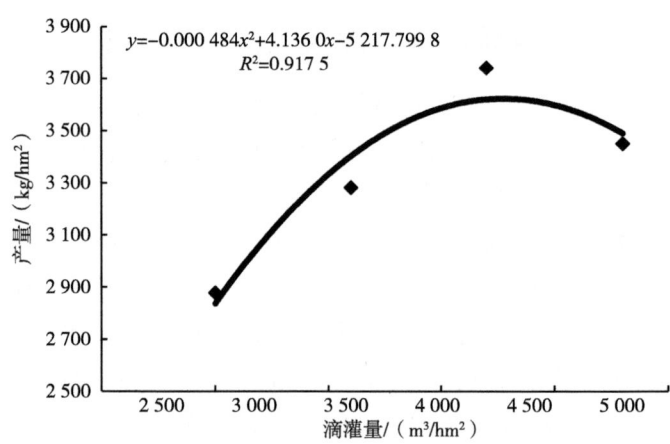

图10-5 不同处理复播大豆产量与滴灌量的关系

表10-7 不同处理下复播大豆产量、产量构成因素及灌溉水利用效率的比较

滴灌处理/	收获株数/ （万株/hm²）	单株荚数/ 个	单株粒数/ 个	单株粒重/ g	百粒重/ g	产量/ （kg/hm²）	灌溉水利用效率/ （kg/m³）
W_{3000}	51.98a	19.13c	39.76c	6.88c	14.92b	2 876.93d	0.96a
W_{3600}	52.12a	21.32b	43.27b	7.65bc	15.64ab	3 282.39c	0.91a
W_{4200}	52.36a	22.54a	48.98a	9.25a	16.17a	3 741.23a	0.89a
W_{4800}	52.14a	21.16b	44.35b	8.48ab	16.04a	3 450.16b	0.72c

注：同列不同小写字母表示差异显著（$P<0.05$）。

10.1.7 小结

适当增加灌水量不仅能够促进复播大豆获得较高的光合速率，增加干物质积累与分配，使荚、粒在主茎上分布更合理，并且还提高产量和籽粒中蛋白质和脂肪的总含量。但灌水量过多或过少，均不利于复播大豆生长发育及产量形成，导致产量降低。因此认为，在无地膜覆盖条件下，促进复播大豆生长发育并获得高产节水的合理灌溉定额为4 200 m³/hm²较为合适。

10.2 水氮耦合对复播大豆产量形成的影响

在研究出无膜栽培复播大豆适宜灌水量的基础上，为了进一步探究促进大豆高产同时能提高水氮利用率的栽培技术，又开展了水氮双因子试验。试验研究水氮耦合对复播大豆光合生理特性、干物质积累特征、氮素吸收特性、产量形成的影响，研究结果对于提高复播大豆产量和为制定出复播大豆高产高效的灌溉施肥制度具有重要的理论价值和实践意义。

10.2.1 试验设计

试验于2013—2014年在伊犁哈萨克自治州伊宁县农业科技示范园进行，前茬作物为冬小麦，冬小麦收获后（7月5日左右）进行翻耕（30 cm）整地播种。采用双因子裂区试验设计，设置滴灌量为主因子，共设4个灌水梯度：3 000 m³/hm²（W_{3000}）、3 600 m³/hm²（W_{3600}）、4 200 m³/hm²（W_{4200}）、4 800 m³/hm²（W_{4800}）；施肥量（尿素用量，46% N）为副因子，均以追肥形式随水滴施，共设3个施氮（尿素）水平：0 kg/hm²（N_0）、150 kg/hm²（N_{150}）、300 kg/hm²（N_{300}），具体施氮时期见表10-8。结合整地各处理均施基肥尿素75 kg/hm²、磷酸二铵150 kg/hm²，结荚期、鼓粒期各处理叶面喷施KH_2PO_4一次，灌水实施方案同表10-1。

表10-8　不同处理各生育时期的施肥量　　　　　　　　　　　单位：kg/hm²

施肥处理	苗期	开花期	结荚期	鼓粒期	成熟期	总计
N_0	0	0	0	0	0	0
N_{150}	0	150	0	0	0	150
N_{300}	0	150	150	0	0	300

10.2.2　水氮耦合对复播大豆光合生理特性的影响

由图10-6可知，不同水氮组合处理复播大豆叶片的SPAD值均随复播大豆生长发育进程的推进不断增高，并在花荚期（播种后50 d左右）达到最高，然后开始下降，最大值出现在$W_{4200}N_{150}$组合处理，为54.54，$W_{4200}N_{150}$处理的各时期复播大豆叶片SPAD值的平均值分别比高水高肥处理（$W_{4800}N_{300}$）和低水低肥处理（$W_{3000}N_0$）增加3.79%、24.27%。进一步分析可知，在同一施氮水平下，逐渐增加灌水量，各处理复播大豆叶片的SPAD值均表现为$W_{3000}<W_{3600}<W_{4800}<W_{4200}$，表明滴灌条件下复播大豆叶片的SPAD值随着灌水量的增加显现出"先增后降"的变化规律。说明复播大豆叶片叶绿素含量并不是随着灌水量或施氮量的增加而增大，合理的水氮组合可以使复播大豆保持较高的叶绿素含量，以此促进光合速率，还能达到节约用水、节约用肥的目的。

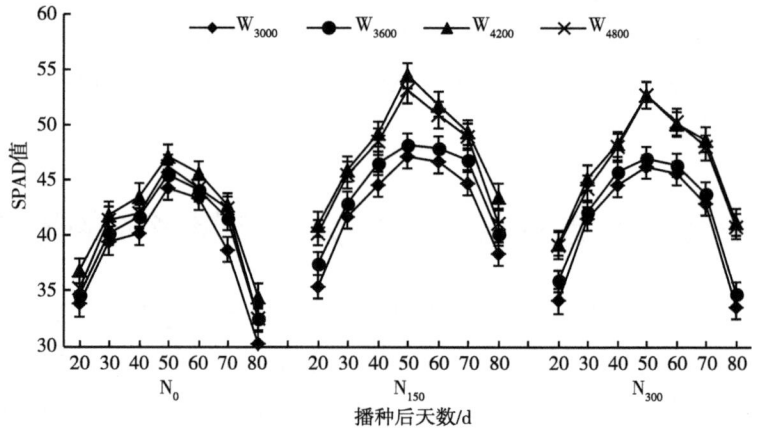

图10-6　不同水氮处理复播大豆叶绿素含量（SPAD值）的动态变化

由图10-7可知，不同水氮组合处理复播大豆叶面积指数均随生育进程的推进基本呈"先升后降"的单峰曲线变化趋势，并在花荚期（播种后50~60 d）达到最高峰，各处理在见花期（播种后30 d）之前，处理间LAI差异较小，此后处理间差异逐渐增大。进一步分析可知，同一施氮水平下，复播大豆叶面积指数的变化规律与SPAD值相同，均在$W_{4200}N_{150}$组合处理达到最大，比各处理各时期的平均值增加33.56%。说明合理的水氮组合可有效提高复播大豆叶绿素含量，还可增加复播大豆生育后期的光合面积，有利于光合产物的形成与积累，为高产打下基础，但过量灌水或施肥均不利于复播大豆LAI的增加，不仅浪费水肥资源，还未达到增产的目的。

开花期至鼓粒期是大豆生长最快和产量形成的重要时期，该阶段大豆叶片光合作用的高低对产量形成的影响较大。由表10-9可知，各处理复播大豆的Pn基本上均在结荚期达到最大，且各处理间达显著差异水平（$P<0.05$），由F值可知，水氮之间存在显著或极显著的互作效应，其中氮素对Pn的影响明显大于水分，但水分对Tr的影响明显大于氮素。在同一施氮水

平下，随着滴灌量的增加，大豆在各个生育时期的Pn基本上均呈"先增后降"的变化趋势，并以W_{4200}处理最高。在滴灌量相同条件下，不同施氮量处理对各个生育时期大豆叶片的Pn影响表现为$N_{150}>N_{300}>N_0$，在组合处理中以$W_{4200}N_{150}$组合的Pn最好，分别比低水低肥（$W_{3000}N_0$）和高水高肥（$W_{4800}N_{300}$）组合高

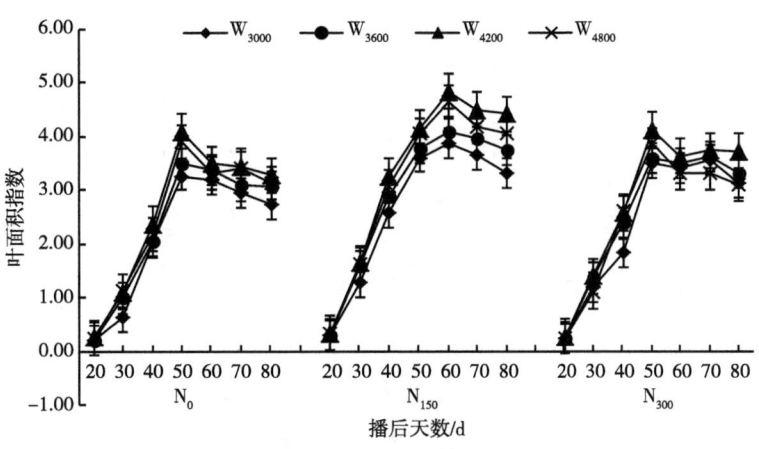

图10-7　不同水氮处理复播大豆叶面积指数（LAI）的动态变化

34.28%和30.71%。对于复播大豆叶片的Tr，无论在何滴灌量条件下，施氮量对Tr的影响均表现为$N_{300}>N_{150}>N_0$；而在同一施氮量水平下，随着滴灌量的增加，Tr呈"先增后降"的变化趋势，具体表现为$W_{4200}>W_{4800}>W_{3600}>W_{3000}$。说明，适量的水氮组合在一定程度上可以提高大豆叶片的Pn和Tr，促进大豆植株体内物质循环和运输，进而提高叶片的光合速率。

叶片水分利用效率（WUE）是作物单位耗水量生产出的同化物质量，可以用光合速率和蒸腾速率的比值（Pn/Tr）表示。由表10-9可知，各处理的WUE均在结荚期达到最高，在同一滴灌量条件下，WUE基本上均随着施氮量的增加呈现出"先增后降"的变化趋势，以N_{150}水平下WUE最高，各个时期的N_{150}处理的平均WUE分别比N_0、N_{300}处理增加了11.95%、12.62%，同一施氮条件下，不同滴灌量对WUE的影响的规律不明显。

气孔是叶片和外界环境进行CO_2和水分交换的主要通道，而Gs则表示叶片气孔张开的不同程度，其表现行为与Pn和Tr密切相关。由表10-10可知，在复播大豆开花期、结荚期、鼓粒期不同水氮组合处理的叶片Gs、Ci存在显著性差异，由F值可知，水氮之间存在显著或极显著的互作效应。在低水（W_{3000}、W_{3600}）处理下，各个生育时期大豆叶片的Gs均随着施氮量的增加而增加，而Ci呈先降后增的变化，其中N_0处理与N_{150}、N_{300}处理存在显著性差异，N_{150}与N_{300}处理之间差异不显著；在其他灌水（W_{4200}、W_{4800}）处理下，各个生育时期大豆叶片的Gs表现为$N_{150}>N_{300}>N_0$，而Ci表现为$N_0>N_{300}>N_{150}$；在同一施氮水平下，随着灌水量的增加Gs呈先增后降的趋势，且均在W_{4200}灌水水平下达到最大，而Ci与Gs表现相反。因此，各个生育时期均以$W_{4200}N_{150}$组合处理的Gs最好，Ci最低，各个生育时期大豆叶片的Gs或Ci平均值分别比低水低肥（$W_{3000}N_0$）、高水高肥（$W_{4800}N_{300}$）增加了47.25%、25.82%或降低了20.68%、14.23%。由此说明，在水分充足条件下，氮肥能够增加大豆叶片Gs，较多地消耗胞间的CO_2；在水分不足的条件下，过量施氮虽能增加大豆叶片Gs，但也导致细胞同化CO_2的能力降低，Ci升高。充分说明，合理的水氮组合不仅有利于复播大豆叶片光合速率的提高，而且可以增大叶片Gs，增强气体交换能力和同化CO_2的能力，进而有效增加复播大豆植株干物质积累。

表10-9 水氮耦合对复播大豆叶片光合速率、蒸腾速率及水分利用效率的影响

处理		开花期 P_n/[μmol/(m²·s)]	开花期 T_r/[mmol/(m²·s)]	开花期 WUE/(μmolCO₂/mmolH₂O)	结荚期 P_n/[μmol/(m²·s)]	结荚期 T_r/[mmol/(m²·s)]	结荚期 WUE/(μmolCO₂/mmolH₂O)	鼓粒期 P_n/[μmol/(m²·s)]	鼓粒期 T_r/[mmol/(m²·s)]	鼓粒期 WUE/(μmolCO₂/mmolH₂O)
W₃₀₀₀	N₀	19.78±0.24h	7.92±0.04h	2.50±0.01de	18.53±0.85i	6.43±0.31h	2.88±0.01g	17.40±0.69i	6.43±0.34h	2.71±0.25e
	N₁₅₀	23.10±0.57d	8.31±0.11g	2.78±0.03bc	23.25±1.37f	6.67±0.18gh	3.63±0.11ab	21.53±0.83c	7.46±0.23e	2.88±0.02c
	N₃₀₀	20.96±0.62g	8.54±0.32f	2.45±0.02f	22.65±2.45h	7.16±0.23f	3.16±0.22e	20.00±0.57f	6.98±0.47f	2.86±0.13cd
W₃₆₀₀	N₀	21.96±0.25f	8.68±0.11ef	2.53±0.06d	22.78±0.54g	6.87±0.47g	3.28±0.14d	18.53±0.54h	6.87±0.57g	2.71±0.15e
	N₁₅₀	25.32±0.45c	9.00±0.34d	2.81±0.06b	27.13±0.20bc	7.45±0.28f	3.54±0.11b	22.70±0.79b	7.60±0.21d	2.97±0.02b
	N₃₀₀	22.78±1.24de	9.26±0.21c	2.46±0.19f	23.10±0.28fg	7.60±0.57de	3.05±0.19f	20.70±1.07e	7.10±0.42e	2.92±0.02b
W₄₂₀₀	N₀	22.52±0.65ef	8.97±0.13de	2.54±0.04d	24.98±0.30e	7.67±0.45d	3.32±0.15c	20.13±0.23f	7.77±0.44cd	2.59±0.12g
	N₁₅₀	27.56±0.47a	9.31±0.17b	2.96±0.10a	28.90±0.57c	8.10±0.34b	3.57±0.07a	25.37±0.13a	8.37±0.34a	3.03±0.10a
	N₃₀₀	23.92±0.49d	9.88±0.45a	2.43±0.16f	26.80±0.28c	8.47±0.30a	3.17±0.08de	21.13±0.67d	8.30±0.27b	2.55±0.16h
W₄₈₀₀	N₀	22.60±0.40e	8.34±0.18g	2.71±0.01c	24.30±0.57f	7.55±0.59e	3.23±0.18cd	19.60±0.75g	7.53±0.40d	2.60±0.04g
	N₁₅₀	25.78±0.66b	8.78±0.25e	2.94±0.01b	27.25±0.55b	8.00±0.27c	3.41±0.04b	24.00±0.50ab	8.28±0.24b	2.90±0.14b
	N₃₀₀	20.32±0.30gh	9.03±0.10d	2.25±0.01g	26.18±0.32d	8.28±0.27bc	3.16±0.06e	21.10±1.41d	7.98±0.27c	2.64±0.09f
F值										
W		109.68**	29.6*	41.22*	75.91*	150.48**	2.54**	9.39**	23.93**	7.32*
N		461.25**	18.2*	74.04*	92.4*	58.92**	32.08**	94.3**	9.72**	11.68**
W×N		25.28**	0.41**	4.38**	4.99*	1.18**	4.26**	1.04**	0.15**	1.05**

注：同列不同小写字母表示差异显著（$P<0.05$）。*表示差异显著（$P<0.05$）；**表示差异显著（$P<0.01$）。

表10-10 水氮耦合对复播大豆叶片气孔导度、胞间CO_2浓度的影响

处理		开花期 Gs/[mol/($m^2 \cdot s$)]	开花期 Ci/(μmol/mol)	结荚期 Gs/[mol/($m^2 \cdot s$)]	结荚期 Ci/(μmol/mol)	鼓粒期 Gs/[mol/($m^2 \cdot s$)]	鼓粒期 Ci/(μmol/mol)
W_{3000}	N_0	0.67±0.04d	275.40±8.91a	0.68±0.01f	252.50±12.16a	0.47±0.01g	298.33±12.49a
	N_{150}	0.75±0.01c	259.80±8.91b	0.78±0.02d	235.50±12.02c	0.56±0.01e	288.33±11.06b
	N_{300}	0.78±0.01c	261.20±9.90b	0.81±0.01d	237.50±4.95c	0.57±0.01e	289.81±18.33b
W_{3600}	N_0	0.74±0.01c	269.40±8.90b	0.74±0.01e	236.00±9.90c	0.52±0.01f	285.00±8.49c
	N_{150}	0.87±0.03b	240.80±6.08c	0.85±0.01c	219.50±13.44d	0.64±0.02b	273.67±12.09d
	N_{300}	0.89±0.06b	252.40±5.09c	0.86±0.02c	220.00±21.21d	0.64±0.01b	274.33±16.50d
W_{4200}	N_0	0.78±0.01c	241.40±4.53c	0.86±0.01c	234.00±3.25c	0.59±0.01d	269.00±8.49d
	N_{150}	0.96±0.02a	207.00±4.24f	1.04±0.02a	200.50±11.60f	0.68±0.01a	247.83±11.72g
	N_{300}	0.89±0.02b	226.60±6.36e	0.92±0.01b	219.50±11.46d	0.65±0.01b	261.00±16.97e
W_{4800}	N_0	0.77±0.01c	248.60±7.92c	0.81±0.01d	244.00±12.73b	0.55±0.01e	277.00±25.46d
	N_{150}	0.89±0.01b	233.80±6.65d	0.92±0.01b	209.75±9.69e	0.62±0.01c	251.67±12.29f
	N_{300}	0.66±0.02d	269.00±9.90b	0.87±0.02c	231.75±16.90c	0.60±0.01d	263.33±5.46e
				F值			
W		68.67**	28.24*	381.83*	2.95*	90.74**	4.66*
N		123.09**	18.77*	348.81*	12.74*	132.98**	2.96*
W×N		12.8**	3.32**	8.15**	1.19*	3.09**	1.50*

注：同列不同小写字母表示差异显著（$P<0.05$）。*表示差异显著（$P<0.05$）；**表示差异显著（$P<0.01$）。

综上所述，不同水氮组合下复播大豆叶片SPAD值和叶面积指数变化趋势基本一致，均随生育进程的推进不断增高，随后下降，并在花荚期达到最高，且最大值出现在滴灌4 200 m^3/hm^2和施氮150 kg/hm^2组合处理，在此组合处理下能提高复播大豆的叶片光合速率，进而促进复播大豆生长发育和产量的形成。

10.2.3 水氮耦合对复播大豆干物质积累特征、氮素吸收及产量的影响

作物的光合能力和同化产物向经济器官运转能力是作物干物质积累及产量形成的两个关键因素，而灌水量和施肥量是影响作物生长发育和干物质累积的重要因素，且其存在水肥互作效应。因此，不同的水氮组合不仅对复播大豆光合生理特征产生影响，也对复播大豆干物质积累产生影响。

对不同处理大豆地上部分干物质的积累进行Logistic方程模拟，其Logistic模型及其初级参数特征值如表10-11所示。同一施氮量条件下，随着滴灌量的增加各施氮处理干物质积累平均速率（V_a）、干物质积累持续时间（T）基本表现为"先增后降"的趋势，且均在W_{4200}处理达到最大，其中W_{4200}处理的V_a分别比W_{3000}、W_{3600}、W_{4800}各处理的增加12.28%、8.47%、1.59%；W_{4200}处理的T分别比W_{3000}、W_{3600}、W_{4800}各处理的平均值增加5.3 d、2.6 d、2.2 d；同一滴灌量条件下，花期追施氮肥处理（N_{150}）的V_a、V_m、T_m表现为最大，其中N_{150}处理的V_a分别比N_0、N_{300}处理的增加14.67%、4.88%。在低水量W_{3000}、W_{3600}条件下，T随着施氮量的增加逐渐增大，但在中高水量W_{4200}、W_{4800}条件下，T则随着施氮量的增加表现为先升后降的趋势。由此可见，不追施氮肥（N_0）时，增加滴灌量可以提高V_a、T，进而增加干物质的积累，花期追施氮肥（N_{150}）均能增加V_a、T、V_m、T_m，进而促进大豆干物质的积累，而结荚期再追施氮肥（N_{300}）虽能够满足大豆生育后期对氮肥的需求，但可能又影响了大豆后期根瘤的发育与功能，不利于植物对氮素的吸收，反而影响干物质的形成。

表10-11　不同水肥处理复播大豆地上部分干物质积累的Logistic模拟及其特征值

处理		方程	V_a/[g/(株·d)]	T/d	V_m/[g/(株·d)]	T_m/d	R^2
W_{3000}	N_0	$Y=16.96/(1+80.33e^{-0.083\,5t})$	0.17f	99.87h	0.37h	48.77f	0.982
	N_{150}	$Y=21.01/(1+73.88e^{-0.087\,0t})$	0.20d	102.33f	0.45d	49.48e	0.997
	N_{300}	$Y=21.53/(1+61.34e^{-0.076\,3t})$	0.20d	103.28e	0.44e	48.80f	0.989
W_{3600}	N_0	$Y=16.97/(1+66.64e^{-0.082\,3t})$	0.18e	101.87g	0.39g	48.64f	0.989
	N_{150}	$Y=23.05/(1+79.30e^{-0.085\,0t})$	0.21c	105.49c	0.47c	51.44b	0.995
	N_{300}	$Y=20.44/(1+68.90e^{-0.082\,8t})$	0.20d	106.13c	0.45d	50.89c	0.991
W_{4200}	N_0	$Y=20.96/(1+58.74e^{-0.0756\,t})$	0.20d	105.00c	0.43f	49.34e	0.984
	N_{150}	$Y=24.65/(1+79.94e^{-0.082\,6t})$	0.23a	108.72a	0.51a	53.07a	0.998
	N_{300}	$Y=21.71/(1+68.39e^{-0.080\,4t})$	0.21c	107.52b	0.45d	51.50b	0.994
W_{4800}	N_0	$Y=20.57/(1+54.83e^{-0.073\,9t})$	0.20d	103.74e	0.43f	48.31g	0.981
	N_{150}	$Y=23.66/(1+95.56e^{-0.086\,0t})$	0.22b	106.44c	0.50b	53.02a	0.992
	N_{300}	$Y=21.46/(1+67.58e^{-0.082\,4t})$	0.21c	104.38d	0.45d	49.93d	0.994

注：同列不同小写字母为差异显著（$P<0.05$）。

水肥不同组合下，对复播大豆干物质积累的初级参数变化也不尽相同，进而二级参数也产生不同的变化。由表10-12可得，在复播大豆生长过程中，各处理其干物质积累量最大的时期均是速增期，渐增期次之，缓增期最低，三个时期干物质积累的持续时间均表现为$T_3>T_1>T_2$，平均速率表现为$V_2>V_1>V_3$，说明速增期是复播大豆干物质积累的关键时期，增大速增期干物质的积累速率（V_2）和延长速增期持续的时间（T_2）有利于增大干物质的积累量。在渐增期、速增期、缓增期均以$W_{4200}N_{150}$处理干物质积累量达到最大。同一施氮水平下，随着滴灌量的增加干物质积累量（Y）基本表现为"先升后降"的变化趋势，均在W_{4200}处理达到最大，分别比W_{3000}、W_{3600}、W_{4800}各处理的平均值增加15.25%、9.21%、2.79%。少量灌水条件下（W_{3000}、W_{3600}），增施氮肥能促进大豆干物质积累量，而适量和大量灌水下（W_{4200}、W_{4800}），大量追施氮肥不利于干物质的积累。说明水分不足时，可以通过增加氮肥的投入，达到以肥促水，进而提高复播大豆干物质积累量的目的，但较多灌水量时，过量施肥并不利于复播大豆干物质积累。

表10-12　不同水肥处理复播大豆地上部分干物质积累的二级参数

处理		渐增期			速增期			缓增期			Y
		Y_1/d	T_1/d	V_1/[g/(株·d)]	Y_2/d	T_2/d	V_2/[g/(株·d)]	Y_3/d	T_3/d	V_3/[g/(株·d)]	
W_{3000}	N_0	3.49e	34.13d	0.1d	9.52g	29.29g	0.33d	3.32h	36.45f	0.09d	16.33h
	N_{150}	4.42c	34.34d	0.13b	12.07d	30.29f	0.40b	4.21e	37.7de	0.11b	20.70e
	N_{300}	4.44c	33.19e	0.13b	12.13d	31.23c	0.39bc	4.23e	38.87c	0.11b	20.80e
W_{3600}	N_0	3.80e	33.39e	0.11c	10.39f	30.51e	0.34d	3.62g	37.97d	0.10c	17.81g
	N_{150}	4.65b	35.95b	0.13b	12.71c	30.98d	0.41b	4.43c	38.56cd	0.11b	21.43cd
	N_{300}	4.57b	35.05c	0.13b	12.50c	31.67b	0.39bc	4.36cd	39.41b	0.11b	21.79c
W_{4200}	N_0	4.43c	33.39e	0.13b	12.10d	31.90a	0.38c	4.22e	39.71ab	0.11b	20.75e
	N_{150}	5.21a	37.12a	0.14a	14.23a	31.90a	0.45a	4.96a	39.71ab	0.12a	24.40a
	N_{300}	4.59b	35.45b	0.13b	12.54c	32.11a	0.39bc	4.37cd	39.96a	0.11b	21.50c
W_{4800}	N_0	4.35d	32.42f	0.13b	11.88e	31.78ab	0.37c	4.14f	39.55b	0.1c	20.37f
	N_{150}	4.96a	37.7a	0.13b	13.55b	30.63e	0.44a	4.72b	38.11d	0.12a	23.23b
	N_{300}	4.53b	34.32d	0.13b	12.39d	31.21c	0.40b	4.32d	38.85c	0.11b	21.24d

注：同列不同小写字母为差异显著（$P<0.05$）。

由表10-13可知，各处理复播大豆干物质积累参数V_m、V_a、V_1、V_2、V_3与产量均呈极显著正相关（$P<0.05$），且V_a与产量的相关性最大，T_m、T、T_1、T_2、T_3与产量相关不显著，各个阶段复播大豆干物质积累速率之间呈极显著正相关，各个阶段复播大豆干物质积累速率均与持续时间呈负相关。说明复播大豆干物质积累速率的提高是增加大豆产量的关键，复播大豆干物质积累持续时间长短也对大豆产量起主导作用，增加复播大豆干物质积累速率和减少干物质积累持续时间有利于复播大豆产量的提高。

表10-13 不同水肥处理复播大豆干物质积累参数与产量的相关系数

参数	V_m	V_a	V_1	V_2	V_3	T_m	T	T_1	T_2	T_3
V_m	1									
V_a	0.986**	1								
V_1	0.961**	0.978**	1							
V_2	0.978**	0.986**	0.961**	1						
V_3	0.972**	0.991**	0.958**	1	1					
T_m	−0.814**	−0.769**	−0.663*	−0.819**	−0.822**	1				
T	−0.803**	−0.754**	−0.689**	−0.800**	−0.799**	0.989**	1			
T_1	−0.799**	−0.731**	−0.602*	−0.788**	−0.813**	0.967**	0.931**	1		
T_2	−0.778**	−0.729**	−0.595*	−0.794**	−0.792**	0.974**	0.986**	0.89**	1	
T_3	−0.784**	−0.734**	−0.578*	−0.782**	−0.780**	0.955**	0.998**	0.786**	0.999**	1
产量	0.729**	0.789**	0.712**	0.726**	0.731**	−0.426	−0.403	−0.439	−0.378	−0.383

注：*表示差异显著（$P<0.05$），**表示差异极显著（$P<0.01$）。

水氮耦合不仅影响复播大豆干物质的积累，而且对复播大豆氮素吸收和氮素利用效率也有重要的影响。由图10-8可知，同一施氮水平下，随着滴灌量的增加，植株氮素吸收量均呈先升后降的趋势，且均在W_{4200}处理达到最高，分别比W_{3000}、W_{3600}、W_{4800}处理平均值增加11.01%、4.70%、1.63%；在低水量下（W_{3000}），随着施氮量的增加，植株氮素吸收量逐渐增加；在适量和大量灌水水平下（W_{3600}、W_{4200}、W_{4800}），随着施氮量的增加，植株氮素吸收量均表现为$N_{150}>N_{300}>N_0$，N_{150}处理分别比N_0、N_{300}处理平均值增加2.40%、1.02%。由图10-9可知，氮素利用效率变化趋势与大豆氮素吸收量的基本相同，且均在$W_{4200}N_{150}$处理达到最高。说明随着大豆生育期的推进，增施氮肥能够增加植株氮素的吸收量，增加氮素利用效

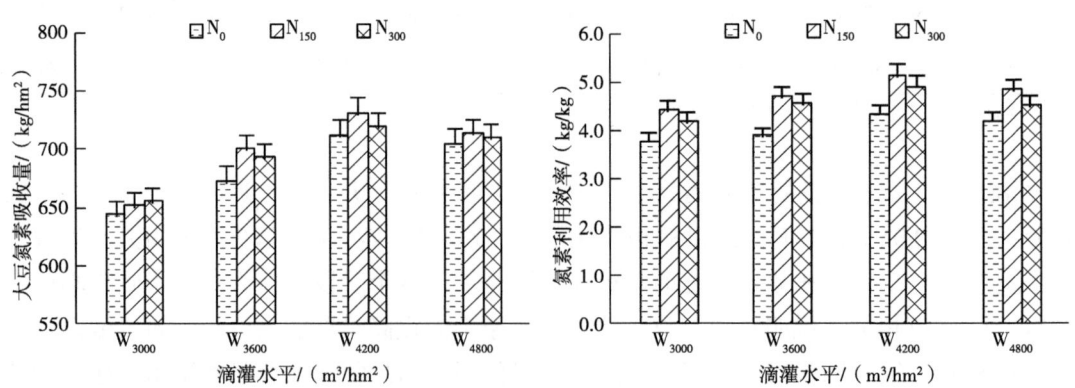

图10-8 不同水肥处理对复播大豆氮素吸收的影响　　图10-9 不同水肥处理对复播大豆氮素利用效率的影响

率，而过量追施氮肥，可能导致根系活力的减弱，降低根瘤菌的固氮作用，进而阻碍根系吸收氮素进入植株体内，降低氮素的利用效率；在低水量条件下，大量增施氮肥可以增加大豆氮素的吸收，但降低了氮素利用效率，在适宜的灌水条件下，能增加大豆氮素的吸收，增加氮素利用效率，当超过4 200 m³/hm²时，会增加土壤氮素的淋失，不利于大豆氮素的吸收，进而降低氮素利用效率。

由表10-14可知，同一施氮水平下，随着滴灌量的增加，复播大豆的单株荚数、单株粒数、单株粒重、百粒重、产量均表现为"先升后降"的变化趋势，且均在W_{4200}处理达到最高，其产量分别比W_{3000}、W_{3600}、W_{4800}处理平均值增加29.16%、14.36%、7.81%；在少量灌水（W_{3000}）下，能够增加复播大豆的单株粒重、百粒重，进而提高复播大豆产量；在适量和大量灌水量（W_{3600}、W_{4200}、W_{4800}）水平，N_{150}与N_{300}相比，单株荚数差异不显著，单株粒数、单株粒重、百粒重均达到显著差异，且产量达到极显著差异；N_{150}与N_0相比，单株荚数、单株粒数、单株粒重、百粒重、产量均达到显著和极显著差异，其产量分别比N_0、N_{300}处理平均值增加20.53%、6.06%。说明水分过少时，以肥促水，能够提高复播大豆产量，而水分过多时，可能会造成氮肥流失，进而导致大豆减产。由此可见，$W_{4200}N_{150}$组合条件能提高复播大豆的产量，一旦超出这个范围，水肥之间不但不会产生预期的协同效应，反而会产生拮抗效应，导致产量下降。

表10-14 不同水氮处理对复播大豆产量及产量构成因素的影响

处理		单株荚数/个	单株粒数/粒	单株粒重/g	百粒重/g	产量/(kg/hm²)
W_{3000}	N_0	15.62 ± 0.12Bb	34.05 ± 1.05Bc	6.07 ± 0.07Cc	14.68 ± 0.02Bc	2 424.70 ± 15.36Cc
	N_{150}	19.13 ± 0.10Aa	39.76 ± 1.10Aa	6.46 ± 0.06Bb	15.00 ± 0.03Ab	2 711.88 ± 16.24Bb
	N_{300}	18.95 ± 0.10Aa	37.29 ± 1.20Ab	6.88 ± 0.08Aa	14.92 ± 0.05Aa	2 876.93 ± 17.42Aa
W_{3600}	N_0	16.13 ± 0.03Bb	35.93 ± 1.03Bc	6.32 ± 0.02Cc	14.99 ± 0.04Cc	2 612.09 ± 15.48Cc
	N_{150}	21.32 ± 0.30Aa	43.27 ± 1.07Aa	7.65 ± 0.04Aa	15.64 ± 0.01Aa	3 282.39 ± 10.46Aa
	N_{300}	20.91 ± 0.20Aa	40.47 ± 1.23Ab	7.49 ± 0.05Bb	16.08 ± 0.04Bb	3 156.17 ± 20.13Bb
W_{4200}	N_0	18.30 ± 0.30Bb	39.85 ± 0.85Bc	7.38 ± 0.03Cc	15.97 ± 0.02Bc	3 086.41 ± 9.89Cc
	N_{150}	22.54 ± 0.40Aa	48.98 ± 2.00Aa	9.25 ± 0.02Aa	16.17 ± 0.04Aa	3 741.23 ± 14.24Aa
	N_{300}	21.84 ± 0.10Aa	45.37 ± 1.37Ab	8.43 ± 0.07Bb	16.01 ± 0.03Bb	3 522.91 ± 16.28Bb
W_{4800}	N_0	17.98 ± 0.08Bb	38.56 ± 0.56Bc	7.04 ± 0.40Cc	15.79 ± 0.03Bc	2 953.17 ± 18.15Cc
	N_{150}	21.16 ± 0.06Aa	44.35 ± 1.05Aa	8.48 ± 0.06Aa	16.04 ± 0.05Aa	3 450.16 ± 16.27Aa
	N_{300}	20.08 ± 0.12Aa	41.64 ± 1.64Ab	7.39 ± 0.01Bb	15.83 ± 0.03Bb	3 197.12 ± 14.49Bb

注：同列不同小写字母表示差异显著（$P<0.05$），不同大写字母表示差异极显著（$P<0.01$）。

10.2.4 小结

在低灌水量（W_{3000}）条件下，增加氮肥投入，有利于增加复播大豆干物质积累，提高复播大豆氮素吸收量，但也降低了氮素利用效率；水分充足时适量增施氮肥（滴灌4 200 m³/hm²和施尿素150 kg/hm²）能提高复播大豆叶片光合速率和干物质的积累，促进植株氮素的吸收量，增加氮素的利用效率；而过量追施氮肥，会阻碍根系吸收氮素，降低氮素的利用效率。综合考虑，一年两熟种植模式下，复播大豆采用灌水4 200 m³/hm²和施尿素150 kg/hm²栽培方式能更好地促进复播大豆生长发育，进而提高复播大豆的产量。

10.3 膜下滴灌量对复播大豆耗水特性及产量形成的影响

在无膜条件下栽培复播大豆，无论是单因子研究适宜滴灌量还是双因子研究适宜滴灌量和施氮量，均得出在未覆膜栽培下滴灌量为4 200 m³/hm²、施尿素150 kg/hm²时更有利于复播大豆生长发育并获得高产。在此研究基础上，为了更进一步促进大豆增产和提高灌水利用率，开展了地膜覆盖条件下，不同滴灌量对复播大豆产量及耗水特性的影响研究，从而评价出节水高产的最佳膜下滴灌量，为北疆发展复播大豆生产，缓解夏季与春播作物的争水矛盾制定出合理的灌溉制度提供理论依据和技术支撑。

10.3.1 试验设计

试验于2017年6月至2019年10月在伊犁哈萨克自治州伊宁县农业科技示范园进行。采用单因素随机区组试验设计。课题组已探明复播大豆最佳施肥量为开花期随水滴施尿素150 kg/hm²，未覆膜条件下最佳滴灌量为4 200 m³/hm²。基于此，以4 200 m³/hm²灌水量为最高额定灌水量，设置膜下滴灌量分别为额定灌水量的100%（W_{4200}）、90%（W_{3780}）、80%（W_{3360}）、70%（W_{2940}）、60%（W_{2520}）和50%（W_{2100}），并以最高额定灌水量的未覆膜W_{4200}为对照，各处理在开花期均随水滴施尿素150 kg/hm²，在鼓粒期喷施叶面肥（KH_2PO_4）一次，其他管理同当地大田一致。全生育期均灌水8次，具体灌水量及分配量见表10-15。

表10-15 不同处理复播大豆各阶段滴灌量　　　　　　　　　　　　单位：m³/hm²

处理	出苗水	苗期—开花期	开花期—结荚期	结荚期—鼓粒期	鼓粒期—成熟期	总计
未覆膜W_{4200}	525	1 050	1 050	1 050	525	4 200
覆膜W_{4200}	525	1 050	1 050	1 050	525	4 200
覆膜W_{3780}	472.5	945	945	945	472.5	3 780
覆膜W_{3360}	420	840	840	840	420	3 360
覆膜W_{2940}	367.5	735	735	735	367.5	2 940
覆膜W_{2520}	315	630	630	630	315	2 520
覆膜W_{2100}	262.5	525	525	525	262.5	2 100

10.3.2 膜下滴灌量对复播大豆耗水特性及土壤物理性质的影响

作物生长与土壤环境密切相关，尤其是受土壤水环境的影响较大。不同滴灌量不仅直接影响土壤水分含量和土壤物理性质的变化，而且还影响农田蒸散量的变化，进而影响作物植株的生长发育。因此，通过研究复播大豆覆膜条件下不同滴灌量土壤含水量的变化规律，揭示复播大豆各生育阶段棵间蒸发量、农田蒸散量和叶面蒸腾量的比例及其变化特征，为筛选出促进复播大豆高产和低碳的适宜滴灌量提供理论依据。

由图10-10可见，2018年和2019年各处理复播大豆0~100 cm土壤含水量在各生育时期基本均随着土层深度的增加呈现波动增加的变化趋势，但不同滴灌量处理之间在不同土壤深度略有不同。除苗期外，不同滴灌量处理的土壤含水量0~30 cm差异明显，在土层30~40 cm出现拐点，40~100 cm土层差异逐渐减小。复播大豆苗期植株小，地表裸露面积大，使得土壤水分蒸发量大，虽然未覆膜滴灌量大，但0~100 cm土壤含水量最小，间接地说明覆膜能够减少水分蒸腾散失，对土壤保水具有一定的促进作用。进一步分析覆膜条件下不同滴灌量处理可知，大豆各处理0~100 cm土壤含水量在各生育时期基本表现为覆膜W_{4200}>覆膜W_{3780}>覆膜W_{3360}>覆膜W_{2940}>覆膜W_{2520}>覆膜W_{2100}，即随着滴灌量的降低，土壤含水量随之减少。

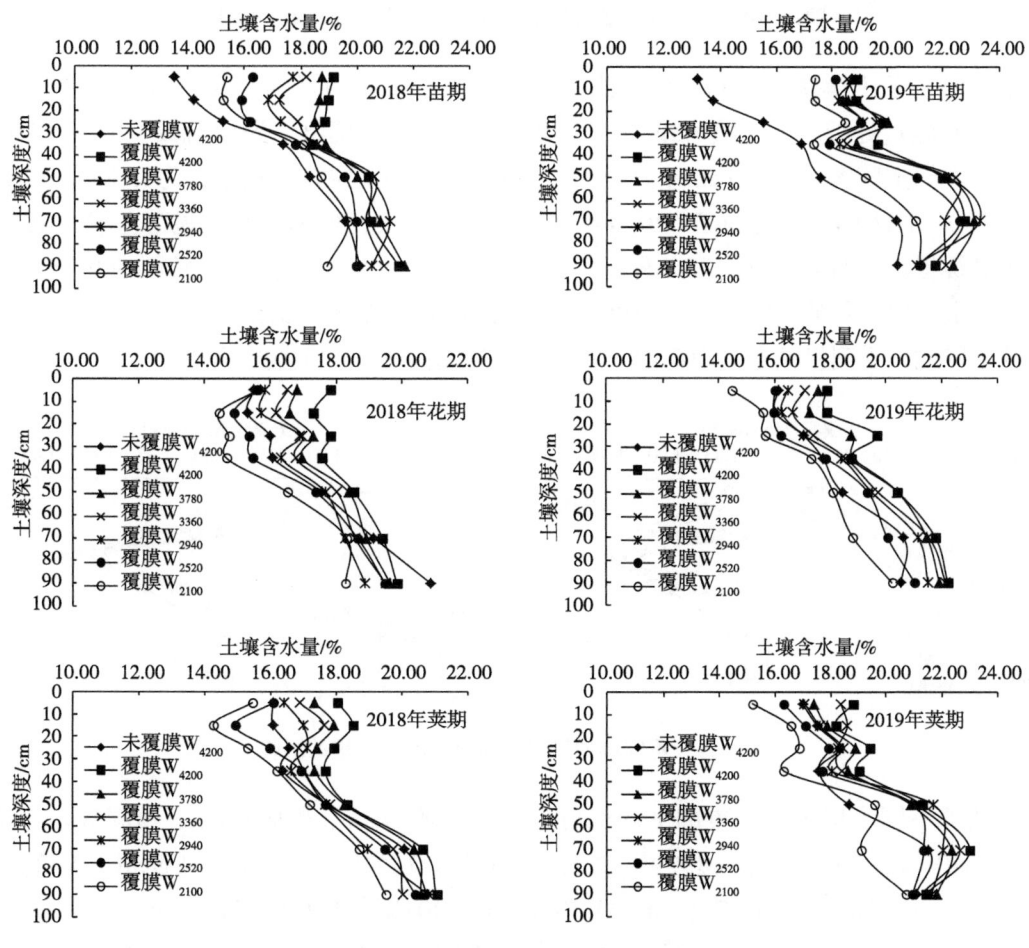

图10-10　不同滴灌量对复播大豆土壤含水量的影响

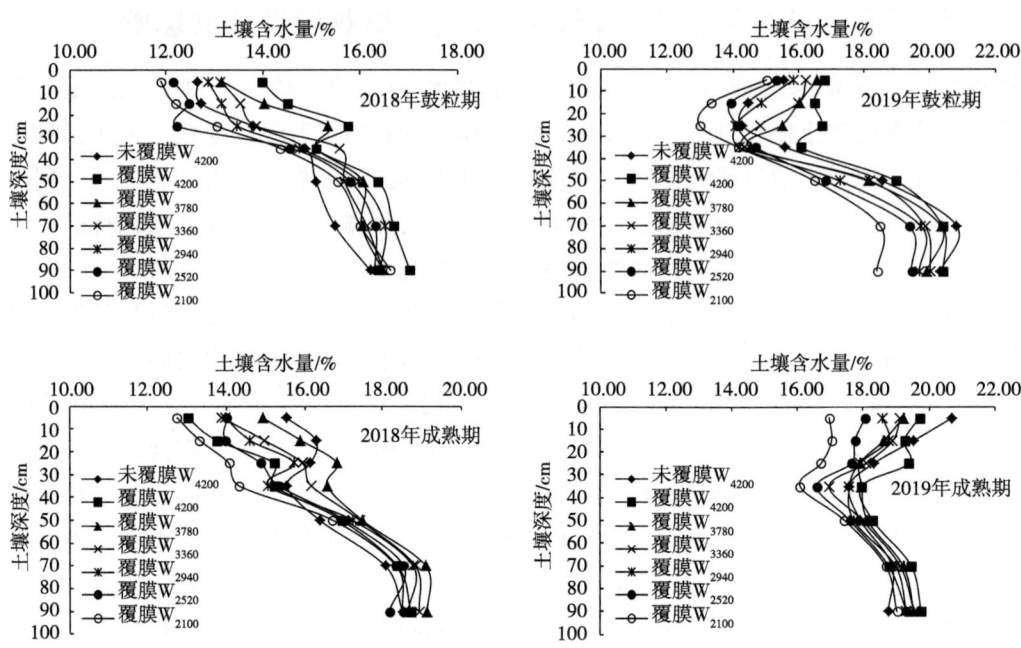

图10-10 不同滴灌量对复播大豆土壤含水量的影响（续）

土壤容重是土壤紧实度的敏感性指标，也是表征土壤质量的重要参数。由图10-11可知，不同滴灌量处理下的土壤容重均随土壤深度的增加呈现出"先增后减"的变化趋势，其中各处理间土壤容重0～30 cm差异较大，至30～40 cm土层差异较小，为1.42～1.46 g/cm³（2018年）和1.39～1.44 g/cm³（2019年），该土壤层次各处理之间无显著差异，40 cm以下差异又缓慢增大且各处理之间差异不明显。造成这一现象可能是由于常年的30 cm翻耕措施，再加上土壤多年的压实，使得土壤在30～40 cm出现结块，形成犁底层；且40 cm以下各处理的土壤均未受到机械翻耕和耙地等其他生产活动的扰动，土壤容重差异也较小。

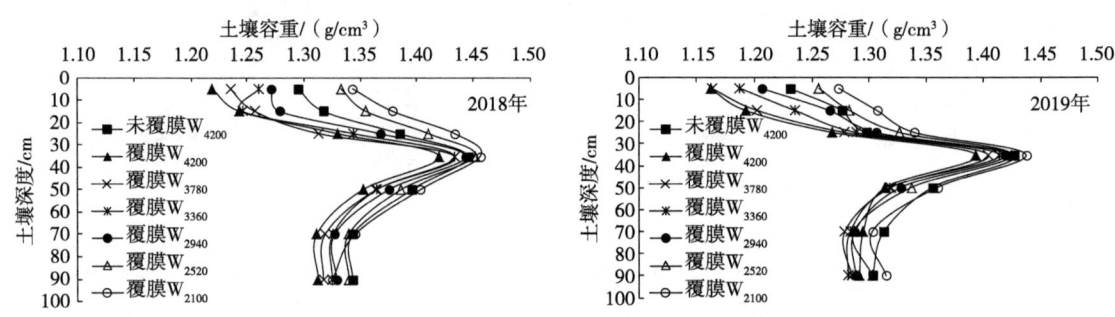

图10-11 不同滴灌量对复播大豆土壤容重的影响

各处理不同土层土壤容重的平均值可得，未覆膜W_{4200}、覆膜W_{4200}、覆膜W_{3780}、覆膜W_{3360}、覆膜W_{2940}、覆膜W_{2520}、覆膜W_{2100}处理在2018年分别为1.36 g/cm³、1.31 g/cm³、1.32 g/cm³、1.33 g/cm³、1.34 g/cm³、1.37 g/cm³、1.38 g/cm³，2019年分别为1.31 g/cm³、1.27 g/cm³、1.28 g/cm³、1.29 g/cm³、1.30 g/cm³、1.32 g/cm³、1.33 g/cm³。相同滴灌量4 200 m³/hm²条件下

未覆膜W_{4200}处理的土壤容重分别较覆膜W_{4200}处理高3.82%（2018年）和3.15%（2019年）。说明覆膜处理可减少土壤容重，其中耕作层（0～30 cm）较为明显；进一步对比覆膜条件下不同滴灌量可知，各处理0～100 cm土层的土壤容重基本表现为覆膜W_{2100}>覆膜W_{2520}>覆膜W_{2940}>覆膜W_{3360}>覆膜W_{3780}>覆膜W_{4200}，即土壤容重随着滴灌量的减小而增大。

土壤孔隙是土壤结构中非常重要的组成部分，对土壤水气传导、根系穿扎及土壤生物活动有重要影响。由图10-12可知，各处理的土壤总孔隙度均随着土层深度的增加呈现"先减后增"的变化趋势，土层0～100 cm土壤总孔隙度基本上表现为覆膜W_{4200}>覆膜W_{3780}>覆膜W_{3360}>覆膜W_{2940}>覆膜W_{2520}>覆膜W_{2100}，各处理土壤总孔隙度0～30 cm均存在显著差异，土层30～40 cm差异不显著，其中2018年和2019年分别在45.04%～46.41%和45.77%～47.40%。由此说明，过多或中等的滴灌量可增加耕作层的土壤孔隙度，为作物根系创造疏松深厚的土壤环境，从而有利于土壤的气体交换和根系的生长发育，而滴灌量过少会使得土壤孔隙度较小，不利于大豆植株的扎根。

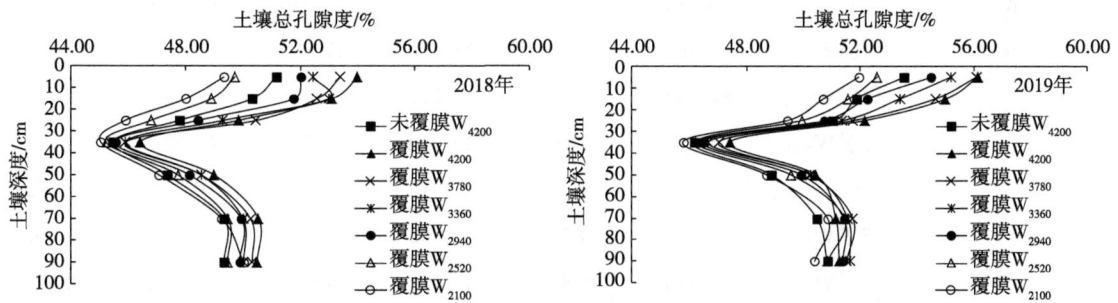

图10-12　不同滴灌量对复播大豆土壤总孔隙度的影响

利用农田水量平衡法计算分析了2019年不同滴灌量处理下复播大豆各生育时期农田蒸散量变化特征。由表10-16可知，各处理复播大豆的棵间蒸发量均表现为苗期>鼓粒期>花期≈荚期>成熟期，通过方差分析复播大豆不同生育时期的棵间蒸发量可知，覆膜W_{4200}、覆膜W_{3780}和覆膜W_{3360}处理之间均无显著差异，覆膜W_{2940}、覆膜W_{2520}、覆膜W_{2100}处理之间无显著差异，但覆膜W_{4200}、覆膜W_{3780}、覆膜W_{3360}和覆膜W_{2940}、覆膜W_{2520}、覆膜W_{2100}处理存在显著差异（$P<0.05$）。

对比同等滴灌量4 200 m³/hm²的未覆膜W_{4200}与覆膜W_{4200}处理可知，整个复播大豆生育期未覆膜W_{4200}处理的棵间蒸发量和农田蒸散量分别较覆膜W_{4200}处理高出44.47%和9.10%，说明覆膜能够对土壤起到保水性。进一步分析覆膜条件下不同滴灌量处理可知，各生育时期复播大豆棵间蒸发量、农田蒸散量、叶面蒸腾量均随着滴灌量的增加呈现增加的变化趋势，为覆膜W_{4200}>覆膜W_{3780}>覆膜W_{3360}>覆膜W_{2940}>覆膜W_{2520}>覆膜W_{2100}，而蒸发占蒸散比例的规律则恰恰相反，以W_5处理最高，其整个生育期蒸发占蒸散比例分别较覆膜W_{4200}、覆膜W_{3780}、覆膜W_{3360}、覆膜W_{2940}、覆膜W_{2520}、覆膜W_{2100}处理高出5.20%、4.57%、4.02%、3.50%、2.01%。说明不同滴灌量对蒸发占蒸散的比例产生了较大影响，这主要是由于土壤水分变化进而影响棵间蒸发的变化而造成的结果。

表10-16 2019年不同处理下复播大豆各生育时期棵间蒸发量与蒸散量

测定指标	滴灌处理	苗期	开花期	结荚期	鼓粒期	成熟期	全生育期
棵间蒸发量/mm	未覆膜W_{4200}	45.29a	20.01a	17.06a	26.22a	9.57a	118.15a
	覆膜W_{4200}	30.44b	12.37b	12.15b	20.69b	6.12b	81.78b
	覆膜W_{3780}	30.48b	11.74b	11.41b	18.72b	5.96b	78.31b
	覆膜W_{3360}	29.74b	10.91b	10.14b	17.36bc	5.76b	73.91bc
	覆膜W_{2940}	29.12c	9.71c	9.42c	16.14c	5.33c	69.72c
	覆膜W_{2520}	28.45c	9.10c	8.95c	15.13c	5.17c	66.80c
	覆膜W_{2100}	27.98c	8.87c	8.66c	14.17c	4.93c	64.61c
农田蒸散量/mm	未覆膜W_{4200}	123.20a	136.15a	132.13a	150.75a	95.42a	637.65a
	覆膜W_{4200}	109.80b	126.69a	124.56a	142.30a	81.13a	584.48b
	覆膜W_{3780}	106.49b	119.15b	109.59b	125.11b	75.23b	535.56c
	覆膜W_{3360}	98.04c	106.05b	97.88b	117.72b	67.58b	487.26d
	覆膜W_{2940}	91.66c	94.80b	86.73c	112.28b	58.87c	444.34d
	覆膜W_{2520}	80.78d	83.94c	75.21c	97.76c	51.15c	388.84e
	覆膜W_{2100}	71.52d	73.86c	63.91d	81.31c	46.02d	336.62f
蒸发占蒸散比例/%	未覆膜W_{4200}	36.76b	14.70a	12.91a	17.39a	10.03a	18.53a
	覆膜W_{4200}	27.72d	9.77d	9.75c	14.54c	7.54c	13.99d
	覆膜W_{3780}	28.62d	9.85d	10.41c	14.97c	7.92c	14.62d
	覆膜W_{3360}	30.33c	10.29c	10.36c	14.75c	8.52b	15.17c
	覆膜W_{2940}	31.77c	10.25c	10.86c	14.37c	9.06b	15.69c
	覆膜W_{2520}	35.22b	10.84c	11.90b	15.48b	10.11a	17.18b
	覆膜W_{2100}	39.13a	12.01b	13.56a	17.43a	10.70a	19.19a
叶面蒸腾量/mm	未覆膜W_{4200}	77.92a	116.14a	115.06a	124.53a	85.85a	519.50a
	覆膜W_{4200}	79.36a	114.32a	112.41a	121.61a	75.01b	502.70a
	覆膜W_{3780}	76.01a	107.41ab	98.18b	106.39b	69.27b	457.25b
	覆膜W_{3360}	68.30b	95.14b	87.74b	100.36b	61.82c	413.36b
	覆膜W_{2940}	62.54b	85.09c	77.31b	96.14b	53.53c	374.62c
	覆膜W_{2520}	52.32c	74.84d	66.26c	82.63c	45.98d	322.04d
	覆膜W_{2100}	43.54c	65.00e	55.24d	67.14d	41.10d	272.01e

注：不同小写字母表示差异显著（$P<0.05$）。

表10-17和表10-18反映了2019年不同滴灌量处理下复播大豆各生育时期日均棵间蒸发量、日均农田蒸散量、日均叶面蒸腾量的变化，由于各生育时期的天数不相同，使复播大豆日均量与总量不统一，进而从侧面反映各生育时期复播大豆生长状态和耗水特性。对比

同等滴灌量条件下的覆膜和未覆膜处理可知,全生育期覆膜W_{4200}处理的日均棵间蒸发量为0.82 mm/d,较未覆膜W_{4200}处理少43.90%,说明覆膜处理可减少每日的棵间蒸发量,减少水分蒸腾散失,对土壤水分保水具有一定的促进作用。

表10-17　2019年不同处理下复播大豆各生长阶段日均棵间蒸发量　　　单位:mm/d

滴灌处理	苗期	开花期	结荚期	鼓粒期	成熟期	全生育期
未覆膜W_{4200}	1.81a	1.25a	1.00a	0.79a	1.06a	1.18a
覆膜W_{4200}	1.22b	0.77b	0.71b	0.63b	0.68b	0.82b
覆膜W_{3780}	1.22b	0.73b	0.67b	0.57b	0.66b	0.78b
覆膜W_{3360}	1.19b	0.68c	0.60c	0.53c	0.64b	0.74b
覆膜W_{2940}	1.16c	0.61d	0.55d	0.49c	0.59c	0.70c
覆膜W_{2520}	1.14c	0.57d	0.53d	0.46cd	0.57c	0.67c
覆膜W_{2100}	1.12c	0.55d	0.51d	0.43d	0.55c	0.65c

注:苗期为7月10日至8月4日,25 d;开花期为8月4—20日,16 d;结荚期为8月20日至9月4日,17 d;鼓粒期为9月16日至10月8日,33 d;成熟期为10月8—16日,9 d;全生育期为7月10日至10月16日,100 d。同列不同小写字母表示差异显著($P<0.05$)。

表10-18　2019年不同处理下复播大豆各生长阶段日均农田蒸散量和日均叶面蒸腾量　　　单位:mm/d

测定指标	滴灌处理	苗期	开花期	结荚期	鼓粒期	成熟期	全生育期
日均农田蒸散量	未覆膜W_{4200}	4.93a	8.51a	7.77a	4.57a	10.60a	6.38a
	覆膜W_{4200}	4.39b	7.92a	7.33a	4.31a	9.01b	5.84b
	覆膜W_{3780}	4.26b	7.45b	6.45b	3.79b	8.36c	5.36b
	覆膜W_{3360}	3.92c	6.63c	5.76c	3.57b	7.51d	4.87c
	覆膜W_{2940}	3.67c	5.93d	5.10c	3.40b	6.54e	4.44c
	覆膜W_{2520}	3.23d	5.25e	4.42d	2.96c	5.68f	3.89d
	覆膜W_{2100}	2.86d	4.62f	3.76e	2.46c	5.11f	3.37e
日均叶面蒸腾量	未覆膜W_{4200}	3.12a	7.26a	6.77a	3.77a	9.54a	5.19a
	覆膜W_{4200}	3.17a	7.15a	6.61a	3.69a	8.33b	5.03a
	覆膜W_{3780}	3.04b	6.71b	5.78b	3.22b	7.70c	4.57b
	覆膜W_{3360}	2.73b	5.95c	5.16b	3.04b	6.87d	4.13b
	覆膜W_{2940}	2.50b	5.32c	4.55c	2.91b	5.95e	3.75c
	覆膜W_{2520}	2.09c	4.68d	3.90d	2.50c	5.11f	3.22d
	覆膜W_{2100}	1.74c	4.06d	3.25d	2.03c	4.57f	2.72d

注:苗期为7月10日至8月4日,25 d;开花期为8月4—20日,16 d;结荚期为8月20日至9月4日,17 d;鼓粒期为9月16日至10月8日,33 d;成熟期为10月8—16日,9 d;全生育期为7月10日至10月16日,100 d。同列不同小写字母表示差异显著($P<0.05$)。

进一步分析复播大豆覆膜条件下不同滴灌量可知,各生育时期的日均棵间蒸发量、日均农田蒸散量、日均叶面蒸腾量均表现为随着滴灌量的降低而减少,且均以覆膜W_{4200}处理最高,日均棵间蒸发量分别比覆膜W_{3780}、覆膜W_{3360}、覆膜W_{2940}、覆膜W_{2520}、覆膜W_{2100}处理高出5.13%、10.81%、17.14%、22.39%、26.15%,其中覆膜W_{4200}和覆膜W_{3780}之间无显著,覆膜W_{2520}和覆膜W_{2100}之间无显著;日均农田蒸散量分别比覆膜W_{3780}、覆膜W_{3360}、覆膜W_{2940}、覆膜W_{2520}、覆膜W_{2100}处理高出8.96%、19.92%、31.53%、50.13%、73.29%;日均叶面蒸腾量分别比覆膜W_{3780}、覆膜W_{3360}、覆膜W_{2940}、覆膜W_{2520}、覆膜W_{2100}处理高出10.07%、21.79%、34.13%、56.21%、84.93%,除未覆膜W_{4200}处理外,覆膜W_{4200}均与其他处理达到显著差异($P<0.05$),且覆膜W_{2520}和覆膜W_{2100}之间无显著。由此可知,较低的灌溉量不利于提高作物叶面蒸腾量,生产中棵间蒸发量属于无效耗水,叶面蒸腾属于生产性耗水,适当地增加滴灌量有利于作物叶面蒸腾的提高,减少无效耗水。

表10-19反映了2019年不同滴灌量水平下复播大豆土壤贮水减少量、水分利用效率的变化。相同滴灌量条件下,未覆膜W_{4200}处理的土壤贮水减少量、农田蒸散量分别较覆膜W_{4200}处理高出32.33%、9.10%,但水分利用效率却较覆膜W_{4200}处理低22.04%,且处理之间达到显著差异。说明复播大豆覆膜滴灌能够提高水分利用率。

表10-19 不同处理对复播大豆水分利用效率的影响

滴灌处理	灌水量/mm	降水量/mm	土壤贮水减少量/mm	农田蒸散量/mm	实收产量/(kg/hm²)	水分利用效率/[kg/(hm²·mm)]
未覆膜W_{4200}	323.80a	96.2a	217.65a	637.65a	2 748.57c	4.31f
覆膜W_{4200}	323.80a	96.2a	164.48b	584.48b	3 075.68b	5.26e
覆膜W_{3780}	281.80b	96.2a	157.56c	535.56c	3 142.87b	5.87d
覆膜W_{3360}	239.80c	96.2a	151.26c	487.26d	3 279.77a	6.73c
覆膜W_{2940}	197.80d	96.2a	150.34c	444.34d	3 304.90a	7.44b
覆膜W_{2520}	155.80e	96.2a	136.84d	388.84e	3 048.16b	7.84b
覆膜W_{2100}	113.80f	96.2a	126.62e	336.62f	2 784.64c	8.27a

注:同列不同小写字母表示差异显著($P<0.05$)。

进一步分析覆膜条件下不同滴灌量处理可知,水分利用效率与土壤含水量的多少和滴灌量的多少关系密切,水分利用效率的变化趋势与农田蒸散量恰恰相反,即随着滴灌量的降低呈现增加的变化趋势,为覆膜W_{2100}>覆膜W_{2520}>覆膜W_{2940}>覆膜W_{3360}>覆膜W_{3780}>覆膜W_{4200};各处理复播大豆产量随着滴灌量的增加呈现"先增后降"的变化趋势,以W_3处理的产量最高,为3 304.90 kg/hm²,较覆膜W_{4200}、覆膜W_{3780}、覆膜W_{3360}、覆膜W_{2940}、覆膜W_{2520}、覆膜W_{2100}处理分别提高了7.45%、5.16%、0.77%、8.42%、18.68%,其中覆膜W_{2940}与覆膜W_{3360}处理之间无显著性差异($P>0.05$),但均与其他处理达到显著差异水平($P<0.05$);综合考虑

到覆膜W_{2940}处理水分利用效率较覆膜W_{3360}处理高10.55%，且覆膜W_{2940}处理下复播大豆能获得较高的产量，因此认为适当提高滴灌量（覆膜W_{2940}处理），既能达到稳产，还能起到节水的效果。

通过以上研究可知，覆膜条件下，大豆0～100 cm土壤含水量在各生育时期均表现为随着滴灌量的降低而减少，其中对土层0～30 cm土壤含水量差异显著，土壤含水量越大其土壤容重越小，土壤孔隙度越大；土壤贮水减少量、棵间蒸发量及农田蒸散量均随着滴灌量的降低而降低，而水分利用效率却随着滴灌量的降低而上升，其中复播大豆水分利用效率的覆膜W_{4200}处理较未覆膜W_{4200}处理提高22.04%，尤其在大豆苗期保水效果显著，覆膜W_{2940}处理获得高产的同时保持较高的水分利用率。因此，中等的滴灌量（覆膜W_{2940}处理）有利于作物叶面蒸腾的提高，减少无效耗水，提高水分利用率。

10.3.3 膜下滴灌量对复播大豆生长发育及产量的影响

不同滴灌量处理下复播大豆表现出不同的耗水特性，耗水特性的不同直接关系到作物的吸水能力，进而影响生长发育，最终影响复播大豆产量的高低。众多研究认为作物产量的90%～95%来自光合作用，它的强弱直接影响作物干物质积累和产量的高低。其中水分是直接参与光合作用过程的主要原料，因此通过研究膜下不同滴灌量对复播大豆叶面积指数、叶绿素SPAD值、光合特性参数、干物质积累与分配、产量及产量构成因素的影响，来筛选出北疆复播大豆节水高产的最佳膜下滴灌量。

由图10-13可知，2017年和2018年各处理复播大豆的叶面积指数变化趋势相同，均表现为前期迅速增长，中期缓慢增长，后期下降。从全生育期看，相同滴灌量的未覆膜W_{4200}处理LAI始终低于覆膜W_{4200}处理，说明覆膜条件有利于叶片的生长发育，获得较大的叶片，进而增大叶面积指数。进一步对比不同年份覆膜条件下滴灌处理可知，各处理叶面积指数在整个生育期自始至终都表现为覆膜W_{3360}>覆膜W_{2940}>覆膜W_{3780}>覆膜W_{2520}>W_{4200}>覆膜W_{2100}，其中在苗期（出苗后30 d之前）差异较小，此后各处理之间的差异逐渐增大，至鼓粒初期（出苗后60 d）达到最大，均以覆膜W_{3360}处理最高，为4.34（2017年）和3.71（2018年），鼓粒初期之后各处理之间的差异又逐渐减小，其中在整个生育期W_{3360}处理的LAI始终保持

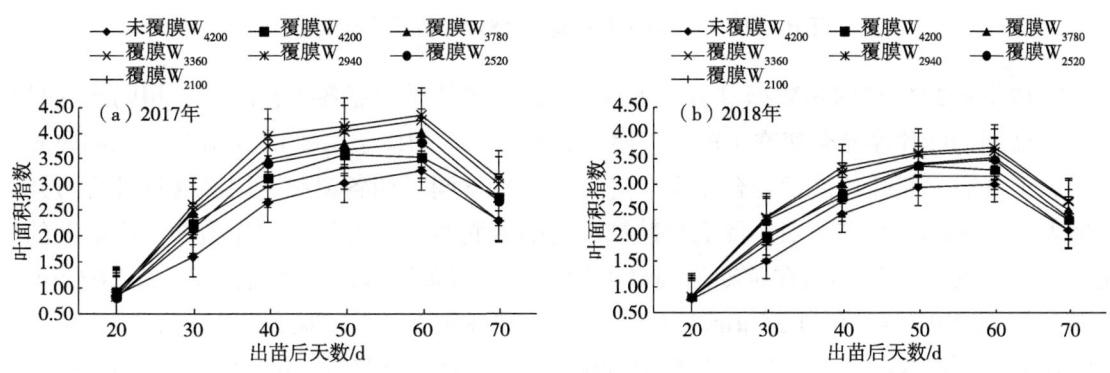

图10-13　不同处理下复播大豆叶面积指数的动态变化

相对较高的水平,其次为覆膜W_{2940}处理,且W_{3360}处理与覆膜W_{2940}处理之间无显著差异,但与其他处理之间差异显著($P<0.05$)。累加2017年和2018年不同测定时期叶面积指数并计算平均值可得,以W_{3360}处理最高,2017年为3.17,2018年为2.76,较滴灌量最低W_{2100}处理分别高27.79%(2017年)和20.71%(2018年),比滴灌量最高的W_{4200}高17.71%(2017年)和14.07%(2018年)。这说明覆膜条件下,适当地减少滴灌量可有效增大复播大豆群体叶面积指数,为后期作物的高产奠定基础,而过高或过低的滴灌量,则会起到相反的作用。

叶片SPAD值与叶绿素含量呈正相关,SPAD值能够反映植株叶片叶绿素含量,间接反映植株叶片的长势。如图10-14所示,2017年、2018年各处理复播大豆叶绿素SPAD值均随着生育进程的推移呈"先上升后下降"的变化趋势,并在结荚盛期(苗后50 d)达到最大值,均以覆膜W_{3360}处理最高,为55.11(2017年)和52.01(2018年),较同期未覆膜W_{4200}、覆膜W_{4200}、覆膜W_{3780}、覆膜W_{2940}、覆膜W_{2520}、覆膜W_{2100}处理的SPAD值分别高出7.03%、3.52%、1.97%、0.27%、2.94%、5.91%(2017年)和3.54%、1.90%、1.36%、0.26%、2.54%、3.83%(2018年),其中覆膜W_{3360}处理与覆膜W_{2940}处理之间无显著性差异($P>0.05$),均与其他处理达到显著性差异。相同滴灌量4 200 m^3/hm^2覆膜W_{4200}处理的SPAD值始终高于未覆膜W_{4200}处理。进一步分析覆膜条件下各生育时期不同滴灌量处理可知,在出苗后30 d之前,滴灌量对大豆的SPAD值的影响较小;苗后30 d之后,各处理SPAD值均随着滴灌量的减少呈现"先增后降"的趋势。说明复播大豆的叶绿素SPAD值并不是随着滴灌量的增加而增大,中等的滴灌量能够保持较大的叶片SPAD值,更有利于延长作物的绿色持续期,促进大豆干物质积累和产量的提高。

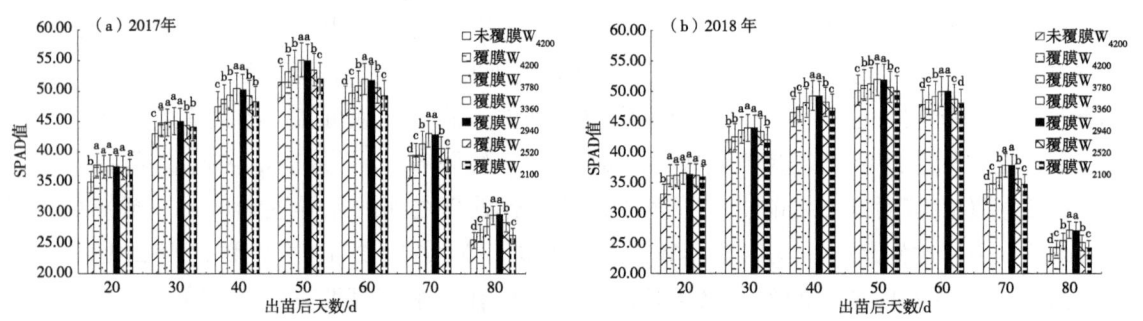

图10-14 不同处理下复播大豆SPAD值的动态变化

2017年和2018年两年数据显示(表10-20),在复播大豆各生育时期,相同滴灌量覆膜W_{4200}处理的叶片净光合速率(Pn)、蒸腾速率(Tr)均优于未覆膜CK处理,说明覆膜条件有利于复播大豆叶片进行光合作用。进一步分析不同时期各覆膜不同滴灌量处理可知,复播大豆叶片Pn、Tr在花期、荚期和鼓粒期均随着滴灌量的增加呈"先增加后降低"的变化趋势,各处理叶片Pn均在荚期达到最大值,其中以覆膜W_{3360}处理最大,为23.63 μmol/($m^2·s$)(2017年)和21.36 μmol/($m^2·s$)(2018年),较同期覆膜W_{4200}、覆膜W_{3780}、覆膜W_{2940}、覆膜W_{2520}、覆膜W_{2100}处理分别增加了10.11%、5.82%、0.25%、7.85%、14.15%(2017年)和15.27%、8.26%、1.23%、8.98%、19.80%(2018年),且覆膜W_{3360}和覆膜

W_{2940}处理之间差异不显著,其均与其他处理达到显著差异($P<0.05$)。表明滴灌量过大或过小时,均不利于复播大豆叶片净光合速率的提高。各处理叶片Tr均在花期达到最大值,仍以覆膜W_{3360}处理最大,为10.19 mmol/($m^2 \cdot s$)(2017年)和10.31 mmol/($m^2 \cdot s$)(2018年),较覆膜W_{4200}、覆膜W_{3780}、覆膜W_{2940}、覆膜W_{2520}、覆膜W_{2100}处理分别增大了9.10%、5.93%、0.59%、7.83%、14.11%(2017年)和7.96%、3.51%、0.59%、4.88%、13.17%(2018年),各处理复播大豆叶片Pn、Tr在各生育时期基本表现为覆膜W_{3360}>覆膜W_{2940}>覆膜W_{3780}>覆膜W_{2520}>覆膜W_{4200}>覆膜W_{2100}的规律,说明中等的滴灌量能够提高大豆叶片的光合速率和蒸腾速率。

WUE_L是作物单位耗水量生产出的同化物质量,表示为$WUE_L=Pn/Tr$,即为单位叶面积上叶片的瞬时净光合速率与蒸腾速率之比,WUE_L表达的是作物对水分吸收利用效率的一个指标。复播大豆WUE_L在花期与Pn、Tr的变化规律一致(表10-20),而WUE_L在荚期和鼓粒期与Pn、Tr的变化规律恰恰相反,即随着滴灌量的增加基本呈"先降后增"的变化趋势,均以覆膜W_{3360}或覆膜W_{2940}处理最低。说明中等的滴灌量提高复播大豆叶片的光合速率和蒸腾速率的同时,还能够减少叶片水分的无效散失。

表10-20　不同处理对复播大豆光合速率、蒸腾速率和叶片水分利用效率的影响

年份	处理	Pn/[$\mu mol/(m^2 \cdot s)$]			Tr/[$mmol/(m^2 \cdot s)$]			WUE_L/($\mu mol/mmol$)		
		花期	荚期	鼓粒期	花期	荚期	鼓粒期	花期	荚期	鼓粒期
2017年	未覆膜W_{4200}	18.27d	20.13d	13.53c	8.75c	7.53c	3.77d	2.09b	2.67a	3.59a
	覆膜W_{4200}	19.57c	21.46c	14.57b	9.34b	8.11b	4.26c	2.10b	2.65a	3.42a
	覆膜W_{3780}	20.43b	22.33b	15.02b	9.62b	8.36b	4.67b	2.12a	2.67a	3.22b
	覆膜W_{3360}	21.87a	23.63a	16.03a	10.19a	9.08a	5.12a	2.15a	2.60b	3.13c
	覆膜W_{2940}	21.62a	23.57a	16.01a	10.13a	9.05a	5.09a	2.13a	2.60b	3.15c
	覆膜W_{2520}	19.73bc	21.91c	14.71b	9.45b	8.23b	4.55b	2.09b	2.66a	3.23b
	覆膜W_{2100}	18.53d	20.70d	13.88c	8.93c	7.75c	3.95b	2.08b	2.67a	3.51a
2018年	未覆膜W_{4200}	16.46d	17.67d	14.33d	9.15d	6.56d	2.98c	1.80c	2.69a	4.84a
	覆膜W_{4200}	17.56c	18.53c	15.03c	9.55c	7.07c	3.37b	1.84b	2.62ab	4.46b
	覆膜W_{3780}	18.45b	19.73b	15.66a	9.96b	7.56b	3.53b	1.85b	2.61ab	4.44b
	覆膜W_{3360}	19.56a	21.36a	15.95a	10.31a	8.33a	3.88a	1.90a	2.56b	4.11c
	覆膜W_{2940}	19.43a	21.10a	15.88a	10.25a	8.17a	3.85a	1.90a	2.58b	4.12c
	覆膜W_{2520}	18.11bc	19.60b	15.32b	9.83b	7.43b	3.41b	1.84b	2.64a	4.49b
	覆膜W_{2100}	16.69d	17.83cd	14.56d	9.11d	6.66d	3.06c	1.83b	2.68a	4.76a

注：同列不同小写字母表示差异显著（$P<0.05$）。

由表10-21可知，在测定期内，不同年份的各滴灌量处理功能叶片Gs均随生育进程迅速升高，并于结荚期达到最大值，以后逐渐下降。计算2017年和2018年复播大豆不同测定时期Gs平均值，其覆膜W_{4200}处理的Gs平均值分别是0.65 mol/（$m^2·s$）和0.59 mol/（$m^2·s$），未覆膜W_{4200}处理的Gs平均值分别是0.56 mol/（$m^2·s$）和0.51 mol/（$m^2·s$），覆膜W_{4200}处理较未覆膜W_{4200}处理增大了16.07%和15.69%。说明覆膜处理可以提高复播大豆功能叶片气孔导度。进一步分析不同测定期覆膜处理可知，复播大豆叶片Gs随着滴灌量的增加呈"先增后降"的变化趋势，均以覆膜W_{3360}处理达到最大，且与覆膜W_{2940}处理之间无显著性差异。说明过多、过少的滴灌量均会抑制功能叶片的气孔交换。

Ci反映了叶片同化CO_2的能力，2017年、2018年复播大豆Ci均随着生育进程的推移呈现"先增后降"的变化趋势，而气孔限度值（Ls）与Ci的变化趋势相反，其中Ls与Ci均在荚期表现最优，说明大豆叶片在荚期的同化CO_2能力最强，而后期叶片发黄衰老，进而同化CO_2能力减弱，复播大豆各生育时期Ci均表现为覆膜W_{2100}>覆膜W_{4200}>覆膜W_{2520}>覆膜W_{3780}>覆膜W_{2940}>覆膜W_{3360}的规律。

表10-21 不同处理对复播大豆气孔导度，胞间CO_2浓度和气孔限制值的影响

年份	处理	Gs/[mol/($m^2·s$)]			Ci/(μmol/mol)			Ls/%		
		花期	荚期	鼓粒期	花期	荚期	鼓粒期	花期	荚期	鼓粒期
2017年	未覆膜W_{4200}	0.53d	0.87d	0.29d	301.33a	265.33a	315.33a	26.84e	35.58d	23.44d
	覆膜W_{4200}	0.63c	0.99c	0.34c	284.67b	255.00b	307.33b	30.88c	38.09c	25.38c
	覆膜W_{3780}	0.69b	1.06b	0.37b	274.67c	244.67c	301.67c	33.31b	40.37b	26.75b
	覆膜W_{3360}	0.72a	1.15a	0.45a	269.11c	237.00d	293.33d	34.66a	42.46a	28.78a
	覆膜W_{2940}	0.71a	1.13a	0.43a	271.33c	239.67d	295.67d	34.12a	41.81a	28.21a
	覆膜W_{2520}	0.64c	1.04b	0.36b	277.67b	249.67bc	304.67bc	32.58b	39.38bc	26.03b
	覆膜W_{2100}	0.56d	0.92d	0.31d	295.67a	260.33a	311.33a	28.21d	36.79d	24.41d
2018年	未覆膜W_{4200}	0.52c	0.77c	0.25c	313.33a	282.67a	337.67a	23.64c	31.51d	20.90c
	覆膜W_{4200}	0.62b	0.84b	0.31b	308.33a	275.00b	325.33b	24.86c	34.14c	22.45b
	覆膜W_{3780}	0.65b	0.89b	0.33b	295.67b	258.67c	319.00c	27.94b	37.83b	23.98b
	覆膜W_{3360}	0.71a	0.94a	0.38a	292.33c	247.00d	303.33d	28.76a	40.09a	28.89a
	覆膜W_{2940}	0.71a	0.92a	0.37a	293.51c	249.33d	309.67d	28.47a	39.64a	27.56a
	覆膜W_{2520}	0.63b	0.85b	0.32b	298.33b	261.33c	321.33bc	27.29b	36.02b	24.88b
	覆膜W_{2100}	0.55c	0.82bc	0.29b	310.33a	280.05a	333.67a	24.37c	32.44d	21.08c

注：同列不同小写字母表示差异显著（$P<0.05$）。

不同生育时期复播大豆叶片Ls与Gs、Pn的变化规律相同，均随着滴灌量的增加呈"先增后降"的变化趋势，且在大豆荚期以覆膜W_{3360}处理最高，分别为42.46%（2017年）和40.09%（2018年），较同时期覆膜W_{4200}、覆膜W_{3780}、覆膜W_{2940}、覆膜W_{2520}、覆膜W_{2100}处理分别

高出4.37%、2.09%、0.65%、3.08%、5.67%（2017年）和5.95%、2.26%、0.45%、4.07%、7.65%（2018年），W_{3360}和覆膜W_{2940}处理之间差异不显著，均与其他处理达到显著差异水平（$P<0.05$）。说明在水分不足或过多的条件下，反而抑制了大豆叶片的水气交换，进而限制了Pn的增加；中等水分的条件下，不仅能够增加大豆叶片Gs，还能消耗较多的胞间CO_2。

由表10-22可知，2017年和2018年各处理复播大豆单株干物质积累总量及各器官干物质积累量变化规律一致，随生育进程的推移，其营养器官（茎、叶、叶柄）干物质积累量呈现"先增后降"的变化趋势，并于出苗后60 d达到最大值，其生殖器官（豆荚）和单株干物质积累总量则呈现不断增大的变化趋势；比较各时期不同滴灌量处理，单株干物质积累总量和各器官干物质积累量均基本表现为覆膜W_{3360}>覆膜W_{2940}>覆膜W_{3780}>覆膜W_{2520}>覆膜W_{4200}>覆膜W_{2100}≈未覆膜W_{4200}，其中覆膜W_{2520}和未覆膜W_{4200}处理之间除苗期外基本无显著差异（$P>0.05$），说明与常规未覆膜W_{4200}处理相比，在其大豆干物质量相当的情况下覆膜处理能够节约50%的灌水量；各处理在出苗后70 d单株干物质积累总量最大，且以覆膜W_{3360}处理最高分别为33.31 g（2017年）和25.78 g（2018年），分别比同期的覆膜W_{4200}、覆膜W_{3780}、覆膜W_{2940}、覆膜W_{2520}、覆膜W_{2100}处理高出12.38%、4.85%、0.39%、7.59%、21.84%、（2017年）和9.66%、5.92%、0.47%、9.98%、16.02%（2018年），说明中等的滴灌量更能促进大豆各器官干物质积累量的增加，为大豆高产稳产提供充足的物质条件，但过多或过少的滴灌量反而会抑制植株干物质量的积累。

表10-22 不同处理对夏大豆干物质积累动态的影响　　　　　　　　　　单位：g/株

苗后天数	处理	2017年					2018年				
		茎	叶	叶柄	豆荚	总重	茎	叶	叶柄	豆荚	总重
20 d	未覆膜W_{4200}	0.51b	0.79c	0.14c	—	1.44c	0.39b	0.75c	0.12c	—	1.26c
	覆膜W_{4200}	0.59a	1.05b	0.18b	—	1.82b	0.45a	0.81b	0.15b	—	1.41b
	覆膜W_{3780}	0.62a	1.07b	0.20b	—	1.89a	0.46a	0.83a	0.16b	—	1.45b
	覆膜W_{3360}	0.63a	1.13a	0.22a	—	1.98a	0.48a	0.85a	0.17a	—	1.50a
	覆膜W_{2940}	0.61a	1.12a	0.21a	—	1.95a	0.47a	0.85a	0.17a	—	1.50a
	覆膜W_{2520}	0.60a	1.05b	0.19ab	—	1.84b	0.45a	0.84a	0.15b	—	1.44b
	覆膜W_{2100}	0.60a	1.04b	0.17b	—	1.81b	0.45a	0.80b	0.15b	—	1.40b
30 d	未覆膜W_{4200}	1.12d	1.52e	0.52c	—	3.16d	1.27d	1.87b	0.67c	—	3.81c
	覆膜W_{4200}	1.40c	2.08d	0.70b	—	4.18c	1.37c	1.98b	0.86b	—	4.21b
	覆膜W_{3780}	1.55b	2.39b	0.95a	—	4.89b	1.44b	2.08b	0.90b	—	4.42b
	覆膜W_{3360}	1.65a	2.57a	1.09a	—	5.31a	1.47a	2.21a	1.01a	—	4.69a
	覆膜W_{2940}	1.58b	2.44ab	1.04a	—	5.06a	1.47a	2.19a	0.97a	—	4.63a
	覆膜W_{2520}	1.46c	2.25c	0.82b	—	4.53c	1.43b	2.05b	0.85b	—	4.33b
	覆膜W_{2100}	1.21d	1.75e	0.58c	—	3.54d	1.28d	1.92c	0.68c	—	3.88c

续表

苗后天数	处理	2017年					2018年				
		茎	叶	叶柄	豆荚	总重	茎	叶	叶柄	豆荚	总重
40 d	未覆膜W_{4200}	2.28e	3.56d	1.34d	0.31c	7.49d	1.94d	2.95d	0.97d	0.25d	6.11d
	覆膜W_{4200}	3.39c	5.06b	1.89bc	0.42b	10.76c	2.52c	3.74b	1.46b	0.32c	8.04c
	覆膜W_{3780}	3.51b	5.15b	2.09b	0.59a	11.34b	2.75b	3.97b	1.52b	0.41b	8.65b
	覆膜W_{3360}	3.73a	5.64a	2.18a	0.63a	12.18a	2.87a	4.32a	1.70a	0.43a	9.32a
	覆膜W_{2940}	3.70a	5.52a	2.19a	0.60a	12.01a	2.87a	4.28a	1.73a	0.46a	9.34a
	覆膜W_{2520}	3.50b	5.25b	2.05b	0.54ab	11.34b	2.71b	3.94b	1.43b	0.37b	8.45b
	覆膜W_{2100}	2.97d	4.55c	1.78c	0.33c	9.63d	2.42c	3.69c	1.39c	0.30d	7.80c
50 d	未覆膜W_{4200}	3.94d	4.67c	1.63d	4.71c	14.95d	3.38c	3.79c	1.48c	3.38c	12.03c
	覆膜W_{4200}	4.33c	5.43b	2.12c	4.80c	16.68c	3.71b	4.42b	1.65b	3.16c	12.94b
	覆膜W_{3780}	4.74b	5.85b	2.26b	5.24b	18.39b	3.89b	4.57a	1.72a	3.50b	13.68b
	覆膜W_{3360}	4.99a	6.50a	2.38a	5.71a	19.58a	4.14a	4.62a	1.73a	4.24a	14.73a
	覆膜W_{2940}	5.04a	6.38a	2.43a	5.50a	19.35a	4.14a	4.59a	1.71a	4.21a	14.65a
	覆膜W_{2520}	4.61b	5.58b	2.27b	5.17b	17.63b	3.93b	4.27b	1.67b	3.48b	13.35b
	覆膜W_{2100}	4.10d	5.04c	2.02c	4.66c	15.92d	3.66c	3.99c	1.68b	3.38c	12.71c
60 d	未覆膜W_{4200}	4.69d	5.90d	2.32c	9.85d	22.76d	4.36c	4.02c	1.90b	7.81c	18.09c
	覆膜W_{4200}	5.43c	6.88bc	2.69b	10.68c	25.68c	4.52c	4.76b	2.03a	7.73c	19.04b
	覆膜W_{3780}	6.03b	7.23b	2.91a	12.71a	28.88b	4.56b	4.87b	2.09b	8.56b	20.08a
	覆膜W_{3360}	6.61a	7.78a	3.01a	13.05a	30.45a	4.85a	5.14a	2.12a	8.98a	21.09a
	覆膜W_{2940}	6.58a	7.51a	2.98a	12.79a	29.86a	4.84a	5.20a	2.11a	9.03a	21.18a
	覆膜W_{2520}	5.72b	6.97b	2.86ab	11.97b	27.52b	4.78b	4.66b	2.06a	8.32b	19.82a
	覆膜W_{2100}	5.11c	6.51c	2.75b	10.24cd	24.61cd	4.51c	4.10c	2.04a	7.67c	18.32c
70 d	未覆膜W_{4200}	4.54d	4.83d	2.01c	15.23c	26.61d	3.13c	3.45c	1.47c	13.80d	21.85d
	覆膜W_{4200}	5.20c	5.27bc	2.58b	16.59b	29.64c	3.34b	3.81b	1.64b	14.72c	23.51c
	覆膜W_{3780}	5.70b	5.76b	2.49b	17.82a	31.77b	3.37b	4.05b	1.68b	15.24b	24.34b
	覆膜W_{3360}	5.91a	6.54a	2.75a	18.11a	33.31a	3.70a	4.32a	1.73a	16.03a	25.78a
	覆膜W_{2940}	5.91a	6.50a	2.71a	18.06a	33.18a	3.72a	4.31a	1.74a	15.89a	25.66a
	覆膜W_{2520}	5.64b	5.55b	2.46b	17.31b	30.96b	3.41b	3.87b	1.68b	14.48c	23.44c
	覆膜W_{2100}	5.01c	5.02c	2.26c	15.05c	27.34d	3.32b	3.65c	1.67b	13.58d	22.22d

注：同列不同小写字母表示差异显著（$P<0.05$）。

由表10-23可知，不同滴灌量对复播大豆产量及产量构成因素影响不同，累加2017—

2019年3年各处理产量及产量构成因素并计算其平均值可得，覆膜W_{4200}处理的单株荚数、单株粒数、百粒重和产量分别比未覆膜W_{4200}处理提高10.94%、12.18%、5.87%和11.43%，说明相同灌水量条件下，覆膜滴灌能有效提高大豆的单株荚数、单株粒数和百粒重，进而提高大豆产量。对比不同年份覆膜处理下产量可知，随着滴灌量的增加产量呈现"先升后降"的变化趋势，各处理三年产量的平均值以W_{3360}处理最大，为3 036.47 kg/hm^2，较覆膜W_{4200}、覆膜W_{3780}、覆膜W_{2940}、覆膜W_{2520}、覆膜W_{2100}处理分别提高了8.98%、5.61%、1.24%、10.17%、19.57%。进一步通过方差分析产量构成因素，其百粒重受滴灌量影响不明显，产量与大豆单株荚数和单株粒数影响较大，基本均表现为覆膜W_{3360}>覆膜W_{2940}>覆膜W_{3780}>覆膜W_{2520}>覆膜W_{4200}>覆膜W_{2100}，且覆膜W_{3360}和覆膜W_{2940}处理之间无显著性差异（$P<0.05$）。说明过多或过少的滴灌量会抑制大豆荚数及粒数的形成，进而造成减产。

表10-23表明，不同年份未覆膜W_{4200}处理的灌溉水利有效率（IWUE）均比覆膜W_{4200}处理的低，且在产量方面，3年试验中未覆膜W_{4200}处理均与覆膜W_{2100}处理无显著差异，说明复播大豆采用覆膜滴灌能够节约额定灌溉量50%；在不同年份覆膜条件下，IWUE均随着滴灌量的降低而呈上升趋势，其中W_{2940}与W_{2520}处理差异不显著，且均与其他处理达到显著差异（$P<0.05$），这说明中等的滴灌量不仅能够提高复播大豆的产量，还能提高IWUE。

表10-23　不同处理下复播大豆产量、产量构成因素及灌溉水效率

年份	处理	收获株数/（株/hm^2）	单株荚数/个	单株粒数/粒	百粒重/g	实收产量/（kg/hm^2）	灌溉水利用效率/（kg/m^3）
2017年	未覆膜W_{4200}	381 944.44a	25.33d	50.00e	15.02c	2 457.19c	0.59e
	覆膜W_{4200}	380 606.06a	27.67c	57.17c	16.65a	2 712.42b	0.65e
	覆膜W_{3780}	374 545.45a	28.67b	61.50b	16.77a	2 881.85b	0.76d
	覆膜W_{3360}	385 151.52a	30.17a	62.77a	17.08a	3 065.73a	0.91c
	覆膜W_{2940}	386 666.67a	30.83a	63.00a	16.88a	2 972.12a	1.01bc
	覆膜W_{2520}	377 575.76a	28.00b	61.67b	16.75a	2 698.21b	1.07b
	覆膜W_{2100}	377 575.76a	25.50d	53.83d	16.19b	2 499.33c	1.19a
2018年	未覆膜W_{4200}	397 507.38a	18.60c	48.60d	16.45b	2 295.46d	0.55e
	覆膜W_{4200}	397 555.58a	19.88b	52.38c	16.84a	2 570.54b	0.61de
	覆膜W_{3780}	405 151.52a	21.57a	55.94b	16.89a	2 600.71b	0.69d
	覆膜W_{3360}	390 666.06a	21.79a	58.98a	17.01a	2 763.92a	0.82c
	覆膜W_{2940}	395 535.44a	21.66a	58.68a	17.04a	2 720.79a	0.93b
	覆膜W_{2520}	406 666.67a	20.08b	54.72b	16.85a	2 522.38c	1.00b
	覆膜W_{2100}	399 222.44a	19.19bc	49.17d	16.71a	2 334.61d	1.11a

续表

年份	处理	收获株数/（株/hm²）	单株荚数/个	单株粒数/粒	百粒重/g	实收产量/（kg/hm²）	灌溉水利用效率/（kg/m³）
2019年	未覆膜W_{4200}	387 275.38a	20.90d	54.00d	18.43b	2 748.57c	0.65f
	覆膜W_{4200}	387 527.46a	24.37b	61.63c	19.34a	3 075.68b	0.73e
	覆膜W_{3780}	382 222.45a	25.98a	66.09b	19.62a	3 142.87b	0.83d
	覆膜W_{3360}	390 066.67a	26.86a	69.56a	19.65a	3 279.77a	1.04c
	覆膜W_{2940}	385 444.43a	26.99a	70.29a	19.66a	3 304.90a	1.19b
	覆膜W_{2520}	380 606.06a	24.98b	64.35b	19.49a	3 048.16b	1.21b
	覆膜W_{2100}	386 111.35a	23.26c	58.62c	18.86b	2 784.64c	1.33a

注：同列不同小写字母表示差异显著（$P<0.05$）。

总投入包括农资、机耕和人工材料费等投入费用总和，其中未覆膜W_{4200}处理与覆膜W_{4200}处理在农资（地膜）和人工除草方面不同，其他覆膜滴灌量处理在其灌溉水费方面不一致。由表10-24可知，计算3年各处理纯收益的平均值可得，覆膜W_{4200}处理的平均纯收益为2 607.56元/hm²，较未覆膜W_{4200}处理增加了15.82%，说明覆膜处理虽然增加了地膜成本，但同时也增加了复播大豆产量，降低了人工费投入，进而有效增加复播大豆的经济效益。进一步比较各覆膜滴灌量处理可知，不同年份复播大豆的总投入随着滴灌量的增加而增加，均以W_{4200}处理的总投入最多，分别为6 975元/hm²、6 950元/hm²和7 200元/hm²，但总产值、纯收益、投入产出比均随着滴灌量的增加呈现先"升高后降"的变化趋势，以覆膜W_{3360}或覆膜W_{2940}处理最高，且处理之间无显著差异，但均与未覆膜W_{4200}、覆膜W_{4200}、覆膜W_{3780}、覆膜W_{2520}和覆膜W_{2100}差异显著（$P<0.05$）。三年纯收益的平均值W_{2940}处理较未覆膜W_{4200}、覆膜W_{4200}、覆膜W_{3780}、覆膜W_{3360}、覆膜W_{2520}和覆膜W_{2100}处理的平均值分别提高了69.92%、46.71%、24.35%、0.76%、21.70%和49.80%，进一步说明中等的滴灌量不仅可以提高大豆产量，而且还能节约成本，增加经济效益，而过多或过少的滴灌量反而使复播大豆的总产值和经济效益减少。

表10-24 不同处理下复播大豆的经济效益

年份	处理	投入/（元/hm²）			总投入/（元/hm²）	大豆产量/（kg/hm²）	总产值/（元/hm²）	纯收益/（元/hm²）	投入产出比
		农资	机械	人工					
2017年	未覆膜W_{4200}	4 775f	1 200a	400a	6 375e	2 457.19c	8 600.17d	2 225.17e	1.35d
	覆膜W_{4200}	5 475a	1 200a	300b	6 975a	2 712.42b	9 493.47c	2 518.47d	1.36d
	覆膜W_{3780}	5 315b	1 200a	300b	6 815b	2 881.85b	10 086.48b	3 271.48b	1.48b
	覆膜W_{3360}	5 155c	1 200a	300b	6 655c	3 065.73a	10 730.06a	4 075.06a	1.61a
	覆膜W_{2940}	4 995d	1 200a	300b	6 495d	2 972.12a	10 402.42ab	3 907.42a	1.60a
	覆膜W_{2520}	4 835e	1 200a	300b	6 335e	2 698.21b	9 443.74c	3 108.74c	1.49b
	覆膜W_{2100}	4 675f	1 200a	300b	6 175f	2 499.33c	8 747.66d	2 572.66d	1.42c

续表

年份	处理	投入/（元/hm²）			总投入/（元/hm²）	大豆产量/（kg/hm²）	总产值/（元/hm²）	纯收益/（元/hm²）	投入产出比
		农资	机械	人工					
2018年	未覆膜W_{4200}	4 725f	1 275a	350a	6 350e	2 295.46c	8 034.11c	1 684.11d	1.27d
	覆膜W_{4200}	5 425a	1 275a	250b	6 950a	2 570.54b	8 996.89b	2 046.89c	1.29d
	覆膜W_{3780}	5 265b	1 275a	250b	6 790b	2 600.71b	9 102.49b	2 312.49b	1.34c
	覆膜W_{3360}	5 105c	1 275a	250b	6 630c	2 763.92a	9 673.72a	3 043.72a	1.46a
	覆膜W_{2940}	4 945d	1 275a	250b	6 470d	2 720.79a	9 522.77a	3 052.77a	1.47a
	覆膜W_{2520}	4 785e	1 275a	250b	6 310e	2 522.38b	8 828.33b	2 518.33b	1.40b
	覆膜W_{2100}	4 625f	1 275a	250b	6 150f	2 334.61c	8 171.14c	2 021.14c	1.33c
2019年	未覆膜W_{4200}	4 800f	1 300a	400a	6 500e	2 748.57c	9 345.14c	2 845.14d	1.44d
	覆膜W_{4200}	5 600a	1 300a	300b	7 200a	3 075.68b	10 457.31b	3 257.31c	1.45d
	覆膜W_{3780}	5 440b	1 300a	300b	7 040b	3 142.87b	10 685.76b	3 645.76b	1.52c
	覆膜W_{3360}	5 280c	1 300a	300b	6 880c	3 279.77a	11 151.22a	4 271.22a	1.62ab
	覆膜W_{2940}	5 120d	1 300a	300b	6 720d	3 304.90a	11 236.66a	4 516.66a	1.67a
	覆膜W_{2520}	4 960e	1 300a	300b	6 560e	3 048.16b	10 363.74b	3 803.74b	1.58b
	覆膜W_{2100}	4 800f	1 300a	300b	6 400f	2 784.64c	9 467.78c	3 067.78d	1.48c

注：农资投入包括化肥、农药、种子、农膜等；2017年新疆复播大豆均价为3 500元/t；2018年新疆复播大豆均价为3 500元/t，2019年新疆复播大豆均价为3 400元/t。同列不同小写字母表示差异显著（$P<0.05$）。

通过以上研究可知，膜下不同滴灌量对复播大豆光合特性产生显著影响，与未覆膜相比，覆膜通过增大复播大豆叶面积指数、保持较高的叶绿素含量、提高光合效率；在覆膜条件下，滴灌量2 940~3 360 m³/hm²能够显著增加复播大豆群体叶面积指数、叶绿素含量SPAD值、叶片净光合速率、蒸腾速率和气孔导度，其胞间CO_2浓度也较优，同时在此滴灌量范围能够增加大豆单株荚数，单株粒数，进而获得较高的产量，低于或超过该区间的滴灌量对复播大豆产量和产量构成因素不利。

10.3.4 小结

（1）在大豆生长发育及产量相当的情况下，覆膜条件比未覆膜条件最大限度可节约额定灌溉量50%。

（2）覆膜条件下，当滴灌量在2 940~3 360 m³/hm²时，对复播大豆的生长发育、干物质积累分配、产量均有促进作用，且能够较未覆膜条件节约灌溉水20%~30%，在此滴灌量区间既能使农田灌溉水得以充分利用，也不会造成灌溉水的浪费，在缓解春、夏播作物争水矛盾的同时促进复播大豆高产稳产。

参考文献

杜孝敬，2020. 膜下滴灌量对复播大豆产量形成及土壤有机碳的影响[D]. 乌鲁木齐：新疆农业大学.

杜孝敬，陈佳君，徐文修，等，2018. 膜下滴灌量对复播大豆土壤含水量及产量形成的影响[J]. 中国农学通报，34（12）：36-44.

杜孝敬，符小文，安崇霄，等，2019. 夏大豆干物质积累参数及产量对膜下滴灌量的响应[J]. 生态学杂志，38（6）：1751-1759.

符小文，徐文修，李亚杰，等，2019. 施氮量对夏大豆干物质积累、转运规律及产量的影响[J]. 中国农学通报，35（35）：79-86.

郭数进，杨凯敏，霍瑾，等，2015. 干旱胁迫对大豆鼓粒期叶片光合能力和根系生长的影响[J]. 应用生态学报，26（5）：1419-1425.

黄建平，季明霞，刘玉芝，等，2013. 干旱半干旱区气候变化研究综述[J]. 气候变化研究进展，9（1）：9-14.

黄修桥，高峰，王宪杰，2001. 节水灌溉与21世纪水资源的持续利用[J]. 灌溉排水，20（3）：1-5.

李春艳，伊力哈木，章建新，2015. 滴水量对春大豆花荚形成及产量的影响[J]. 中国农业大学学报，20（6）：46-52.

李红莉，张卫峰，张福锁，等，2010. 中国主要粮食作物化肥施用量与效率变化分析[J]. 植物营养与肥料学报，16（5）：1136-1143.

李琬，2019. 干旱对大豆根系生育的影响及灌溉缓解效应研究进展[J]. 草业学报，28（4）：192-202.

李亚杰，徐文修，张娜，等，2016. 水氮耦合对滴灌复播大豆干物质积累氮素吸收及产量的影响[J]. 干旱地区农业研究，34（5）：79-84，90.

李亚杰，2016. 水氮耦合对复播大豆产量形成及土壤固碳效应的影响[D]. 乌鲁木齐：新疆农业大学.

彭姜龙，张永强，王娜，等，2016. 滴灌量对北疆复播大豆生长、生理特征和产量的影响[J]. 干旱地区农业研究，34（1）：55-60.

孙华，何茂萍，胡明成，2015. 全球变化背景下气候变暖对中国农业生产的影响[J]. 中国农业资源与区划，36（7）：51-57.

王济民，张灵静，欧阳儒彬，2018. 改革开放四十年我国粮食安全：成就、问题及建议[J]. 农业经济问题，468（12）：18-22.

王维俊，章建新，2015. 滴水量对中熟大豆超高产田干物质积累和产量的影响[J]. 大豆科学（1）：60-64.

张娜，张永强，徐文修，等，2016. 施氮量对北疆滴灌复播大豆光合生理及产量的影响[J]. 土壤通报，47（3）：645-650.

张淑香，张文菊，沈仁芳，等，2015. 我国典型农田长期施肥土壤肥力变化与研究展望[J]. 植物营养与肥料学报，21（6）：1389-1393.

张永强，2016. 滴灌量对北疆复播大豆光合特性、养分运移及产量的影响研究[D]. 乌鲁木齐：新疆农业大学.

张永强，徐文修，李亚杰，等，2016. 新疆麦后复播大豆适宜滴灌量研究[J]. 植物营养与肥料学报，22（4）：1133-1140.

张永强，张娜，李亚杰，等，2015. 滴灌量对复播大豆生理特性及农田小气候的影响[J]. 中国农业气象，36（5）：586-593.

张永强，张娜，李亚杰，等，2016. 滴灌量对北疆复播大豆耗水特性及干物质积累、转运的影响[J]. 水土保持研究，23（2）：111-116.

张占琴，魏建军，杨相昆，等，2013. 北疆"一年两作"冬小麦-复播青贮玉米模式物质生产及资源利用率研究[J]. 干旱地区农业研究，31（6）：28-33.

章建新，李金霞，崔可夫，等，2012. 不同熟期大豆品种花荚形成和时空分布[J]. 新疆农业大学学报，35（2）：93-98.

钟帅，沙景华，沈镭，等，2015. 城市化背景下不同水资源定价系统对中国宏观经济的影响模拟研究[J]. 资源科学，37（12）：2421-2429.

朱保葛，柏惠侠，张艳，等，2000. 大豆叶片净光合速率、转化酶活性与籽粒产量的关系[J]. 大豆科学（4）：346-350.

朱兆良，金继运，2013. 保障我国粮食安全的肥料问题[J]. 植物营养与肥料学报，19（2）：259-273.

DORAISWAMY P C, HATFIELD J L, JACKSON T J, et al., 2004. Crop condition and yield simulations using Landsat and MODIS[J]. Remote Sensing of Environment，92（4）：548-559.

LIU Q, CHEN Y, LIU Y, et al., 2016. Coupling effects of plastic film mulching and urea types on water use efficiency and grain yield of maize in the Loess Plateau, China[J]. Soil and Tillage Research，157：1-10.

SKAGGS T H, TROUT T J, ROTHFUSS Y, 2010. Drip irrigation water distribution patterns: effects of emitter rate, pulsing, and antecedent water[J]. Soil Science Society of America Journal，74（6）：1886-1896.

STOCKER T F, QIN D, PLATTNER G K, et al., 2013. IPCC, 2013: climate change 2013: the physical science basis. contribution of working group I to the fifth assessment report of the intergovernmental panel on climate change[J]. Computational Geometry，18（2）：95-123.

SUPRAYOGO D M, VAN NOORDWIJK K H, CADISCH C, 2002. The inherent safety net of Ultisols: Measuring and modeling retarded leaching mineral nitrogen[J]. European Journal of Soil Science，53（2）：185-194.

YAN D C, ZHU Y, WANG S H, et al., 2006. A quantitative knowledge-based model for designing suitable growth dynamics in rice[J]. Plant Production Science，9：93-105.

第11章

冬小麦复播大豆土壤耕作措施研究

土壤是作物生长的基础，良好的耕层结构是保障作物正常生长发育并获得高产的基础。通过采用不同的土壤耕作措施对土壤进行扰动，调控土壤耕层的理化性质，改善土壤环境，有利于促进作物生长发育，提高作物产量。伊犁河谷地区作为北疆主要的冬小麦复播大豆种植区，复播大豆的土壤耕作措施使用杂乱且不统一，影响复播大豆的增产潜能。另外，适宜的冬小麦复播大豆周年土壤耕作措施组合是改善土壤理化特性，提高周年氮高效利用的关键技术之一。因此，筛选出适应于新疆气候特点的复播大豆高产高效土壤耕作措施，明确冬小麦复播大豆周年耕作措施组合对增加当地农民收入，提高大豆产量均具有一定的现实意义。

课题组2012—2019年，连续8年以伊宁县冬小麦复播大豆为研究对象，首先开展了复播大豆不同土壤耕作措施研究，基于研究结果，从保护性耕作和周年氮素高效利用的角度出发，进一步实施了冬小麦复播大豆周年增产增效耕作措施组合研究，该研究对制定冬小麦复播大豆高产高效的耕作措施具有重要的理论和实践意义。

11.1 土壤耕作措施对麦后复播大豆产量形成的影响

11.1.1 试验设计

本试验研究了不同土壤耕作措施下大豆生长发育特征，探讨土壤耕作措施对大豆光合特征、干物质生产和产量的影响，为当地复播大豆高产高效种植的适宜耕作措施的选择提供一定的理论依据。于2012年7月至2014年10月连续3年进行麦后复播大豆土壤耕作措施的田间试验。在2012年仅设置了翻耕（T）、旋耕（RT）和免耕（NT）三个不同耕作处理，通过一年的田间试验，结合新疆膜下滴灌水肥一体化的日趋成熟且为了能够充分发挥地膜覆盖的"增温、保墒、促早"作用，于2013年起增加地膜覆盖耕作处理，设置了翻耕覆膜（TP）、翻耕（T）、旋耕（RT）和免耕（NT）四个处理，各耕作处理的具体措施见表11-1。为保障耕作措施处理在年际间的完整性，本章具体分析了2013年和2014年的试验结果。各处理分别于2013年7月11日和2014年7月15日播种。复播大豆的种植方式为30 cm等行距，理论密度为52.5万株/hm²。两年每个处理面积均为100 m²（4 m×25 m），每个处理随机排列重复3次；灌溉方式均为滴灌。供试大豆品种为黑河43号。两年留茬高度平均值为22.6 cm。翻耕覆膜、翻耕及旋耕处理均结合整地基施尿素225 kg/hm²（N≥46%），磷酸二铵150 kg/hm²（P₂O₅≥46%），免耕则在滴头水前沟施等量的肥料。各处理均在开花期结合灌水随水滴施尿素150 kg/hm²，每年复播大豆全生育期共滴水4 500 m³/hm²。其他田间管理措施同当地。

表11-1 试验处理描述

代码	处理	操作方法
TP	翻耕覆膜	冬小麦收获后，留茬高度25 cm，犁翻深30 cm，联合整地机整地，覆膜，膜宽70 cm
T	翻耕	冬小麦收获后，留茬高度25 cm，犁翻深30 cm，联合整地机整地
RT	旋耕	冬小麦收获后，留茬高度25 cm，旋耕机旋耕，深度15 cm
NT	免耕	冬小麦收获后，留茬高度25 cm，土壤不扰动

11.1.2 土壤耕作措施对复播大豆株高的影响

由图11-1可知，不同土壤耕作措施下复播大豆的株高均存在明显差异。2013年、2014年复播大豆的株高均表现为翻耕覆膜>翻耕>旋耕>免耕，由此说明，与少（旋耕）、免耕处理相比，土壤实施翻耕处理均能提高复播大豆的株高。其中，翻耕覆膜两年株高分别达到69.07 cm（2013年）、68.03 cm（2014年），不仅分别比同年旋耕处理和免耕处理的高出14.86%、13.47%（2013年）和21.11%、27.16%（2014年），更是比同年翻耕处理的高出9.41%（2013年）、3.23%（2014年），且基本均达显著差异水平（$P<0.05$）。可见，翻耕覆膜处理对复播大豆株高的影响最显著。这可能是翻耕覆膜处理农田能够保持较高的土壤含水量，满足大豆生长对水分的需求，利于植株生长，从而获得较高的株高。

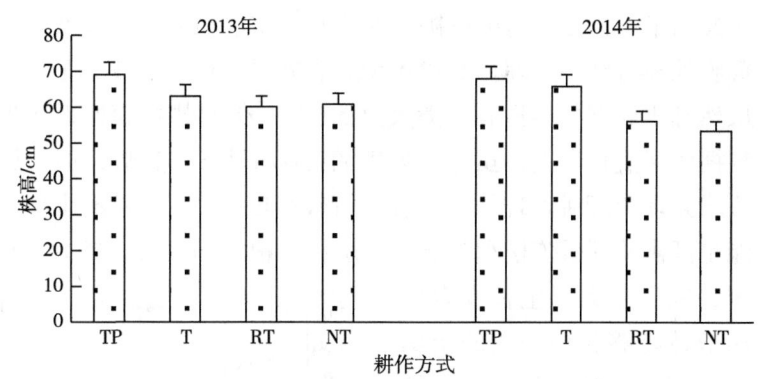

图11-1 土壤耕作措施对大豆株高的影响

11.1.3 土壤耕作措施对复播大豆茎粗的影响

适宜的株高固然是大豆获得高产的前提，但合适的茎粗同样也是预防大豆倒伏，收获较多荚、粒数的保证。由图11-2可知，2013年、2014年复播大豆茎粗均以翻耕和翻耕覆膜处理的较粗，旋耕和免耕处理的较细，说明翻耕处理能够促进主茎发育，增大植株茎粗，这与翻耕处理能够促进大豆株高一致。其中，又以翻耕覆膜处理的茎粗最粗，两年分别达0.67 cm（2013年）、0.68 cm（2014年），不仅分别比同年最细的免耕处理高出0.37%（2013

年)、0.36%(2014年),更是分别比同年翻耕处理的增粗11.67%(2013年)、4.62%(2014年),且均达显著差异水平($P<0.05$)。由此可见,翻耕覆膜处理不仅能够保证大豆主茎的纵向生长,同时利于其横向发育,这就为大豆形成良好群体空间结构,获得较高产量奠定了物质基础。

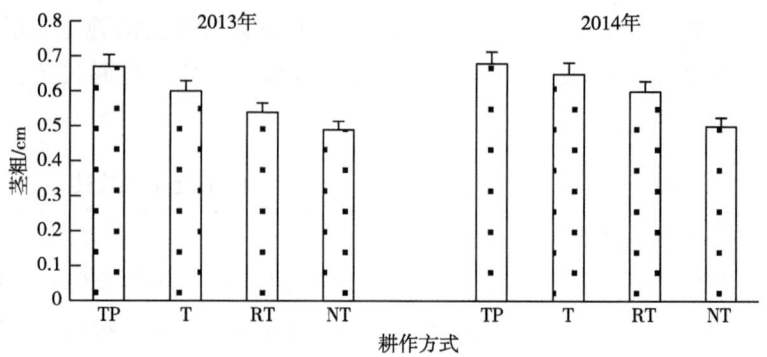

图11-2　耕作措施对大豆茎粗的影响

11.1.4　土壤耕作措施对复播大豆LAI的影响

由图11-3可知,2013年、2014年各处理全生育期的LAI变化趋势基本一致,均表现为翻耕覆膜>翻耕>旋耕>免耕,并于结荚期内(苗后60 d和55 d)达最大值,且各处理间均以翻耕覆膜处理的值最大,分别为4.11(2013年)、4.13(2014年),分别比免耕的高31.45%、57.76%,均达极显著差异水平($P<0.01$);翻耕处理的次之,其值为3.77(2013年)、3.71(2014年),分别高出免耕处理的20.42%、41.00%,差异均达显著水平($P<0.05$);而翻耕覆膜处理与翻耕处理在2013年无显著差异,但2014年达显著差异水平($P<0.05$),由此说明虽然翻耕处理能够提高复播大豆的LAI,但翻耕覆膜处理效果更显著。进一步分析可知,在复播大豆生长后期,虽然各处理的LAI均呈下降趋势,但与旋耕处理和免耕处理相比,翻耕覆膜处理和翻耕处理依然能够保持较高LAI,尤其是翻耕覆膜处理更是高于翻耕处理,这可能是翻耕处理后疏松和深厚的耕层利于根系的生长,扩大了根系对土壤养分、水分的吸收面积,在复播大豆生长发育后期依然能够获得一定的土壤养分和水分来满足植株维持叶片特征的需要,从而保持较高的LAI。而在翻耕的基础上增加地膜覆盖后,进一步阻止并减少了土壤水分的无效蒸发,与翻耕处理相比,后期土壤依然能够保持更高的土壤含水量,因而植株生长相对更好,其LAI最大。

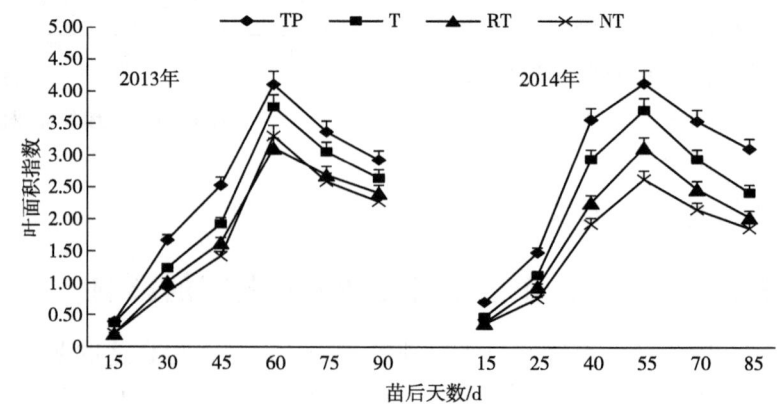

图11-3　耕作措施对复播大豆叶面积指数的影响

11.1.5 土壤耕作措施对复播大豆功能叶叶绿素含量的影响

叶绿素是影响叶片光合速率的重要内在属性，在一定范围内，其含量与光合速率呈正相关。由图11-4，两年试验均表明，土壤耕作措施的复播大豆功能叶的叶绿素含量均随生育进程的推进呈先升后降的变化特征，且均在复播大豆的结荚期内（苗后55~65 d）达到最大值，这与LAI的变化趋势基本一致。两年试验结果均显示，在复播大豆的苗期至开花期（苗后15~40 d），各处理的叶片SPAD值差异基本不明显，均以翻耕覆膜处理的最高，其在此阶段的平均值分别为41.58（2013年）、44.50（2014年），比最低的免耕处理高出8.40%（2013年）、7.14%（2014年）。随着生育进程的推进，翻耕覆膜处理与各处理间的差距逐渐增大，当进入大豆生育后期，其叶片叶绿素含量下降缓慢，依然保持较高水平，充分说明翻耕覆膜处理不仅能够促进叶片发育，更能延缓叶片衰老，使大豆功能叶在全生育时期均保持较高的叶绿素含量，增强叶片的光合作用，还促进了复播大豆群体的干物质生产和籽粒的灌浆，为提高产量奠定了基础。

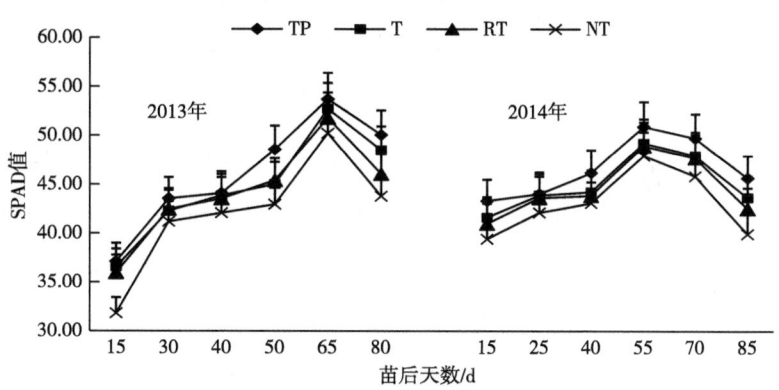

图11-4 耕作措施对复播大豆叶绿素含量（SPAD值）的影响

11.1.6 土壤耕作措施对复播大豆叶片光合指标的影响

复播大豆的光合能力不仅与产量密切相关，更是籽粒形成的物质基础。两年数据显示（表11-2），在不同土壤耕作措施下复播大豆的功能叶片Pn变化基本一致，均随着生育进程的推进呈先增加后降低的趋势，并于结荚期达到最大值。进一步比较处理间的Pn可知，在各个生育时期两年数据均表现出翻耕覆膜>翻耕>旋耕>免耕的变化趋势，而且翻耕覆膜处理与各处理基本达显著差异水平（$P<0.05$）。当各处理Pn处于峰值时（结荚期），翻耕覆膜处理的分别比翻耕、旋耕、免耕处理的高14.78%、23.82%、32.32%（2013年）和6.35%、11.75%、21.33%（2014年）；而后下降，翻耕覆膜处理依然保持较高的Pn值（鼓粒期），比最低的免耕处理高80.07%（2013年）和51.14%（2014年），达显著差异水平。说明翻耕覆膜处理后，使大豆保持较高的叶绿素含量，从而增强了叶片的光合能力，提高了叶片光合速率。

植物的光合过程伴随着叶片的蒸腾耗水过程，蒸腾作用的强弱是表明植物水分代谢的一个重要的生理指标，对于作物产量形成具有重要意义。由表11-2可知，两年试验各处理复播大豆的功能叶的Tr与Pn表现出相同的变化趋势，即均随生育进程先增加后降低，但相对于功能叶叶片的Pn较早达到峰值（开花期）。进一步分析可知，2013年、2014年试验均表明在整个测定期内，以翻耕覆膜处理的Tr最高，除苗期外，与各处理基本均达显著差异水平（$P<0.05$）；翻耕处理次之，免耕处理最低。当各处理Tr最大时（开花期），翻耕覆膜最高，分别比最低的免耕处理高35.97%（2013年）、30.00%（2014年）。到鼓粒期，翻耕覆膜仍然保持最高的Tr，分别比翻耕处理、旋耕处理、免耕处理高8.52%、22.50%、32.71%（2013年）和8.98%、33.96%、59.56%（2014年）。综上可知，土壤实施耕作处理可有效提高复播大豆叶片Tr，尤其是进行翻耕覆膜后种植，效果更显著。

表11-2 耕作措施对复播大豆各生育时期叶片净光合速率（Pn）、蒸腾速率（Tr）的影响

年份	处理	净光合速率/[μmol/(m²·s)]				蒸腾速率/[mmol/(m²·s)]			
		苗期	开花期	结荚期	鼓粒期	苗期	开花期	结荚期	鼓粒期
2013年	TP	15.33a	19.73a	25.63a	22.87a	3.23a	10.47a	6.37a	4.90a
	T	12.40b	15.90b	22.33b	17.67b	2.93ab	8.73b	5.87b	3.40b
	RT	11.83b	12.8c	20.70bc	14.20c	2.63bc	8.07b	5.20c	3.03bc
	NT	9.83c	11.8d	19.37c	12.70d	2.30c	7.70b	4.80c	2.73c
2014年	TP	15.60a	23.70a	27.30a	21.87a	5.70a	8.57a	7.93a	6.43a
	T	14.00b	20.93b	25.67ab	19.40b	5.37a	7.97b	7.10b	5.90b
	RT	13.17bc	18.53b	24.43b	16.40c	4.97ab	7.10b	6.67b	4.80c
	NT	12.67c	17.97c	22.50b	14.47c	4.40b	6.933b	6.10c	4.03d

注：同列不同小写字母表示差异显著（$P<0.05$）。

气孔是CO_2和水汽交换的通道，其行为与叶片的光合和蒸腾密切相关，而气孔导度则表示植物气孔开张的程度，较高的气孔导度能够提高作物叶片的光合速率。两年试验数据显示（表11-3），在整个测定期内，各处理的功能叶片气孔导度均随生育进程的推进迅速升高，并于结荚期达到最大值，随后逐渐下降，各处理在各生育阶段均以翻耕覆膜处理的最高，并与其他各处理基本达显著差异水平（$P<0.05$）；其次为翻耕处理的较高，最低为免耕处理，其中翻耕处理基本与免耕处理达显著差异水平（$P<0.05$）。由此说明，土壤实施耕作处理可提高复播大豆功能叶的气孔导度，以翻耕覆膜处理的效果最显著。

Ci反映了叶片同化CO_2的能力。两年试验数据显示（表11-3），各处理均随着生育进程的推进，复播大豆胞间CO_2浓度逐渐降低，于结荚期达到最低，而后又逐渐升高，说明大豆在结荚期叶片同化CO_2能力最强，此时叶片能获得较多的光合产物，促进了植株干物质的积累；而后随着生育进程的推进，叶片衰老、脱落，导致叶片同化CO_2的能力逐渐减弱。各处理间在整个测定期的各个生育阶段则始终表现出免耕>旋耕>翻耕>翻耕覆膜的发展趋势，其正好与各处理间Pn、Tr、Gs的趋势相反，进一步证实土壤实施耕作措施处理能够较好地调节叶片Gs，改善Tr，进而增强叶片的Pn，提高叶片同化CO_2的能力，积累更多的光合产物，为获得较高的产量奠定了基础。

表11-3 耕作措施对复播大豆各生育时期叶片气孔导度、胞间CO$_2$浓度的影响

年份	处理	气孔导度/[mol/(m²·s)]				胞间CO$_2$浓度/(μmol/mol)			
		苗期	开花期	结荚期	鼓粒期	苗期	开花期	结荚期	鼓粒期
2013年	TP	0.183a	0.323a	1.109a	0.373a	251.67c	238.67d	228.00c	273.67b
	T	0.173b	0.250b	1.006ab	0.278b	260.00c	251.33c	237.33c	284.00b
	RT	0.168b	0.187c	0.818bc	0.261c	276.67b	265.67b	243.33b	340.00a
	NT	0.142c	0.172c	0.623c	0.248d	290.00a	278.00a	251.33a	357.67a
2014年	TP	0.272a	0.631a	0.892a	0.675a	234.67b	213.33c	134.33c	161.33d
	T	0.250a	0.518b	0.783b	0.588b	236.33b	217.33bc	153.67b	185.33c
	RT	0.223b	0.466b	0.645b	0.476c	248.33a	231.00b	169.33a	201.00b
	NT	0.186c	0.433b	0.630c	0.346d	244.33a	250.67a	176.67a	211.33a

注：同列不同小写字母表示差异显著（$P<0.05$）。

11.1.7 土壤耕作措施对复播大豆地上部分干物质积累动态的影响

由图11-5可知，土壤耕作措施下复播大豆两年的干物质量积累动态变化基本表现出相同的趋势，呈现"S"形变化趋势，大致可以分为三个不同的增长阶段，一是从苗期至初花期（苗后15~30 d），此时复播大豆以营养器官干物质积累为主，单株干物质量积累比较缓慢；二是从盛花期至盛荚期（苗后30~60 d），此时营养器官和生殖器官发育并进，单株干物质积累量迅速增加，近乎直线增长；三是鼓粒期至成熟期（苗后60 d后），此时营养器官积累产物大量向籽粒转移，营养器官衰老，单株干物质积累缓慢、稳定增长。进一步分析各处理的干物质积累规律可知，TP处理全生育期干物质均高于其他各处理，由此表明TP处理能够提高复播大豆的干物质积累量。

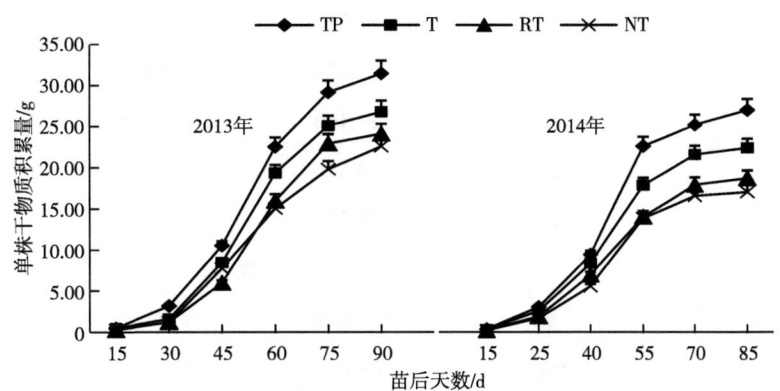

图11-5 耕作措施对复播大豆干物质积累动态的影响

11.1.8 土壤耕作措施对复播大豆产量及产量构成因素的影响

耕作措施的选择是否合适，最终反映在作物的产量上。从复播大豆产量测定（表11-4）

结果可以看出，与免耕处理相比，土壤在实施耕作措施处理后均有一定的增产效果，其中以翻耕覆膜和翻耕处理的增产较大，两年平均产量分别较免耕处理的增产20.82%和9.97%，均达显著差异水平（$P<0.05$）。进一步比较各处理的产量构成因素可知，翻耕覆膜处理对单株荚数、单株粒数的影响较为明显，2013年、2014年平均单株荚数分别比翻耕处理、旋耕处理、免耕处理增加22.10%、36.22%、50.28%，平均单株粒数提高19.55%、32.73%、48.10%，且均达显著差异水平（$P<0.05$），这表明翻耕覆膜处理可提高复播大豆的单株荚数和单株粒数，进而增加群体的荚粒数，达到增产的效果；百粒重虽然是大豆品种固有的特性，但受作物生长环境的影响。两年试验结果均显示不同土壤耕作措施的百粒重不同，以翻耕覆膜处理的最高，翻耕处理的次之，再者是旋耕处理的，而免耕处理的最低，且两年试验显示，翻耕覆膜处理的百粒重与旋耕处理和免耕处理的均达显著差异水平（$P<0.05$）。由此说明，翻耕覆膜处理更有利于复播大豆鼓粒，从而增加粒重。对各产量构成因子与产量做相关性分析可知，单株荚数和单株粒数均与产量达显著正相关（$R^2=0.98^{**}$、0.96^*和$R^2=0.98^{**}$、0.94^*），而百粒重两年更是均与产量达极显著正相关（$R^2=0.97^{**}$、0.98^{**}），充分说明在不同土壤耕作措施下，提高大豆的产量不仅要保证较高的单株荚和粒数，增加粒重才是增产的关键，这也进一步说明翻耕处理有利于大豆增产。

表11-4 耕作措施对复播大豆产量及产量构成因素的影响

年份	处理	单株荚数/个	单株粒数/粒	百粒重/g	产量/（kg/hm²）
2013年	TP	32.41a	76.69a	16.99a	2 795.91a
	T	25.32b	60.17b	16.54ab	2 602.58b
	RT	22.37c	55.64c	16.09bc	2 522.27b
	NT	21.31c	52.14d	15.45b	2 409.24c
2014年	TP	31.67a	68.17a	12.64a	1 369.47a
	T	27.16b	61.00b	12.07ab	1 188.70b
	RT	24.67c	53.50d	11.26bc	1 046.80c
	NT	21.33d	45.67e	11.06c	1 038.21c
线性相关分析					
2013年	产量	$R^2=0.98^{**}$	$R^2=0.98^{**}$	$R^2=0.97^{**}$	
2014年	产量	$R^2=0.96^*$	$R^2=0.94^*$	$R^2=0.98^{**}$	

注：同列不同小写字母表示差异显著（$P<0.05$）。*和**分别表示$P<0.05$和$P<0.01$水平上显著相关。

11.1.9 土壤耕作措施经济效益分析

由表11-5可知，两年平均效益以翻耕覆膜处理的纯收益最高，达1 484.41元/hm²，较最低的免耕处理高出154.69%，尤其是2013年翻耕覆膜处理的，纯收益达到3 968.23元/hm²，不仅比同年免耕处理的高出28.85%，更是高出翻耕处理的12.15%。2014年纯收益为负值，这是因为在夏大豆鼓粒期，遭遇灾害天气，造成大豆未能正常鼓粒，从而导致大幅减产。进一步分析两年平均收益可知，与免耕处理相比，土壤实施耕作处理虽然增加了机耕（整地、中耕等）费用，提高生产总投入，但因土壤耕作能够抑制和消灭杂草，从而减少了农药的使用量和人工费用，并对保护农业生态环境有积极的作用。另外，土壤实施耕作处理的又以翻耕处理的效果较好，尤其是翻耕覆膜处理，虽然地膜使用产生630元/hm²费用，但与翻耕处理相比，其人工费减少55.10%，中耕费减少13.79%，同时增产达9.87%，使经济效益增加显著，纯收益最高。

表11-5 耕作措施经济效益分析

年份	处理	大豆产量/(kg/hm²)	生产资料及工序费用/（元/hm²）										
			种子	化肥	地膜	滴灌设备	农药	整地播种	中耕	人工	总投入	总产值	纯收益
2013年	TP	2 795.91	1 350	925	630	3 090	300	600	300	300	7 495	11 463.2	3 968.23
	T	2 602.58	1 350	925	—	3 090	300	600	300	750	7 315	10 670.6	3 355.58
	RT	2 522.27	1 350	925	—	3 090	300	450	300	750	7 165	10 341.3	3 176.31
	NT	2 409.24	1 350	925	—	3 090	600	—	—	900	6 865	9 877.88	3 012.88
2014年	TP	1 369.47	1 350	925	630	2 370	337.50	650	200	360	6 822.50	5 751.77	−1 070.7
	T	1 188.70	1 350	925	—	2 370	337.50	550	280	720	6 532.50	4 992.54	−1 540
	RT	1 046.80	1 350	925	—	2 370	337.50	400	280	720	6 382.50	4 396.56	−1 985.9
	NT	1 038.21	1 350	925	—	2 370	731.25	—	—	900	6 276.25	4 360.48	−1 915.8
平均年	TP	2 082.69	1 350	925	630	2 730	318.75	625	250	330	7 158.75	8 643.16	1 484.41
	T	1 895.64	1 350	925	—	2 730	318.75	575	290	735	6 923.75	7 866.91	943.156
	RT	1 784.535	1 350	925	—	2 730	318.75	425	290	735	6 773.75	7 405.82	632.07
	NT	1 723.725	1 350	925	—	2 730	665.625	—	—	900	6 570.63	7 153.46	582.834

注：2013年新疆大豆均价4 100元/t；2014年新疆大豆均价4 200元/t。

11.1.10 小结

翻耕覆膜处理因土壤实施翻耕并增加地膜覆盖后能够保持良好的土壤水环境，满足大豆生长需要，获得较适宜的株高和茎粗，群体空间结构适宜，群体间通风透光效果较好，利于植株进行光合作用并提高光合效率，从而增大光合产物在植株中的积累，同时协调各个器官中干物质的分配比例，达到增产增效。

11.2　土壤耕作措施对复播大豆农田土壤理化性质的影响

在明确了土壤耕作措施对麦后复播大豆生长发育和产量及其经济效益影响的基础下，于2014年对土壤耕作措施下复播大豆农田土壤理化性质进行了取样、测定和分析，以期进一步探讨不同土壤耕作措施促进复播大豆增产的土壤理化特征。

11.2.1　土壤耕作措施对复播大豆农田土壤养分的影响

由表11-6土壤耕作措施下土壤剖面0~60 cm土层全量氮、磷含量与有机碳含量具有相同的变化趋势，均随着土层的加深而降低，而且在相同层次的各处理之间基本存在异同。0~20 cm土层土壤全氮、全磷含量基本均表现为NT>RT>TP>T，NT处理的全氮含量达到3.66 g/kg，全磷含量达到1.85 g/kg，分别比RT、TP、T处理高出6.09%、7.33%、9.25%和2.21%、5.11%、5.71%；20~40 cm土层土壤全氮、全磷含量表现为TP>NT>RT>T，各耕作处理间差异不显著。相较于0~20 cm土层各处理全氮、全磷含量均有所下降，但表现为NT处理下降趋势大于进行耕翻的处理。这可能是因为翻耕处理可将较多的麦秆翻入该土层，从而使该土层的有机物质含量增加，并且耕地进行覆膜后致使土壤温度增加、水分含量增加、土壤微生物的活力明显高于裸地，使有机物和养分的含量增加；40~60 cm土层，土壤全氮、全磷含量较上一土层均有所下降，但是各土壤耕作措施间差异不显著。说明耕作措施对土壤养分影响表现在40 cm土层以上，对深层土壤影响较小。土壤全钾含量表现出随着土层的加深逐渐减少的趋势，但在0~60 cm土层各处理间差异均不显著。说明短期试验内土壤耕作措施对土壤全钾影响不显著。

表11-6　耕作措施对土壤养分含量的影响

处理	土壤深度/cm	有机碳/(g/kg)	全氮/(g/kg)	全磷/(g/kg)	全钾/(g/kg)	有效氮/(mg/kg)	速效磷/(mg/kg)
TP	[0, 20]	12.24c	3.41ab	1.75b	6.03a	127.03a	4.52a
	(20, 40]	9.50a	3.32a	1.69a	5.79a	91.54a	3.29a
	(40, 60]	3.31c	3.03a	1.42a	5.37ab	35.54a	1.15c
T	[0, 20]	12.14c	3.35b	1.76b	5.93a	119.45ab	4.35a
	(20, 40]	9.11ab	3.26ab	1.65ab	5.50a	75.82b	3.52a
	(40, 60]	4.73b	3.02a	1.39ab	5.45a	32.91ab	1.24bc
RT	[0, 20]	12.50b	3.45a	1.81ab	5.97a	110.68bc	3.77b
	(20, 40]	8.72ab	3.25ab	1.63ab	5.71a	69.38c	2.48b
	(40, 60]	4.52b	2.89ab	1.46a	5.48a	32.83ab	1.48a

续表

处理	土壤深度/cm	有机碳/(g/kg)	全氮/(g/kg)	全磷/(g/kg)	全钾/(g/kg)	有效氮/(mg/kg)	速效磷/(mg/kg)
NT	[0, 20]	13.21a	3.66a	1.85a	6.00a	101.55c	3.24c
	(20, 40]	8.35b	3.23ab	1.68a	5.82a	68.22c	1.70c
	(40, 60]	5.21a	2.93a	1.48a	5.41a	32.78ab	1.33ab

注：同列不同小写字母表示差异显著（$P<0.05$）。

速效养分氮、磷含量表现为随着土层的加深表现出逐渐减少的趋势，并在相同层次的各处理之间表现出差异性。0～20 cm土层有效氮、有效磷含量均表现为TP>T>RT>NT，TP处理的速效氮含量达到127.03 mg/kg，全磷含量达到4.52 mg/kg，分别比T、RT、NT处理高出6.35%、14.77%、25.09%和3.91%、19.89%、39.51%，NT、RT与TP处理间差异显著；20～40 cm土层土壤有效氮、磷含量基本均表现为TP>T>RT>NT，NT、RT与T、TP处理差异性显著。相较于0～20 cm土层各处理全氮、全磷含量均有所下降。说明TP可以显著增加0～40 cm土层有效氮、磷含量，而NT、RT使速效养分降低；40～60 cm土层，有效氮、磷含量较上一土层均有所下降，但是处理间差异不显著。说明耕作措施对土壤有效养分影响表现在40 cm土层以上，对深层土壤影响较小。

11.2.2 土壤耕作措施对土壤容重、总孔隙度的影响

由图11-6可知，土壤耕作措施下的土壤容重均随着土层的加深呈逐渐增加的趋势，30 cm深度以下，土壤容重增加缓慢。各处理0～60 cm土层的土壤容重基本上均表现出NT>RT>T>TP，尤其是土层深度在30 cm以内，土层越浅各处理间土壤容重的变化规律越明显，0～10 cm土层的容重以NT处理的最高，较其他各处理分别增加了3.82%、4.62%、5.43%，其次为RT处理。NT处理不但未受机械的疏松作用，并且越接近地表，土壤越容易受播种、灌溉外部环境的压力影响，加之土壤本身自然重力的作用，使NT处理的土壤容重不仅比其他处理的大，而且土壤越浅其土壤容重越大。而由于T和TP处理对土壤作用的深度达30 cm，从而造成

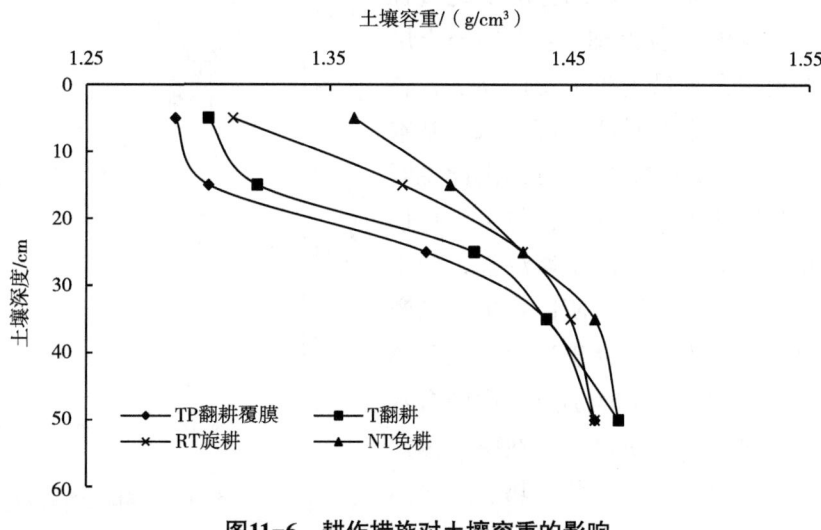

图11-6 耕作措施对土壤容重的影响

0~30 cm土层土壤疏松,土壤容重相对较小,而30 cm以下土壤未受到机具扰动,土壤容重较大,尤其是40 cm以下各处理土层的土壤均未受到机械的作用,土壤容重不仅大而且处理间的差异也较小。由此说明经过大豆一个生长周期,实施土壤耕作处理的耕层土壤仍然表现较为疏松、容重较低,疏松的耕层有利于土壤的气体交换和根系的生长发育,而未实施土壤耕作措施的免耕处理的土壤容重一直较大,尤其是表层土壤。

由图11-7可知,各处理的土壤总孔隙度与土壤容重呈现相反的变化规律,均随着土层的加深呈现逐渐减少的趋势,并且各处理基本上表现为TP>T>RT>NT。0~30 cm土层的土壤总孔隙度均以TP处理的最高,其平均值分别比T、NT、RT高出1.36%、3.75%、5.68%。各处理30 cm以下的土壤总孔隙度明显减少,且差异不显著。由此,在本试验以滴灌为前提下土壤进行耕翻作业可增加耕作层的土壤孔隙度,为作物根系的生长提供最优的松散深厚的土壤环境,从而有利于土壤的气体交换和根系的生长发育,而未实施土壤耕作措施的免耕处理的土壤孔隙度一直较小,尤其是表层土壤。

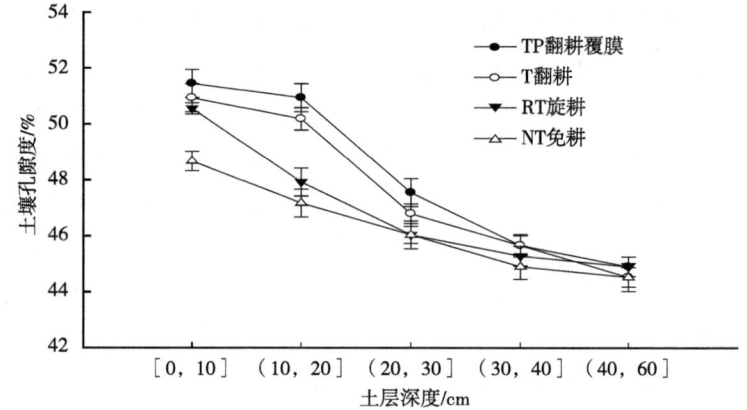

图11-7 耕作措施对土壤总孔隙度的影响

11.2.3 土壤耕作措施对复播大豆农田土壤含水量的影响

土壤耕作措施因对土壤扰动程度不同,影响土壤的紧实程度,进而影响土壤的蓄水保墒能力。土壤水分含量在土壤层次内流通,形成很好的环境,进而影响土壤微生物和各种酶的活性,从而对SOC的分解矿化过程产生影响。各处理0~100 cm土层的土壤含水量表明(图11-8),各处理各个生育时期土壤含水量基本均表现为TP>T>RT>NT,由此说明在相同滴灌量条件下,与少、免耕相比,耕翻处理因土壤深翻,使土壤变得疏松多孔,所以在进行滴灌过程中,水分更易于流通,水分渗透能力增强从而增加土壤中的含水量。进一步分析可知,在整个测定期内,TP处理的平均土壤含水量达20.23%,不仅较少、免耕处理的平

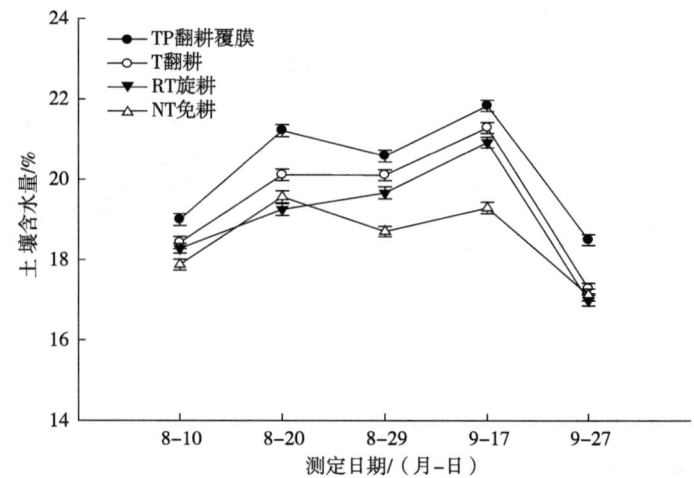

图11-8 耕作措施对土壤含水量的影响

均值高出7.78%，更是比T处理的高出4.03%。说明TP处理，因地膜覆盖，进一步阻止土壤水分的无效蒸发，同时将地膜上因土壤水分蒸发产生的水重新返还于土壤，改变水分在土壤中纵向散播比例的同时大大提高土壤含水量。这也进一步证实滴灌条件下土壤实施翻耕后，采用膜下滴灌技术后土壤的蓄水保墒效果更加显著。

11.2.4 土壤耕作措施对复播大豆农田土壤温度的影响

土壤温度在控制有机物质分解速率和土壤微生物活性方面具有重要作用。整个生育期内各处理15 cm土层的土壤温度表明（图11-9），自复播大豆苗期开始至收获，各耕种处理土壤温度整体变化趋势一致，均表现为波动下降，受土壤耕作措施及气温等因素的影响，复播大豆生育后期土壤温度大幅下降。不同耕作处理对复播大豆15 cm处土壤温度的影响不同，整个生育期内基本均表现为TP>NT>RT>T。在8月22日达到最高温，TP处理达25.90℃，起到明显的增温效果，分别比NT、RT、T处理高出16.56%、15.73%和17.89%。

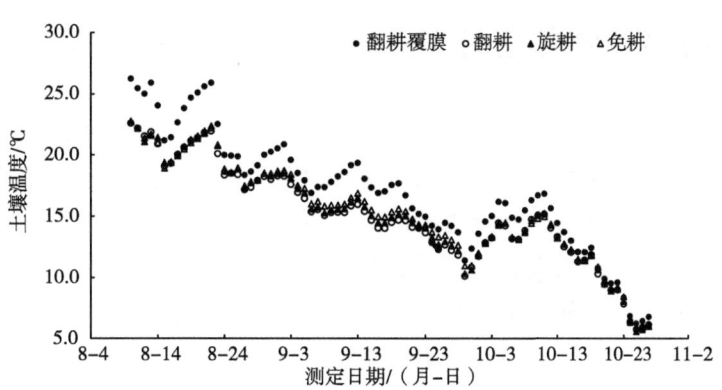

图11-9　耕作措施对复播大豆全生育期农田0～15 cm土壤温度的影响

随着复播大豆的生长，气温的变化对夏大豆的鼓粒至成熟有着显著的影响，2014年进行的试验中，在大豆鼓粒期天气出现突然降温现象，土壤的保温效果起到一定的作用。对9月29日每2 h记录的土壤温度值进一步分析表明（图11-10），各处理基本均表现为TP>NT>RT>T，翻耕措施下当温度突然下降时表现为温度最低，24 h平均温度仅有10.11℃，而翻耕覆膜和免耕处理土壤温度达11.39℃和10.95℃，温差分别达1.28℃和0.84℃。说明在出现急速降温现象时，翻耕覆膜和免耕处理具有明显的保温作用。由此说明翻耕覆膜处理可有效增加复播大豆土壤温度，其次是免耕处理。对复播大豆生育后期因突然降温造成伤害而减产的现象具有减缓作用。

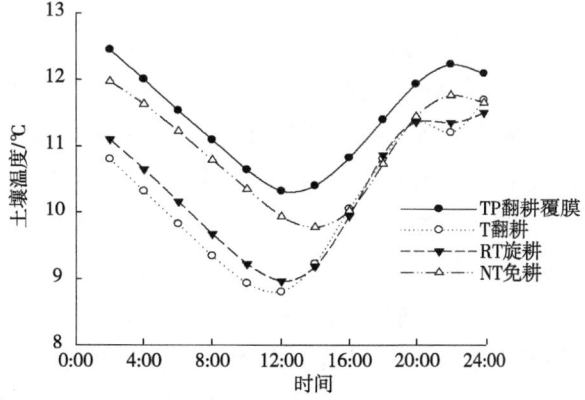

图11-10　耕作措施下复播大豆农田9月29日24 h内土壤温度变化

11.2.5 小结

不同土壤耕作措施会影响复播大豆土壤理化特性。其中免耕促进0~20 cm土层土壤全氮、全磷含量的增加，而翻耕、翻耕覆膜处理不仅提高了20~40 cm土层全氮、全磷含量，同时增加了0~40 cm土层速效氮、速效磷的含量。耕作措施对土壤物理性状的影响主要集中在表层0~10 cm和耕层20~30 cm，其中翻耕覆膜处理使土壤含水量提高4.03%~9.26%。免耕使土壤容重增大2.19%~5.26%、土壤孔隙度减小1.36%~5.68%。同时翻耕覆膜和免耕处理具有明显的增温效果，尤其是在出现突然降温天气时，土壤温度升温0.84~1.28℃。

11.3 周年土壤耕作组合对麦-豆土壤氮素转化及产量的影响

在明确了复播大豆增产耕作措施的基础上，为了进一步探究促进冬小麦复播大豆周年增产和氮高效利用的不同土壤耕作组合技术，开展了周年土壤耕作措施组合田间试验。通过研究冬小麦复播大豆土壤耕作措施对后茬作物土壤物理性质、土壤氮素转化、植株氮素吸收利用及植株生长发育的影响，揭示周年不同土壤耕作组合对麦-豆土壤氮素转化和产量形成的影响规律，从而为选择有利于促进北疆麦-豆多熟种植作物产量、土壤氮素利用率和减少氮素损失相适宜的周年土壤耕作组合提供参考。

11.3.1 试验设计

在冬小麦-夏大豆周年轮作体系下，采取裂区试验设计，如表11-7所示。主因素为冬小麦播前整地采取深松（S）和翻耕（T）两个处理，前者采用深松机械，作业深度为50 cm，旋耕2遍；翻耕处理为犁翻深28 cm，联合整地机整地。试验区面积为2 000 m²（40 m×50 m）；副因素为冬小麦收获后在冬小麦两个处理原区位上等分地划分3个小区，分别作为夏大豆播前3个土壤耕作处理，分别采取翻耕（T1）、翻耕覆膜（P）、免耕（N）。各处理土壤耕作均在冬小麦留茬高度为25 cm基础上进行，翻耕处理同麦季土壤耕作措施一致；翻耕覆膜处理在翻耕的基础上覆膜，膜宽70 cm；免耕处理是在麦茬地上直接播种。由此夏大豆共有6个处理，组合方式分别为翻耕-翻耕（TT1）、翻耕-翻耕覆膜（TP）、翻耕-免耕（TN）、深松-翻耕（ST1）、深松-翻耕覆膜（SP）和深松-免耕（SN）。每个小区面积为40 m²（5 m×8 m），共18个小区。

冬小麦秋播时间分别为2017年10月19日和2018年10月16日，收获时间分别为2018年7月3日和2019年7月1日；夏大豆播种时间分别为2018年7月5日和2019年7月3日，收获时间为2018年10月14日和2019年10月18日。供试品种冬小麦为新冬42号、夏大豆为黑河45号，其中播种方式冬小麦为条播，夏大豆为30 cm等行距播种。周年灌溉方式为滴灌，滴灌带间距为60 cm。冬小麦-夏大豆周年内氮肥（尿素N≥46.4%）总用量525 kg/hm²，其中冬小麦播前氮肥150 kg/hm²同时配施重过磷酸钙（P_2O_5≥44%）204 kg/hm²作为底肥一次施入，冬小麦追施氮肥225 kg/hm²，分别在拔节期、抽穗期各50%施入；剩余150 kg/hm²氮肥作为夏大豆花期追肥。小麦和大豆追肥均为随水滴施尿素，其他管理同当地大田一致。

表11-7 周年不同土壤耕作组合试验设计

主区（冬小麦季）	副区（夏大豆季）	代码
翻耕（T）	翻耕（T1）	TT1
	翻耕覆膜（P）	TP
	免耕（N）	TN
深松（S）	翻耕（T1）	ST1
	翻耕覆膜（P）	SP
	免耕（N）	SN

11.3.2 土壤耕作措施对冬小麦LAI的影响

LAI的大小是反映叶片对光能的截获情况，进而影响干物质积累。如图11-11所示，两处理冬小麦LAI随生育进程的推进，呈现"先增后降"变化趋势，并在孕穗期达到最大，其范围值为0.26~4.74。比较平均冬小麦不同生育时期LAI发现，深松处理的LAI相比翻耕处理的高出11.28%，说明深松比翻耕更有利于冬小麦LAI的增加。

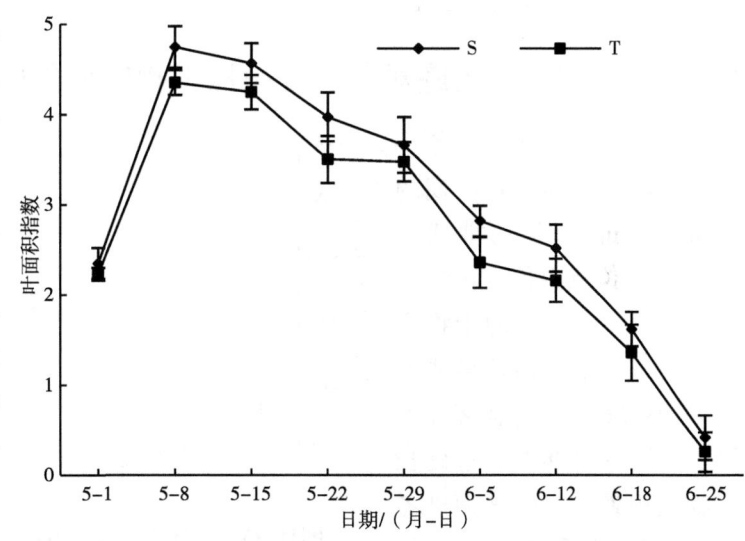

图11-11 耕作措施对冬小麦植株叶面积指数的影响（2019年）

11.3.3 周年土壤耕作组合对夏大豆LAI的影响

在冬小麦采取深松或者翻耕措施基础上又在夏大豆播前采取3种土壤耕作措施，由此对不同耕作组合下夏大豆LAI进行分析（图11-12）。不同年份间各处理夏大豆LAI均随着生育时期的推进呈"先增后降"变化趋势，均在鼓粒初期达到最大值（苗后60 d），其范围在0.66~4.89（2018年）、0.54~4.95（2019年）。

进一步平均2年不同处理各生育时期LAI分析可知，当夏大豆连续2年采取同一耕作措施时，除SP与TP处理间的LAI平均值无显著差异外，ST1处理比TT1处理高出9.91%，SN处理比TN处理高出12.03%；说明秋季采取深松或者翻耕对后茬夏大豆LAI均具有后效作用，其中以深松后效作用最为显著；但无论秋季是深松还是翻耕，对翻耕覆膜处理的夏大豆LAI均无影响，这可能是相对于土壤自然裸露环境，覆膜能够降低土壤水分挥发，具有一定的增温保墒作用，加速有机质矿化分解，进而提升植株LAI。当不同年份间小麦季采取同一耕作措施时，夏大豆不同处理

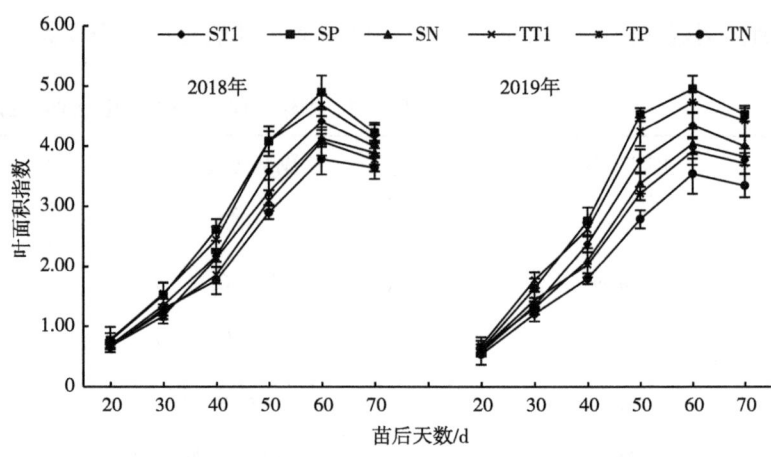

图11-12　周年土壤耕作组合对夏大豆植株叶面积指数的影响

的两年LAI平均值均以P处理最高，翻耕次之，分别比N处理显著高出26.81%和7.76%；说明LAI对当季土壤耕作措施具有明显的动态响应，其中翻耕基础上覆膜更有利于LAI的增加。但在冬小麦深松基础上，夏大豆免耕处理的LAI高于TT1处理，但无显著差异，说明冬小麦深松后夏大豆实施免耕也能够保持较好的叶面积指数。

11.3.4　土壤耕作措施对冬小麦植株干物质积累的影响

如图11-13所示，冬小麦干物质积累随生育时期的推进，呈现"S"形曲线变化趋势，其范围值在0.55~4.47 g，深松处理的干物质积累量理论最大值比翻耕处理高出9.26%，呈显著性差异，说明深松能够通过延长干物质积累总时间来促进冬小麦干物质的积累。

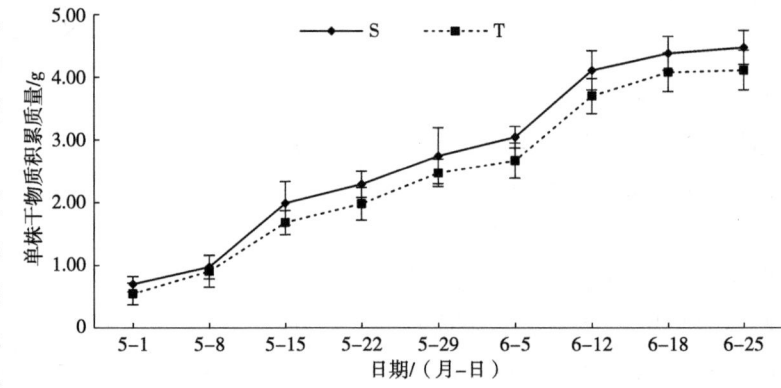

图11-13　耕作措施对冬小麦植株干物质积累的影响（2019年）

11.3.5　周年土壤耕作组合对夏大豆植株干物质积累及特征参数的影响

如图11-14所示，不同年份间各处理夏大豆干物质积累量均随着生育时期的推进，呈现与冬小麦相同的"S"形曲线变化趋势；其中ST1处理的两年干物质积累平均值比TT1处理高出25.49%，SN处理比TN处理高出19.40%；说明秋季采取深松或者翻耕对后茬夏大豆干物质积累具有后效作用，其中以深松后效作用最为显著。由表11-8可知，当不同年份间小麦季采取同一耕作措施时，除最大生长速率的出现时间（T_m）外，夏大豆干物质积累量及各项参数和产量均以P处理最高，翻耕次之，表现为P>T1>N，且P处理和T1处理相比免耕延长了干物质积

累总持续时间分别为11.65 d和6.38 d；说明翻耕基础上覆膜更有利于提升各项干物质积累特征参数来促进植株干物质的积累，同时也延长了作物生育周期。而在冬小麦深松基础上，夏大豆免耕处理的各项指标参数及干物质理论最大值均高于TT1处理，但无显著差异，说明小麦季深松后夏大豆实施免耕既能有效缩短生育周期又能够保持相当的干物质量。

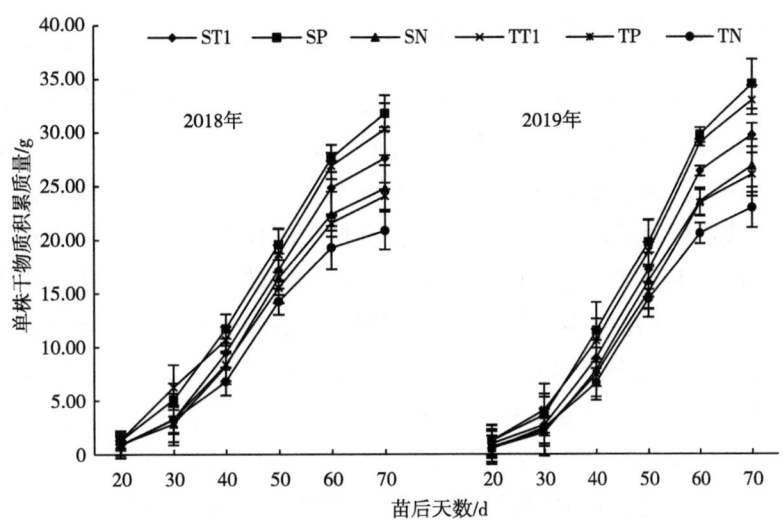

图11-14 周年土壤耕作组合对夏大豆植株干物质积累的影响

表11-8 周年土壤耕作组合对夏大豆干物质积累的Logistic模拟及其特征值

年份	处理		Logistic回归方程	T_g/d	V_a/[g/(株·d)]	T_m/d	V_m/[g/(株·d)]	GT/(g/株)
2018年	S	T1	$y=29.455/[1+e^{(5.405-0.115t)}]$	86.96b	0.34b	46.85a	0.85b	19.40b
		P	$y=34.631/[1+e^{(4.902-0.104t)}]$	91.32a	0.38a	47.08a	0.90a	22.80a
		N	$y=25.839/[1+e^{(5.963-0.130t)}]$	81.22c	0.32bc	45.76b	0.84b	17.02c
	T	T1	$y=25.447/[1+e^{(5.488-0.119t)}]$	84.73b	0.30cd	46.14ab	0.76c	16.76c
		P	$y=32.922/[1+e^{(5.053-0.107t)}]$	90.00a	0.37a	47.24a	0.88a	21.68a
		N	$y=21.544/[1+e^{(6.345-0.140t)}]$	78.14d	0.28d	45.34b	0.75c	14.19d
2019年	S	T1	$y=32.491/[1+e^{(5.444-0.111t)}]$	90.44b	0.36b	49.05a	0.91b	21.40b
		P	$y=38.670/[1+e^{(4.945-0.100t)}]$	95.40a	0.41a	49.45a	0.97a	25.46a
		N	$y=28.446/[1+e^{(6.041-0.126t)}]$	84.41d	0.34bc	47.94b	0.90b	18.73c
	T	T1	$y=28.055/[1+e^{(5.802-0.119t)}]$	87.37c	0.32cd	48.76ab	0.84c	18.47c
		P	$y=36.821/[1+e^{(5.075-0.103t)}]$	93.88a	0.39a	49.27a	0.95a	24.2a5
		N	$y=23.915/[1+e^{(6.475-0.138t)}]$	80.22e	0.30d	46.92c	0.83c	15.75d

注：t为夏大豆出苗后的天数；y为夏大豆干物质积累量。T、T_m、V_a、V_m、GT分别表示干物质积累的持续总时间、最大生长速率的出现时间、平均速率、最大相对生长速率、干物质快速积累生长特征值。同列小写字母表示差异显著（$P<0.05$）。

11.3.6 周年土壤耕作组合对麦-豆氮素吸收的影响

如表11-9所示，土壤耕作措施冬小麦植株氮素积累总量从扬花期至成熟期呈增加趋势，并在收获期S处理的比T处理的高出23.75%，呈显著差异（$P<0.05$）。进一步分析各器官氮素积累分配量与比例可知，各处理氮素在茎、叶片、叶鞘和穗中的积累和分配比例从扬花期至成熟期呈显著下降的趋势，在籽粒中的积累和分配比例则逐渐递增；其中扬花期氮素分配比例由大到小为茎、叶片、穗、叶鞘，成熟期氮素分配比例由大到小为籽粒、茎、叶鞘、叶片、穗。S处理各器官氮素分配比例由12.23%~42.70%下降至2.77%~6.00%，T处理各器官氮素分配比例由14.45%~44.88%下降至2.11%~6.44%，在成熟期两个处理间的籽粒氮素积累量分别占植株氮素积累量的84.85%和85.45%，但不同时期不同器官氮素积累量均以S处理最高，并与T处理呈显著差异，说明深松比翻耕更有利于植株的各器官氮素的积累，促进成熟期氮素在籽粒中积累，使籽粒氮素积累量高出22.89%。

表11-9 耕作措施对冬小麦花后氮素积累及分配的影响（2019年）

生育时期	处理	植株氮素分配量/（kg/hm²）						分配比例/%				
		茎	叶片	叶鞘	穗（穗轴+颖壳）	籽粒	总重	茎	叶片	叶鞘	穗（穗轴+颖壳）	籽粒
扬花期	S	98.55a	56.17a	28.22a	47.86a	—	230.80a	42.70	24.34	12.23	20.74	—
	T	75.92b	34.07b	24.45b	34.73b	—	169.17b	44.88	20.14	14.45	20.53	—
成熟期	S	17.43a	8.29a	10.28a	8.04a	246.62a	290.66a	6.00	2.85	3.54	2.77	84.85
	T	15.12b	6.54b	7.58b	4.95b	200.68b	234.87b	6.44	2.78	3.23	2.11	85.45

注：同列小写字母表示差异显著（$P<0.05$）。

由表11-10可知，土壤耕作措施可显著提高冬小麦花前氮素转运量和花后氮素积累量，与T处理相比，S处理可显著增加小麦花前氮素转运量与对籽粒贡献率，分别高出38.38%和8.45%，并呈显著性差异。而花后氮素积累量与对籽粒贡献率以T处理最高，比S处理分别高出9.74%和34.86%，其中对籽粒贡献率以花前各器官氮素转运最为显著。说明深松比翻耕更有利于提高花前植株氮素转运，并使植株营养器官氮素向籽粒运移，提高对籽粒贡献率，为籽粒氮素积累奠定了基础。

表11-10 耕作措施对冬小麦花前氮素转运和花后氮素积累的影响（2019年）

处理	花前氮素转运		花后氮素积累	
	转运量/（kg/hm²）	对籽粒贡献率/%	积累量/（kg/hm²）	对籽粒贡献率/%
S	186.76a	75.72a	59.86b	24.28b
T	134.99b	67.27b	65.69a	32.73a

注：同列小写字母表示差异显著（$P<0.05$）。

如表11-11所示，不同年份间各处理夏大豆植株氮素积累总量从花期至成熟期呈增加的趋势，其中在花期当冬小麦秋季采取同一耕作措施时，连续2年各处理夏大豆植株氮素总积累量均以P处理最高，N与T1处理均无显著性差异，但与P处理呈显著差异（$P<0.05$），说明土壤耕作措施均能促进夏大豆花期植株氮素的积累，其中翻耕基础上覆膜能够更有效促进植株氮素的积累。

在成熟期，当夏大豆连续2年采取同一耕作措施时，除SP与TP处理间的成熟期籽粒和植株氮素积累量无显著差异外，ST1处理的两年籽粒和植株氮素积累量平均值比TT1处理的分别高出18.97%和21.06%，SN处理的比TN处理的分别高出28.70%和32.81%，均存在显著差异。说明当夏大豆进行翻耕和免耕时，秋季采取深松或者翻耕对提升夏大豆籽粒和植株氮素积累均具有后效作用，其中以深松后效作用最为显著；但无论秋季是深松还是翻耕，对翻耕覆膜处理的夏大豆籽粒和植株氮素积累均无影响。当冬小麦采取同一耕作措施时，连续2年夏大豆各处理籽粒和植株氮素积累量均以P处理最高，并与其他处理呈显著差异，表现为P>T1>N；其中在深松基础上夏大豆免耕处理的籽粒和氮素积累量均高于TT1处理，表现为与ST1、TT1处理的均无显著差异。进一步分析可知，不同处理间植株各器官氮素分配比例由大到小均为籽粒、荚皮、叶、茎、柄；其中植株各器官氮素积累量均以SP与TP处理的最高，并显著高于其余四种处理（$P<0.05$）；说明翻耕覆膜能够有效提升植株各器官氮素积累，进而增加籽粒和植株的氮素积累。

表11-11 周年耕作组合对夏大豆花后氮素积累及分配的影响

年份	生育时期	处理		植株氮素分配量/（kg/hm²）					分配比例/%				
				茎	叶	叶柄	荚皮	籽粒	总重	茎	叶	叶柄	荚皮	籽粒
2018年	花期	S	T1	10.95b	29.25c	2.25c	—	—	42.45c	0.26	0.69	0.05	—	—
			P	19.36a	47.58b	7.36b	—	—	74.29b	0.26	0.64	0.1	—	—
			N	7.19b	23.13c	1.84c	—	—	32.16c	0.22	0.72	0.06	—	—
		T	T1	10.42b	29.71c	3.84c	—	—	43.97c	0.24	0.68	0.09	—	—
			P	24.11a	60.23a	10.87a	—	—	95.21a	0.25	0.63	0.11	—	—
			N	11.52b	29.62c	2.55c	—	—	43.69c	0.26	0.68	0.06	—	—
	成熟期	S	T1	8.18b	37.16b	3.57b	17.64	319.75b	386.31b	2.12	9.62	0.92	4.57	82.77
			P	12.29a	51.93a	6.90a	32.93	398.58a	502.64a	2.45	10.33	1.37	6.55	79.30
			N	5.90c	28.92c	2.97b	13.90	291.39bc	343.08bc	1.72	8.43	0.87	4.05	84.93
		T	T1	6.90bc	26.38c	3.12b	13.43	271.23c	321.08c	2.15	8.22	0.97	4.18	84.48
			P	11.54a	45.48a	5.30a	32.89	373.68a	468.90a	2.46	9.70	1.13	7.02	79.69
			N	3.58d	15.67d	0.95c	11.91	224.20d	256.31d	1.40	6.11	0.37	4.65	87.47

续表

年份	生育时期	处理		植株氮素分配量/（kg/hm²）					分配比例/%					
				茎	叶	叶柄	荚皮	籽粒	总重	茎	叶	叶柄	荚皮	籽粒
2019年	花期	S	T1	9.45c	28.75c	1.67cd	—	—	39.87b	0.24	0.72	0.04	—	—
			P	11.67b	45.05b	4.52b	—	—	61.24a	0.19	0.74	0.07	—	—
			N	4.57e	21.93d	1.07d	—	—	27.57c	0.17	0.8	0.04	—	—
		T	T1	7.07d	24.68cd	2.25c	—	—	34.00bc	0.21	0.73	0.07	—	—
			P	13.98a	53.65a	5.44a	—	—	73.07a	0.19	0.73	0.07	—	—
			N	8.35cd	25.96cd	2.17c	—	—	36.48cb	0.23	0.71	0.06	—	—
	成熟期	S	T1	9.61b	42.30b	4.05c	20.24	370.51b	446.71b	2.15	9.47	0.91	4.53	82.94
			P	14.89a	60.27a	8.09a	36.59	462.31a	582.14a	2.56	10.35	1.39	6.28	79.42
			N	6.76c	33.18c	3.56c	16.90	333.78bc	394.18bc	1.71	8.42	0.90	4.29	84.68
		T	T1	8.08b	30.69c	3.90c	15.36	308.98c	367.00c	2.20	8.36	1.06	4.19	84.19
			P	14.16a	54.02a	6.50b	34.96	433.84a	543.48a	2.61	9.94	1.20	6.43	79.83
			N	4.41d	18.04d	1.31b	13.50	261.54d	298.80d	1.48	6.04	0.44	4.52	87.53

11.3.7　周年土壤耕作组合对麦−豆产量及氮肥利用率的影响

由表11-12可知，冬小麦连续2年深松处理能够通过影响其单穗粒数和千粒重来进而促进丰产，其中深松（S）处理的冬小麦产量2年平均值分别比翻耕处理高出9.58%，并呈显著差异（$P<0.05$）。

表11-12　耕作措施对冬小麦产量及产量形成的影响

年份	处理	穗数/（10⁴个/hm²）	单穗粒数/粒	千粒重/g	产量/（kg/hm²）
2018年	S	402.96b	39.62a	47.88a	7 530.60a
	T	412.22a	37.83b	45.62b	6 903.15b
2019年	S	424.72b	48.48a	43.30a	7 925.08a
	T	430.83a	46.43b	41.67b	7 201.25b

注：同列不同小写字母表示差异显著（$P<0.05$）。

由表11-13可知，不同年份间夏大豆产量差异显著，其中荚数、粒数以及粒重是差异的主要因素，相同年份间前茬小麦季耕作措施与大豆季耕作措施两者互作对夏大豆产量均有极显著影响。当夏大豆采取同一耕作措施时，连续2年除SP与TP处理的荚数、粒数、百粒重和产量无显著差异外，ST1与TT1处理间各指标、SN与TN处理间各指标均呈显著性差异，其中ST1处理的两年产量平均值比TT1处理的高出17.54%，SN处理的比TN处理的高出24.67%。

说明当夏大豆进行翻耕和免耕时，秋季采取深松或者翻耕能够通过后效作用提升夏大豆产量构成因素进而实现增收，其中以深松后效作用最为显著；但无论秋季是深松还是翻耕，对翻耕覆膜处理的夏大豆产量及构成因素均无影响。当冬小麦采用同一耕作时，连续2年夏大豆各处荚数、粒数、百粒重和产量均以P处理最高，T1处理次之，表现为P>T1>N，其中P和T1处理的两年平均产量分别比N处理高出44.81%和16.03%，但在深松基础上夏大豆免耕处理的产量及构成因素均高于TT1处理的，且无显著差异。这可能是前茬深松能够打破犁地底层，改善土壤虚实结合，进而为后茬作物生长提供了一个良好的环境。

表11-13 周年耕作组合对夏大豆产量及产量形成的影响

年份	处理		单株荚数/个	单株粒数/粒	百粒重/g	实收产量/（kg/hm²）
2018年	S	T1	18.30b	43.69b	16.74b	2 440.39b
		P	22.00a	51.43a	16.85a	2 827.03a
		N	14.88c	39.07c	16.64c	2 140.06c
		平均	18.39	44.73	16.74	2 469.16
	T	T1	14.47c	38.53c	16.69c	2 053.05c
		P	21.67a	50.53a	16.83a	2 746.62a
		N	11.23d	33.90d	16.54d	1 694.26d
		平均	15.79	40.99	16.69	2 164.64
2019年	S	T1	20.57b	48.73b	17.59b	2 693.44b
		P	25.45a	57.33a	17.83a	3 135.26a
		N	16.83c	43.61c	17.09c	2 372.49c
		平均	20.95	49.89	17.52	2 733.73
	T	T1	16.34c	42.30c	17.14c	2 249.31c
		P	25.01a	56.96a	17.68a	3 067.17a
		N	13.30d	37.17d	16.74d	1 925.39d
		平均	18.22	45.48	17.17	2 413.96
年份			**	**	**	**
S			**	**	**	**
T			**	**	**	**
S×T			*	**	**	**

注：同列不同小写字母表示差异显著（$P<0.05$）。

由表11-14可知，不同年份间两处理间除氮素转化效率以翻耕最高并呈显著差异外，连续2年氮素吸收效率、氮素利用效率与百千克籽粒需氮量均以S处理最高，平均分别比T处理高出20%、9.57%、10.41%，呈显著差异；说明深松能够通过协调氮素吸收效率和氮素转化效率来提升冬小麦对土壤氮素的吸收和利用，从而提高植株的氮素积累。

表11-14 耕作措施对冬小麦氮素利用率的影响

年份	处理	NAE/（kg/kg）	NTE/（kg/kg）	NHI/%	NUE/（kg/kg）	100 kg GNR/（kg/kg）
2018年	S	1.44a	30.01b	81.72a	43.28a	3.33a
	T	1.22b	32.42a	82.58a	39.67b	3.08b
2019年	S	1.67a	27.27b	84.85a	45.55a	3.67a
	T	1.35b	30.66a	85.45a	41.39b	3.26b

注：NAE为氮素吸收效率；NTE为氮素转化效率；NHI为氮素收获指数；NUE为氮素利用效率；100 kg GNR为百千克籽粒需氮量。同列不同小写字母表示差异显著（$P<0.05$）。

由表11-15可知，周年不同土壤耕作组合对夏大豆氮肥利用效率具有显著影响。当夏大豆采取同一耕作措施时，连续2年除SP与TP处理的氮素吸收效率和氮素利用效率平均值无显著差异外，ST1处理的比TT1处理的分别高出18.41%和17.55%，SN处理的比TN处理的分别高出32.84%和24.69%，呈显著差异。说明当夏大豆进行翻耕和免耕时，秋季采取深松或者翻耕对提升夏大豆植株吸收利用效率均有明显后效作用，其中以深松后效作用最为显著。但无论秋季是深松还是翻耕，对翻耕覆膜处理的夏大豆氮素吸收和利用效率均无影响。当冬小麦秋季采取同一耕作措施时，连续2年夏大豆各处理氮素吸收效率和氮素利用效率平均值均以P处理最高，分别比T1和N处理高出37.87%、24.80%和62.27%、44.81%，呈显著差异，表现为P>T1>N，但同时P处理显著降低氮素转化效率与收获指数。这可能是翻耕覆膜显著增加了植株各器官氮素积累量，从而降低了氮素转化效率和收获指数，但同时也说明覆膜能够通过增大氮素吸收效率来协调并提升植株氮素利用效率。在深松基础上夏大豆免耕处理的氮素利用各项指标均高于TT1处理，并与ST1、TT1处理的无显著差异，这可能是前茬深松能够打

表11-15 周年土壤耕作组合对夏大豆氮肥利用率的影响

年份	处理		NAE/（kg/kg）	NTE/（kg/kg）	NHI/%	NUE/（kg/kg）	100 kg GNR/（kg/kg）
2018年	S	T1	5.60b	6.32ab	82.77b	35.37b	15.83b
		P	7.28a	5.62c	79.30c	40.97a	17.78a
		N	4.97bc	6.24b	84.93b	31.02c	16.03b
	T	T1	4.65c	6.39ab	84.48b	29.75c	15.64b
		P	6.80a	5.86c	79.69c	39.81a	17.07a
		N	3.71d	6.61a	87.47a	24.55d	15.13b
2019年	S	T1	6.47b	6.03b	82.94b	39.04b	16.58b
		P	8.44a	5.39c	79.42c	45.44a	18.57a
		N	5.71bc	6.02b	84.68b	34.38c	16.61b
	T	T1	5.32c	6.13ab	84.19b	32.60c	16.32b
		P	7.88a	5.64c	79.83c	44.45a	17.72a
		N	4.33d	6.44a	87.53a	27.90d	15.52b

注：NAE为氮素吸收效率；NTE为氮素转化效率；NHI为氮素收获指数；NUE为氮素利用效率；100 kg GNR为百千克籽粒需氮量。同列不同小写字母表示差异显著（$P<0.05$）。

破犁底层，改善土壤虚实结合，进而为后茬作物生长提供了一个良好的环境。

11.3.8 土壤耕作措施对冬小麦土壤物理性质的影响

如图11-15所示，冬小麦不同生育时期土层0～100 cm两个处理土壤含水量均随土层深度加深变化趋势基本一致。进一步分析不同生育时期不同土层深度可知，土层0～30 cm土壤平均含水量在不同生育时期基本表现为翻耕处理高于深松处理；而在土层30～100 cm土壤平均含水量在不同生育时期基本表现为深松处理高于翻耕处理；可能是翻耕由于犁底层阻碍了水分向深层运移，而深松由于打破犁底层，使得水分更容易向深层土壤运移，从而起到蓄水作用。

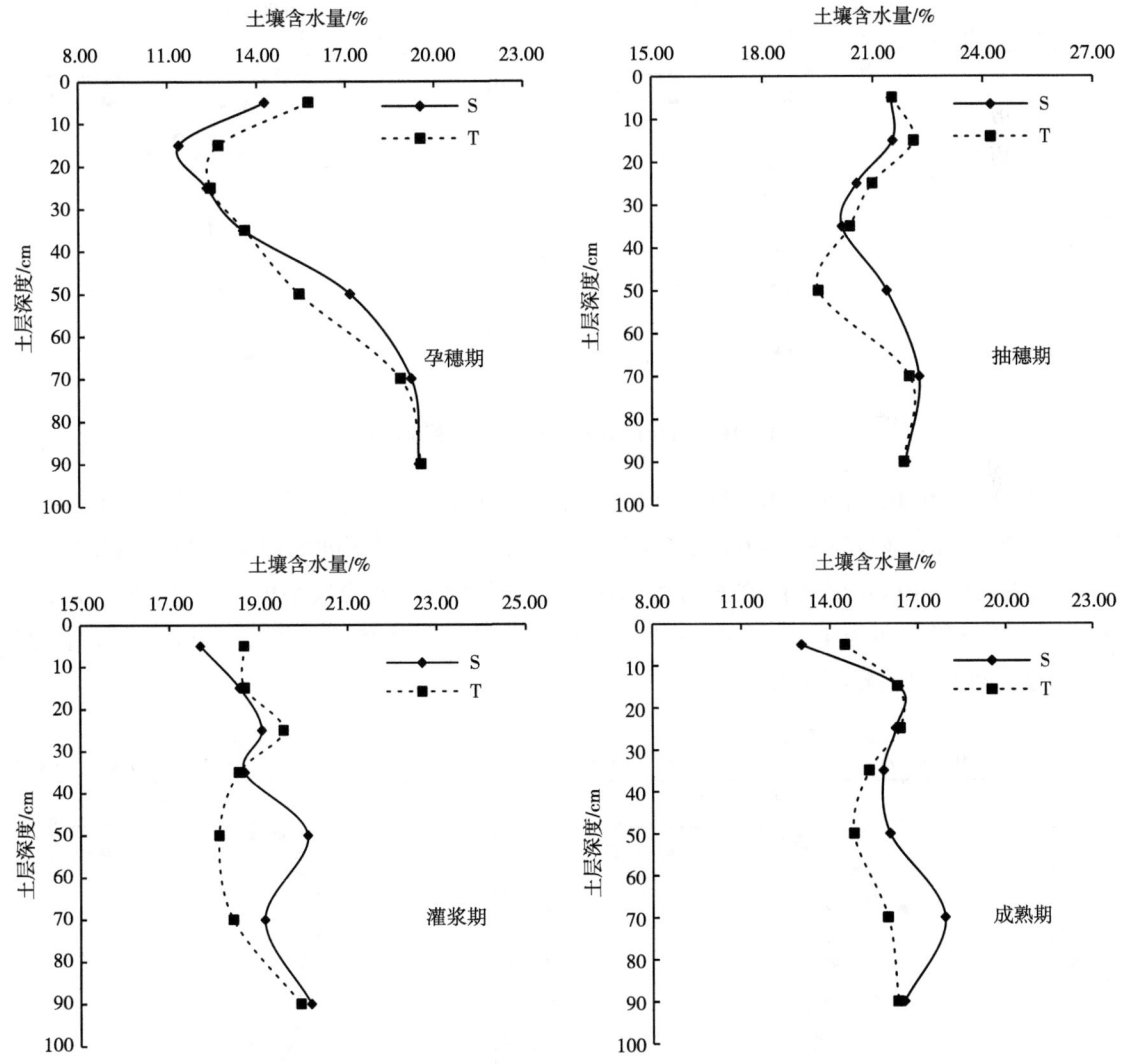

图11-15 耕作措施对冬小麦土壤含水量的影响（2019年）

由图11-16可知，不同年份间两处理冬小麦0～100 cm土壤容重总体范围值在1.11～

1.47 g/cm³（2018年）和1.05～1.46 g/cm³（2019年），且均随土层深度增加基本呈现"先增后降"的变化趋势，并在土层30～40 cm处达到最大值，其中S处理的最大值在不同年份比T处理的最大值分别降低了8.90%（2018年）和8.16%（2019年），呈显著差异（$P<0.05$）。说明深松相比于翻耕能够对深层土壤进行扰动，打破犁底层，从而降低土层30～40 cm土壤容重。进一步分析可知，连续2年土层0～20 cm土壤容重均以T处理的最低；而在土层20～30 cm处T处理的土壤容重比S处理的高出6.20%（2018年）和5.34%（2019年）。说明与深松相比，翻耕由于机械对耕层进行了剧烈扰动，能够使冬小麦成熟期土壤0～20 cm保持较低的土壤容重，但土层20～30 cm是长期犁耕所作用的层次，更容易使土壤紧实，造成耕层变浅，40 cm以下由于土壤未受到机具扰动，两处理间均无显著差异。

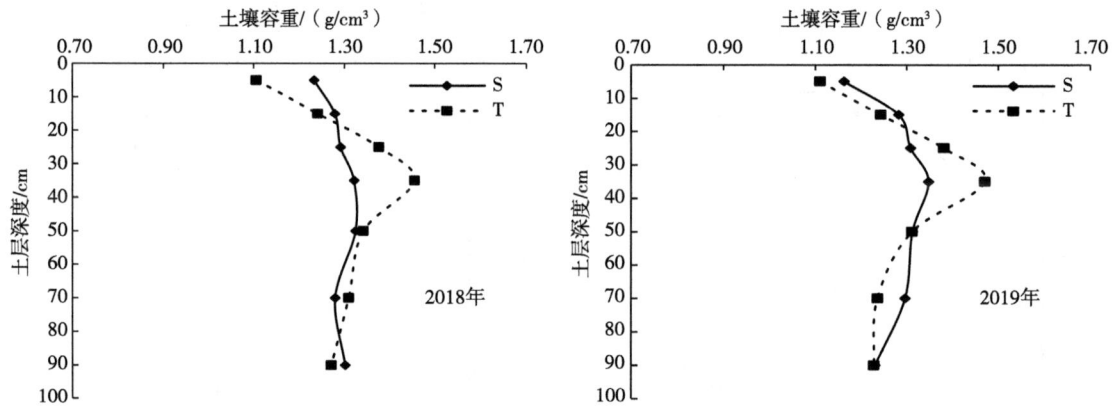

图11-16　耕作措施对冬小麦土壤容重的影响

由图11-17可知，不同年份间两处理冬小麦0～100 cm土壤孔隙度总体范围值在44.49%～58.11%（2018年）和45.08%～60.21%（2019年），均随土层深度增加呈现与容重相反的变化趋势，在30～40 cm均处孔隙度均达到最小值，其中S处理的最小值分别比T处理的高出14.14%（2018年）和10.49%（2019年），呈显著差异（$P<0.05$），而60 cm以下土壤未受到机具扰动，处理间差异不显著。

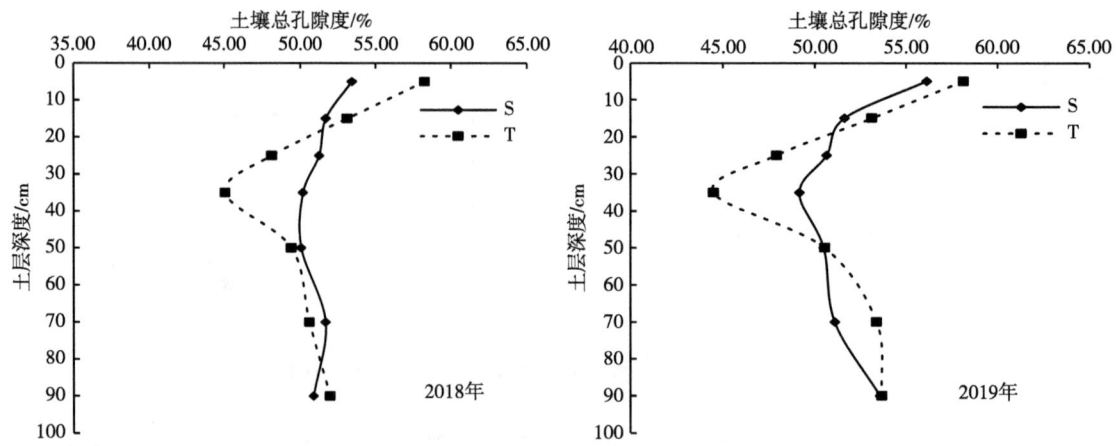

图11-17　耕作措施对冬小麦土壤孔隙度的影响

11.3.9 周年土壤耕作组合对夏大豆土壤物理性质的影响

在冬小麦采取两种土壤耕作措施基础上，夏大豆采取三种土壤耕作措施，由此对不同耕作组合下夏大豆各生育时期土壤含水量进行比较。如图11-18所示，不同处理夏大豆各生育时期土层0～100 cm含水量变化趋势相似，均随土层深度增加基本呈增加趋势。但不同生育时期由于环境因素及作物根系吸收的不同，不同处理各土层土壤含水量变化也存在差异。

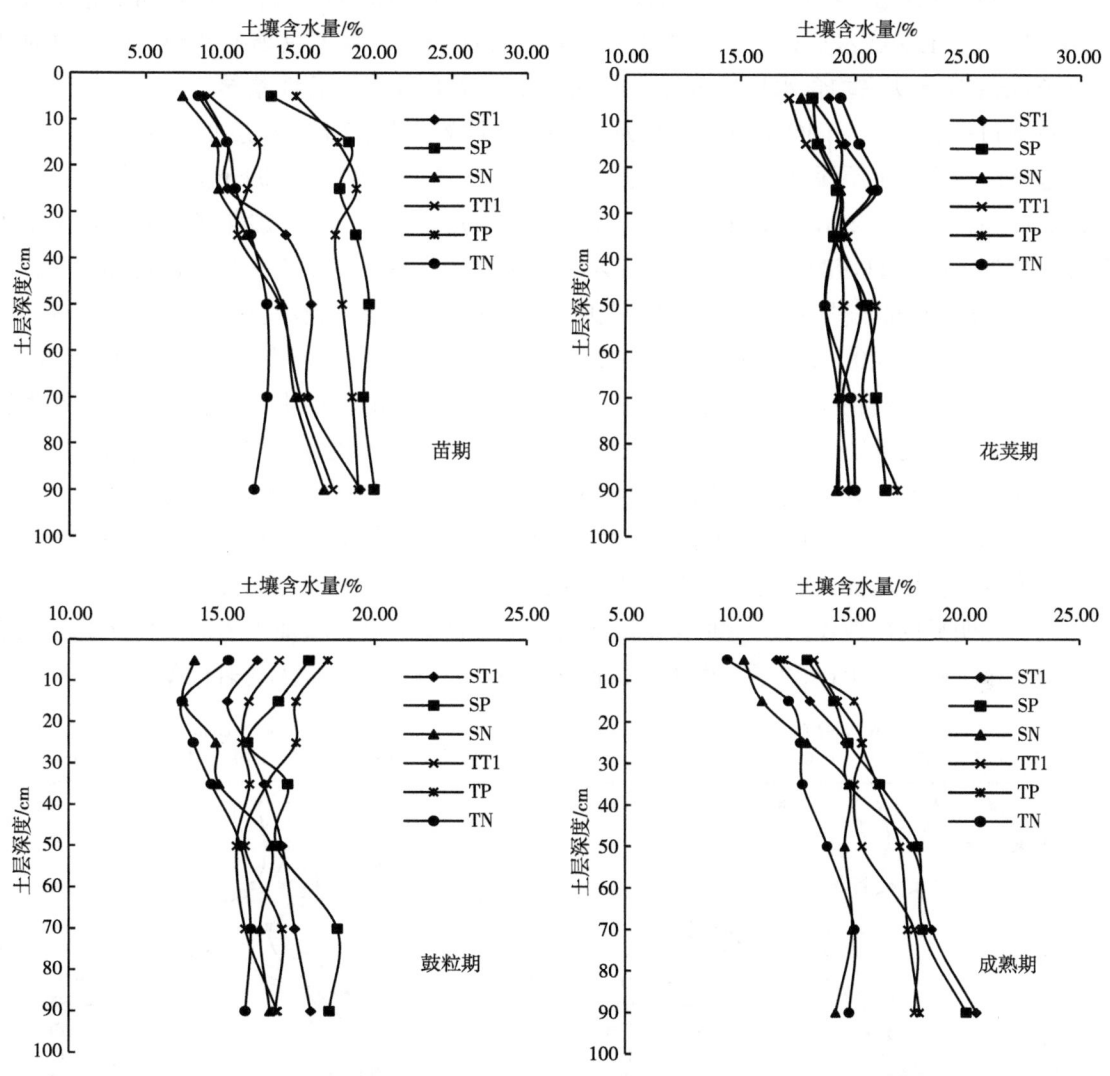

图11-18 周年土壤耕作组合对夏大豆土壤含水量的影响（2019年）

不同处理间土壤含水量在苗期均以SP（深松-翻耕覆膜）和TP（翻耕-翻耕覆膜）处理最大，并与其余4种处理呈显著性差异，原因可能是由于植株在苗期形态较小，地表裸露面积较大，且正处于7月高温天气，相比覆膜增加了土壤水分无效蒸发；而花荚期由于降水量的增加，使各处理土壤含水量随土层深度增加波动较小，且均无明显差异。花荚期至鼓粒期各处理土层0～100 cm土壤含水量出现明显降低，可能是植株生殖器官生长对水分需求量较大，且鼓粒期各处理耕层0~30 cm基本呈"先降后增"趋势，说明耕层10~20 cm为植株根系水分主要吸收层；在成熟期各处理除0~30 cm土层含水量出现缓慢下降外，其余土层深度含水量均无明显波动，说明大豆成熟期对水分吸收较少，不再影响土壤含水量。

进一步分析可知，除花荚期之外，不同生育时期各处理土层0~100 cm土壤平均含水量基本表现为SP>TP>ST1>TT1>SN>TN，相比小麦季深松，夏大豆不论是T1、P还是N处理，土层0~30 cm土壤平均含水量均以小麦季翻耕最高，而小麦季深松则有利于保持大豆季30~100 cm土层含水量；当小麦季不论翻耕还是深松时，夏大豆季各处理不同生育时期0~100 cm土层土壤平均含水量均表现为P>T1>N，且处理间呈显著性差异。

由图11-19可知，不同年份间各处理夏大豆土壤容重均随土层深度加深呈"增—减—增"趋势，且均在土层深度30~40 cm处达到最大值；各处理在0~100 cm土层土壤容重总体在1.22~1.52 g/cm³（2018年）和1.26~1.51 g/cm³（2019年），且连续2年各处理平均土壤容重表现为TN>TT1>TP>SN>ST1>SP。进一步分析可知，当冬小麦不论是深松还是翻耕时，连续2年夏大豆各处理在耕层0~30 cm内均表现为N>T1>P，且土层越浅各处理间土壤容重差异越明显，尤其在土层0~20 cm处N处理的显著高于T1和P处理的；但在30 cm以下各处理的均无显著性差异，说明在同一前茬耕作措施下，农机具作用后的耕层土壤在收获期仍呈现为疏松、低容重。纵观各处理土层0~40 cm土壤容重，连续2年不论夏大豆何种耕作措施均以小麦季深松处理的最低，分别比小麦季翻耕处理的降低6.38%（2018年）和5.71%（2019年），其中在土层30~40 cm，土壤容重分别降低7.33%（2018年）和7.38%（2019年）；说明前茬作物实施土壤耕作措施能够通过后效作用使后茬土壤0~40 cm保持较低的容重。其中小麦季实施深松具有明显的后效作用，能够有效降低大豆土壤容重，进而增加土壤的气体交换和根系的生长发育。在土层40 cm以下，由于受机械作业较小，各处理间均无显著性差异。

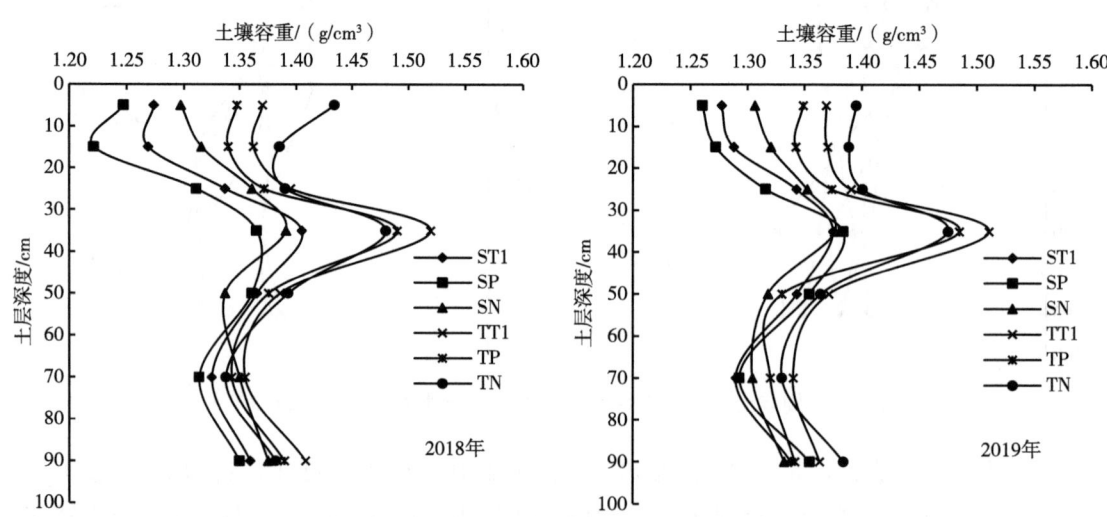

图11-19 周年土壤耕作组合对夏大豆土壤容重的影响

由图11-20可知，不同年份各处理夏大豆土壤孔隙度均随土层深度加深呈现与容重相反的变化趋势，在土层深度30~40 cm处达到最小值；其各处理在0~100 cm土层土壤孔隙度总体在42.64%~53.91%（2018年）和42.99%~52.45%（2019年）。进一步分析可知，连续2年夏大豆各处理土层0~30 cm土壤孔隙度均表现为SP>ST1>SN>TP>TT1>TN，且随土层深度增加，处理间差异逐渐减小；其中当小麦季无论深松还是翻耕时，土层0~30 cm土壤孔隙度以P处理最高，整体表现为P>T1>N。纵观各处理土层0~40 cm土壤孔隙度，连续2年不论夏大豆何种耕作措施均以小麦季深松处理的最高，分别比小麦季翻耕处理的增加了7.33%（2018年）和6.55%（2019年）；说明前茬作物实施土壤耕作措施能够通过后效作用对后茬作物的土壤孔隙度具有明显的影响。

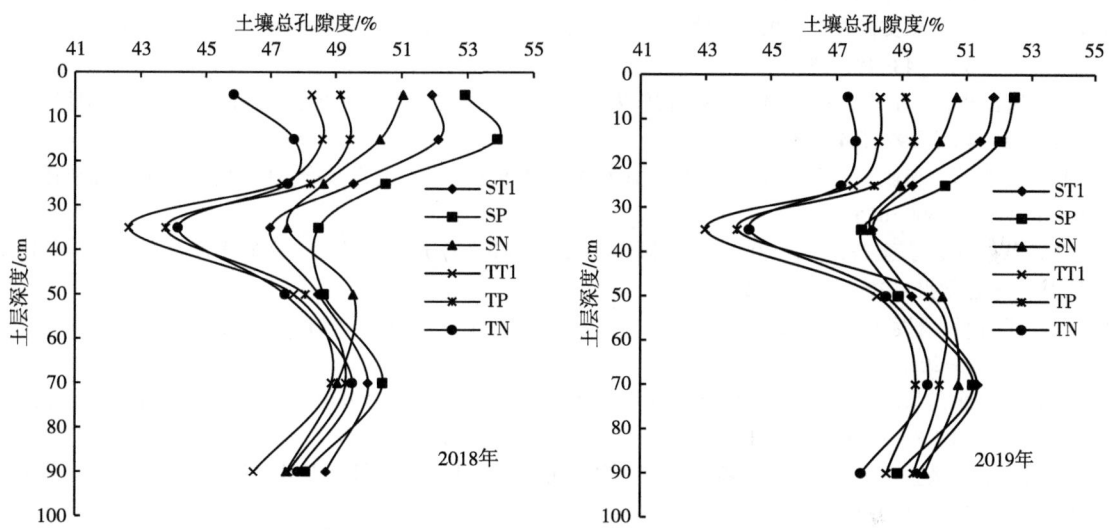

图11-20 周年土壤耕作组合对夏大豆土壤孔隙度的影响

11.3.10 小结

当冬小麦秋季采取翻耕或者深松时，夏大豆采取翻耕覆膜不仅能够减少土壤氮素损失，还能够提高植株氮素吸收和利用效率，持较高的干物质积累特征参数，促进夏大豆产量增收。当冬小麦采取深松时，考虑缩短农耗期同时降低成本，夏大豆采取免耕仍然能获得相当的产量，并保证氮素利用效率。

参考文献

安崇霄，杜孝敬，徐文修，等，2021. 周年土壤耕作组合对伊犁河谷冬小麦-夏大豆氮素吸收、利用与产量的影响[J]. 南京农业大学学报，44（2）：225-231.

本刊讯，2015. 2014年我国大豆进口量首破7000万t[J]. 营销界（农资与市场）（4）：23.

丁世杰，熊淑萍，马新明，等，2017. 耕作方式与施氮量对小麦-玉米复种系统玉米季土壤氮素转化及产量的影响[J]. 应用生态学报，28（1）：142-150.

符小文，张永杰，杜孝敬，等，2020. 麦-豆轮作体系周年施氮量对夏大豆氮素利用效率和产量的影响[J]. 植物营养与肥料学报，26（3）：453-460.

郭清毅，黄高宝，2005. 保护性耕作对旱地麦-豆双序列轮作农田土壤水分及利用效率的影响[J]. 水土保持学报,19(3):165-169.
李亚杰,唐江华,苏丽丽,等,2015.耕作方式对土壤含水量及夏大豆生长的影响[J].新疆农业科学,52(4):621-627.
李毅,邵明安,2004.新疆农田作物覆膜地温极值的时空变化[J].应用生态学报,15(11):2039-2044.
刘爽,张兴义,2012.不同耕作方式对黑土农田土壤水分及利用效率的影响[J].干旱地区农业研究,30(1):126-131.
刘忠堂,2013.关于中国大豆产业发展战略的思考[J].大豆科学,32(3):283-285.
库润祥,符小文,张永杰,等,2019.复播大豆农田不同耕作方式对土壤物理性质、硝态氮及产量的影响[J].华北农学报,34(6):145-152.
苏丽丽,李亚杰,徐文修,等,2017.耕作方式对土壤理化性状及夏大豆产量的影响分析[J].干旱地区农业研究,35(3):43-48,58.
苏丽丽,唐江华,李亚杰,等,2016.不同耕作方式对夏大豆干物质生产及土壤水分的影响[J].干旱地区农业研究,34(4):197-204,250.
唐江华,苏丽丽,李亚杰,等,2015.耕作方式对麦后复播大豆生长发育及产量的影响[J].中国油料作物学报,37(5):669-675.
唐江华,苏丽丽,李亚杰,等,2016.不同耕作方式对复播大豆光合特性、干物质生产及经济效益的影响[J].应用生态学报,27(1):182-190.
唐江华,苏丽丽,罗家祥,等,2015.不同耕作方式对夏大豆干物质积累及转运特性的影响[J].核农学报,29(10):2026-2032.
唐江华,苏丽丽,张永强,等,2015.不同耕作方式对北疆夏大豆荚粒空间分布及产量的影响[J].干旱地区农业研究,33(6):113-116,166.
王岩,刘玉华,张立峰,等,2014.耕作方式对冀西北栗钙土土壤物理性状及莜麦生长的影响[J].农业工程学报,30(4):109-117.
许菁,贺贞昆,冯倩倩,等,2017.耕作方式对冬小麦-夏玉米光合特性及周年产量形成的影响[J].植物营养与肥料学报,23(1):101-109.
杨永辉,武继承,李学军,等,2014.耕作和保墒措施对冬小麦生育时期光合特征及水分利用的影响[J].中国生态农业学报,22(5):534-542.
战勇,罗赓彤,刘胜利,等,2006.北疆大豆复种现状及高效栽培技术研究[J].新疆农业科学,43(5):426-428.
张保民,徐晓丽,王锋,等,2010.前茬小麦免耕和耕作对夏大豆田土壤含水量和产量的影响[J].大豆科学,29(6):967-970.
张治,田富强,钟瑞森,等,2011.新疆膜下滴灌棉田生育期地温变化规律[J].农业工程学报,27(1):44-51.
赵洪利,李军,贾志宽,等,2009.不同耕作方式对黄土高原旱地麦田土壤物理性状的影响[J].干旱地区农业研究,27(3):17-21.
赵利飞,2014.中国大豆播种面积的影响因素分析[J].山西农业大学学报(社会科学版),13(3):287-292.
赵亚丽,郭海斌,薛志伟,等,2014.耕作方式与秸秆还田对冬小麦-夏玉米轮作系统中干物质生产和水分利用效率的影响[J].作物学报,40(10):1797-1807.
郑成岩,崔世明,王东,等,2011.土壤耕作措施对小麦干物质生产和水分利用效率的影响[J].作物学报,37(8):1432-1440.
FABRIZZI K P, GARCIA F O, COSTA J L, et al., 2005. Soil water dynamics, Physical ProPerties and corn and wheat resPonses to minimum and no-tillage systems in the southern PamPas of Argentina[J]. Soil Tillage Research, 81: 57-69.

第12章 复播大豆土壤有机碳的研究

土壤碳库是陆地系统最大的碳库，它不仅是主要的"碳源"还是"碳汇"。土壤中固定的碳越多，排放的碳就越少，这不仅是良好土壤结构的重要体现，还是减缓温室效应的主要源头。据估计，全球表层土壤中碳储量在$700 \times 10^{15} \sim 2\,946 \times 10^{15}$ g，占陆地生态系统碳储量的2/3，是大气和生物碳储量的4~5倍。土壤碳库作为大气碳库的汇/源功能的转换对维持全球碳循环过程平衡，减缓温室效应意义重大，其土壤有机碳轻微的改变对大气中CO_2浓度产生较大影响。农田生态系统不但是重要的陆地碳库，而且是温室气体重要的"源"和"汇"，据估计，农业活动产生的CO_2占人类活动排放CO_2的11%。然而农田土壤有机碳的变化是一个比较复杂的过程，不仅受到自然因素的影响，还受到耕作方式、作物残体管理方式、灌溉制度等多种农田管理措施的制约，因此通过合理的农田管理措施可以实现农田土壤碳汇的功能。

我国自20世纪80年代起气温呈增加趋势，且冬季增温明显，总体北方地区增温幅度大于南方地区。而伊犁河谷1961—2010年年平均气温也以1.26℃/10年的增长率逐年代上升。在气候变暖已成为不争事实的情况下，其对伊犁河谷地区的种植制度产生影响，使适合作物生长的季节增加，尤其是麦后复播夏大豆在该地区的种植有不断扩大的趋势。为此，为了探讨复播大豆土壤耕作及田间管理措施下土壤碳的动态响应，从而评价出滴灌条件下最有利于复播大豆农田固碳的田间管理措施，课题组于2012—2019年，连续8年于伊犁河谷地区开展了冬小麦收获后复播大豆农田土壤有机碳的研究。通过系统研究，初步评价出了最有利于固碳的土壤耕作措施、初步制定了复播大豆高产低碳的膜下滴灌及水氮管理组合，并初步筛选出了小麦复播大豆高产固碳减排的周年施肥组合，为新疆应对气候变化、发展低碳农业提供一定理论依据和实践经验。

12.1 耕作措施对复播大豆农田土壤有机碳的影响

为进一步明确耕作措施对复播大豆土壤有机碳的影响，探讨耕作措施下土壤碳的动态响应，从而评价出滴灌条件下最有利于复播大豆农田固碳的耕作措施，在课题组2012年7月至2014年10月的不同耕作措施的田间定位试验的基础上，于每年复播大豆成熟期分别在翻耕覆膜（TP）、翻耕（T）、旋耕（RT）、免耕（NT）处理的复播大豆农田分层取土壤样品，以研究麦后不同土壤耕作措施对复播大豆农田土壤碳库、土壤理化性质及大豆产量的影响。具体耕作措施处理同第11章中11.1部分的试验设计。

12.1.1 耕作措施对复播大豆农田土壤有机碳的影响

土壤有机碳（SOC）是土壤碳库最基本的组成部分，耕作措施对土壤有机碳含量具有明显的影响。由图12-1可以看出，不同耕作措施下0~60 cm土层SOC含量基本均随着土层的加深而降低，并且在同一层次的各处理间存在差别，尤其是实施土壤耕作的处理与免耕处理之间基本存在着显著性差异。在0~10 cm土壤表层，SOC含量表现为免耕NT处理显著高于RT和T处理，T和TP处理差异不显著。且NT处理SOC含量高达13.62 g/kg，分别比RT、TP、T处理高出5.08%、14.36%、17.04%。10~20 cm土层不同耕作措施之间的SOC含量表现为TP>NT>T>RT，各处理间差异不显著。与0~10 cm土层相比，NT和RT处理的SOC含量减少，而TP、T处理的SOC含量有所增加，这可能是因为翻耕处理可将较多的麦秆翻入该土层，从而使该土层的有机碳含量增加，旋耕则作用土层浅，返回该土层的麦秸相对较少，使其有机碳含量也相对较少。20~30 cm土层，TP处理的SOC含量显著高于其他各处理，分别比T、RT、NT处理高出16.22%、12.31%、10.52%，但各处理间差异不显著，相对于10~20 cm土层，各处理的SOC含量均呈现下降，而TP处理下降较少，依然保持较高的SOC含量，这可能是因为翻耕覆膜加速了土层中麦秆等物质的矿化分解，从而使该土层的有机碳含量增加。30~40 cm和40~60 cm土层，各处理SOC含量相对上一土层明显下降，特别是TP处理下降显著。这可能是因为在复播条件下进行覆膜使土壤温度升高，土壤含水量增大，从而加速该层次土壤有机质的矿化分解，从而使该土层的碳含量减少。土层60 cm以下为心土层，土壤基本不受外界灌溉、机具等作用力的影响，其SOC含量也相对较为稳定，而且除TP处理外，各处理之间无差异。但是，TP处理较其他耕作处理的土壤SOC含量显著减少，这可能是因为TP处理60 cm以下土层的土壤温度、水分含量均比无膜处理要高，从而加剧土壤有机物质矿化分解的缘故，进一步说明对于深层土壤而言，地膜对土壤有机碳的影响比耕作措施更大。

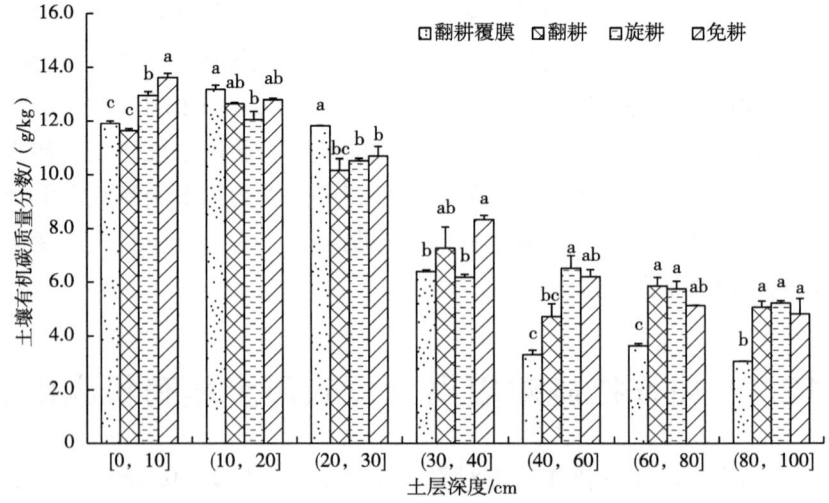

图12-1 耕作措施对复播大豆农田土壤有机碳的影响

12.1.2 耕作措施对复播大豆农田土壤易氧化有机碳的影响

由图12-2可以看出，不同耕作措施下土壤剖面易氧化有机碳（EOC）含量与SOC含量变化趋势基本一致，均随着土层的加深而基本呈降低变化趋势，并且在60 cm以内，各层次免耕、少耕土壤的EOC含量基本上均高于翻耕覆膜处理，且与其呈显著性异性。这可能是因为翻耕翻转耕层，导致下层有效碳露出表面，有机碳更易被矿化分解，从而导致表层EOC含量降低。10~20 cm土层，各处理之间的EOC含量表现为NT>TP>T>RT，虽然该土层NT和RT处理的EOC含量比0~10 cm土层的有所降低，但TP、T处理的EOC含量则表现为增加，这与翻耕处理将麦秆翻入土层，增加了土壤有机质含量，加之该层次经过翻耕土壤变得疏松，促进土壤好气性微生物的活性，从而增加土壤易氧化有机碳的含量。作物根系的主要活动层是20~30 cm和30~40 cm土层，各处理间的EOC含量表现为TP>NT>RT>T，说明翻耕覆膜加速了土层中麦秆等物质的矿化分解，从而使该土层的易氧化有机碳含量增加。40~60 cm土层根系少、受外界环境影响较少，但免、少耕处理与翻耕处理间表现出差异性，免耕、少耕显著高于翻耕处理。并且各处理EOC含量相对上一土层明显下降，特别是土壤实施翻耕处理下降显著，这可能是因为在复播条件下进行翻耕并进行覆膜使土壤容重降低，土壤含水量增大，土壤温度升高从而使土壤有机质的矿化分解加快，从而使该土层的EOC含量减少。60~100 cm土层，各处理间没有差异，说明不同处理对于耕作层土壤的EOC含量基本无影响。

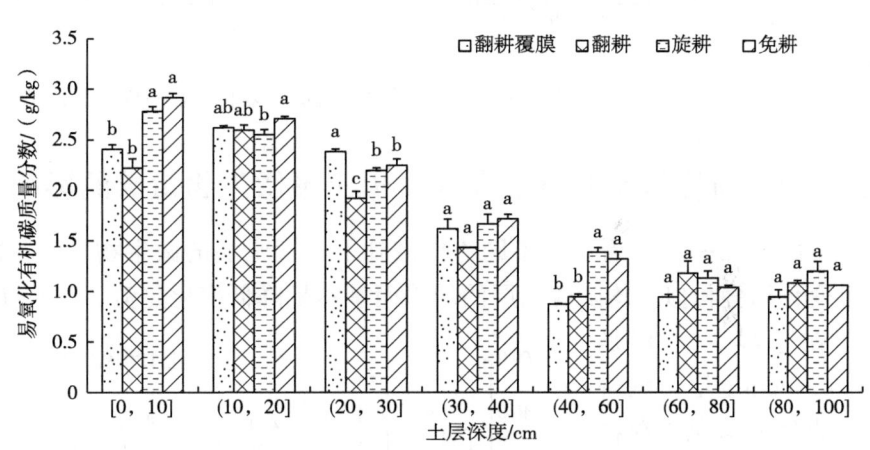

图12-2 耕作措施对复播大豆农田土壤易氧化有机碳的影响

12.1.3 耕作措施对复播大豆农田土壤颗粒碳的影响

由图12-3可以看出，不同耕作措施下土壤剖面颗粒碳（POC）含量与SOC含量变化趋势基本一致，均随着土层的加深而基本呈降低变化趋势，并且在同一层次各处理间存在差异，尤其是实施土壤耕作后与免耕间差异显著。在0~10 cm土层，POC含量表现为NT显著高于RT和T，T与TP差异不显著。且NT处理POC含量高达2.86 mg/kg，分别比RT、TP、T处理高出6.32%、22.22%、25.99%。10~20 cm土层不同耕作措施之间的POC含量表现为TP>T>NT>RT，各处理间差异不显著。与0~10 cm土层相比，NT和RT处理的SOC含量减少，而TP、T处理的SOC含量有所增加。20~30 cm土层，TP和NT处理的

POC含量显著高于T和RT处理。与10~20 cm土层相对比，各处理POC含量均有所减少，而TP处理减少的程度较小，POC含量相对较高。30~40 cm、40~60 cm土层POC含量表现为NT>RT>T>TP，各处理间差异不显著。

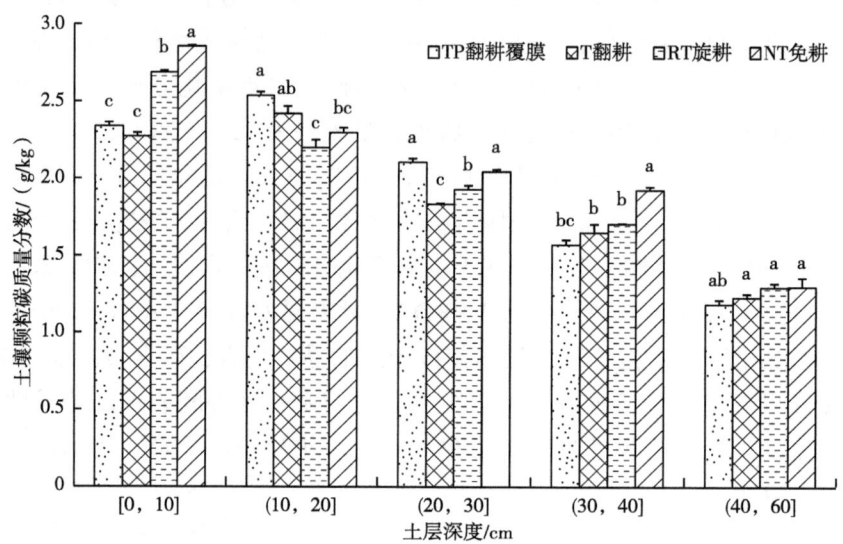

图12-3 耕作措施对复播大豆农田土壤颗粒碳的影响

12.1.4 耕作措施对复播大豆农田土壤微生物量碳的影响

由图12-4可以看出，不同耕作措施下不同土层的微生物量碳（MBC）含量与SOC含量变化趋势相似，均随着土层的加深而基本呈降低变化趋势，并且在同一层次的各处理间存在差异，尤其是0~30 cm土层，翻耕覆膜处理与免耕存在显著差异，但RT与NT处理之间无显著性差异。在0~10 cm土壤表层，MBC含量表现为NT和RT处理显著高于T处理，T和TP处理差异不显著，且NT处理MBC含量高达154.20 mg/kg分别比RT、TP、T处理高出7.91%、

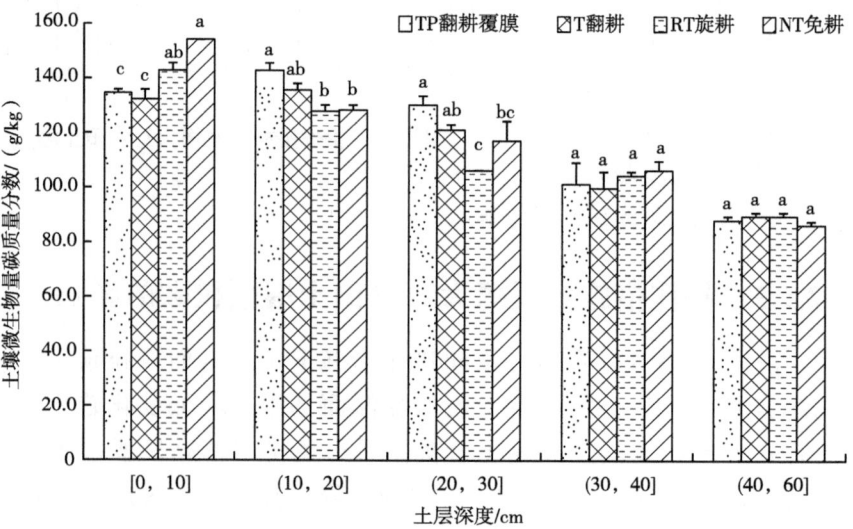

图12-4 耕作措施对复播大豆农田土壤微生物量碳的影响

14.48%、16.47%。10~20 cm土层不同耕作措施之间的MBC含量表现为TP>T>NT>RT，各处理间差异不显著。与0~10 cm土层相比，NT和RT处理的MBC含量减少，而TP、T处理的MBC含量有所增加。20~30 cm土层，TP处理的MBC含量显著高于其余三个耕作措施，且差异显著。相对于10~20 cm土层，各处理的MBC含量均呈现下降，而TP下降较少，依然保持较高的POC含量。30~40 cm、40~60 cm土层各处理间MBC的含量差异不显著。

12.1.5　耕作措施对复播大豆农田土壤碳库管理指数的影响

碳库管理指数（CPMI）是通过系统的计算得到的较为全面和准确的评价土壤质量好坏的计算值，可以敏感地反射出土壤质量的更新程度。本试验条件下，将翻耕处理T作为对照，对碳库管理指数指标进行计算。由表12-1可以看出不同耕作措施下，CPMI在各层次之间变化表现出差异性。0~10 cm土层，不同耕作措施之间的CPMI表现为NT>RT>TP>T。与T相比，NT、RT、TP各处理的CPMI分别增加35.22%、28.83%、9.90%。说明少耕和免耕通过减少对土壤的作业，使土壤扰动次数减少，从而使表层有机碳的损失下降，促进了表层土壤质量的提高。10~40 cm各土层NT、RT处理的CPMI值均比0~10 cm土层的CPMI显著减少，而TP处理的CPMI值则基本呈增加趋势。这可能是由于TP处理改善了相应耕层的土壤环境，适宜的土壤环境有利于加速有机质的矿化分解，使EOC含量增加，从而使CPMI值增大，改善土壤质量。40~60 cm土层，RT和NT的CPMI值显著高于TP和T处理，这可能是由于在大豆播种前进行翻耕（T）和翻耕覆膜（PT）使土壤温度升高，土壤含水量增大，从而加速该层次土壤有机质的矿化分解，从而使该土层的碳含量减少，而少免耕条件下由于该土层未受到扰动，所以保持较高的CPMI值。进一步对0~60 cm土层CPMI平均值进行分析，不同耕作措施之间的CPMI值表现为NT>RT>TP>T，NT相对于RT、TP、T分别增加了4.41%、9.90%、22.06%。说明NT能够改善总体的土壤结构和质量，T、TP措施虽然使耕层的CPMI值增加，但是却显著降低了表层和深层的CPMI值，使总体质量下降。

表12-1　耕作措施对土壤碳库管理指数的影响

土层深度/cm	TP	T	RT	NT
[0, 10]	109.90bc	100.00c	128.80ab	135.20a
(10, 20]	104.10a	100.00a	103.40a	105.30a
(20, 30]	126.20a	100.00c	113.10b	118.00b
(30, 40]	114.40b	100.00c	115.30b	119.10a
(40, 60]	100.70b	100.00b	123.90a	132.70a
[0, 60]	111.10a	100.00b	116.90a	122.10a

注：同一列数据后的不同小写字母表示差异达0.05显著水平。

12.1.6 耕作措施下土壤有机碳库指标与产量的相关性分析

由表12-2可知，不同耕作措施下，各碳指标之间及与作物产量之间表现出相关性。EOC、POC和MBC含量随着土壤中SOC含量的增加而呈线性增长，呈现极显著正相关。表明SOC是EOC、POC和MBC大小的主要决定因素之一。从表12-2中可以看出，EOC含量与SOC的相关度最高，$R^2=0.98^{**}$，其次是POC和MBC含量，R^2分别为0.95^{**}和0.94^{**}，说明在不同耕作措施下，各AOC指标与SOC变化基本一致。SOC、POC和MBC与CPMI之间均呈现出显著性正相关关系，R^2分别为0.82^{**}、0.80^{**}和0.70，而EOC与碳库管理指数之间达到极显著，$R^2=0.98^{**}$。产量与各碳指标之间表现出负相关关系，说明在本试验条件下，虽然免、旋耕措施使碳库指数上升，有利于土壤有机碳的保护，但是却使产量下降。各碳指标与夏大豆产量的相关系数表明，对产量敏感的碳指标是SOC和EOC，说明土壤中SOC和EOC含量高低和产量之间具有显著相关性，在以后的研究工作中更值得重视和研究。

表12-2 土壤有机碳库指标相关性

指标	SOC	EOC	POC	MBC	CPMI	产量
SOC	1					
EOC	0.98**	1				
POC	0.95**	0.96**	1			
MBC	0.94**	0.94**	0.97**	1		
CPMI	0.82*	0.98**	0.80*	0.7	1	
产量	−0.66*	−0.60*	−0.52	−0.54	−0.62*	1

注：*和**分别表示$P<0.05$和$P<0.01$水平上显著相关。

12.1.7 小结

基于北疆复播大豆农田土壤的周年物质投入增大的现实，免耕和翻耕覆膜均比旋耕和翻耕更有利于土壤固碳。免耕有利于表层土壤碳的固定，但翻耕覆膜处理更有利于耕作层10~30 cm土壤碳的固定，因此，从固碳减排发展低碳农业的角度来说，滴灌复播大豆可选择翻耕覆膜或免耕耕作措施，但综合考虑到大豆稳产甚至高产，有必要进一步研究免耕、翻耕覆膜与大豆产量的关系，从而筛选出不仅有利于大豆产量提高，又能固碳减排的低碳高产农业发展模式。

12.2 水氮耦合对麦后复播大豆农田土壤固碳效应的影响

水和肥是作物高产系统中可人为调控的重要因素，但两个因素并不是孤立的，而是相互影响和制约的，它们不仅可以通过植物体的代谢过程，影响作物光合特性和干物质积累特征，而且影响土壤中矿物质的转化和迁移，进而造成土壤中有机碳的变化。如何有效利用有限的水资源，并提高水氮利用效率，增加土壤中碳的固定和积累，进而提高土壤肥力，是新疆乃至我国农业生产发展长期需要探究并加以解决的问题。因此，课题组同时开展了水氮耦合对麦后复播大豆产量形成及土壤固碳效应的影响研究。试验采用双因子裂区试验设计，设置滴灌量为主因子，共设4个灌水梯度，即3 000 m³/hm²（W_{3000}）、3 600 m³/hm²（W_{3600}）、4 200 m³/hm²（W_{4200}）、4 800 m³/hm²（W_{4800}）；施肥量（尿素用量）为副因子，均以追肥形式施入，共设3个施氮水平，即0（N_0）、150 kg/hm²（N_{150}）、300 kg/hm²（N_{300}）。

12.2.1　水氮耦合对复播大豆土壤有机碳的影响

施肥和灌水直接或间接地调控农田土壤有机质的含量，在一定程度上影响土壤SOC的积累和矿化。由图12-5可知，2012—2014年各处理土壤SOC的含量变化趋势相同，各年份在同一灌水量水平下，土壤SOC含量均随着施氮量的增加呈"先增后降"的趋势，且均在N_{150}处理达到最大，N_0处理最小，处理间差异显著（$P<0.05$），三年平均N_{150}处理的SOC含量分别比N_0、N_{300}处理增加了8.43%、5.12%。说明滴灌条件下适量增施氮肥可以增加土壤SOC的含量，与其他处理相比，花期追施氮肥（N_{150}）更能增加土壤SOC的积累，但荚期继续追施氮肥（N_{300}）土壤SOC的含量不增反降，可能是氮肥过多会降低土壤中的碳、氮比例，导致土壤微生物的活性提高，加剧了有机碳的分解和矿化，不利于土壤中SOC的积累。

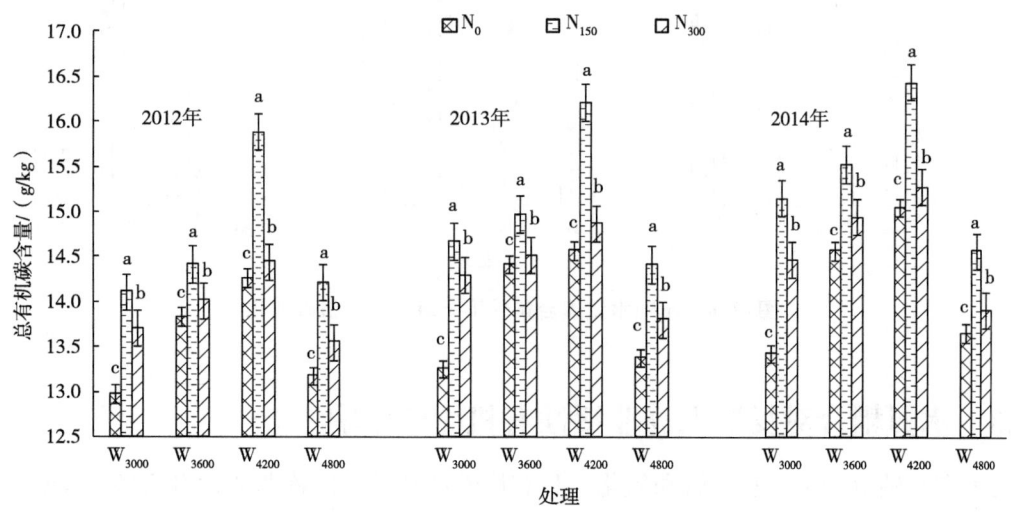

图12-5　不同水氮组合条件下土壤有机碳含量

在同一施氮量条件下，随着灌水量的增加，三年各处理土壤SOC的含量均呈现出抛物线型变化趋势，于灌水量为W_{4200}时达最高，处理间均达差异显著（$P<0.05$），W_{4200}处理三年平均的SOC含量分别比W_{3000}、W_{3600}和W_{4800}处理增加了8.70%、4.42%、9.90%。这也说明在同

一施氮水平条件下，在大豆生长期间少量灌水或大量灌水都会导致土壤SOC含量降低，而相对适量的灌水量能够提高SOC的含量，$W_{4200}N_{150}$组合处理最有利于增加大豆农田土壤SOC含量的积累。

12.2.2 水氮耦合对复播大豆土壤活性有机碳的影响

农业生产过程中引起农田土壤碳库变化最快的主要是易分解、矿化的那部分碳，即活性有机碳（AOC）部分，因此，AOC常常作为农田土壤潜在肥力和土壤碳库改变的依据。由图12-6可知，各处理各年份AOC含量的变化趋势与SOC含量相同，且处理间差异显著（$P<0.05$）。三年土壤AOC的含量均以灌水量（W_{4200}）和施氮量（N_{150}）组合下最好，比其他组合处理增加1.79%~27.26%。说明施氮肥会增加土壤中AOC含量，与其他处理相比，花期追施氮肥（N_{150}）更有利于土壤中AOC含量的积累，但荚期继续追施氮肥（N_{300}），可能增强土壤中微生物活性，导致土壤中AOC矿化、分解，不利于AOC的积累，$W_{4200}N_{150}$组合处理更有利于土壤AOC的增加，从而提高土壤肥力，为作物的生长发育奠定基础。

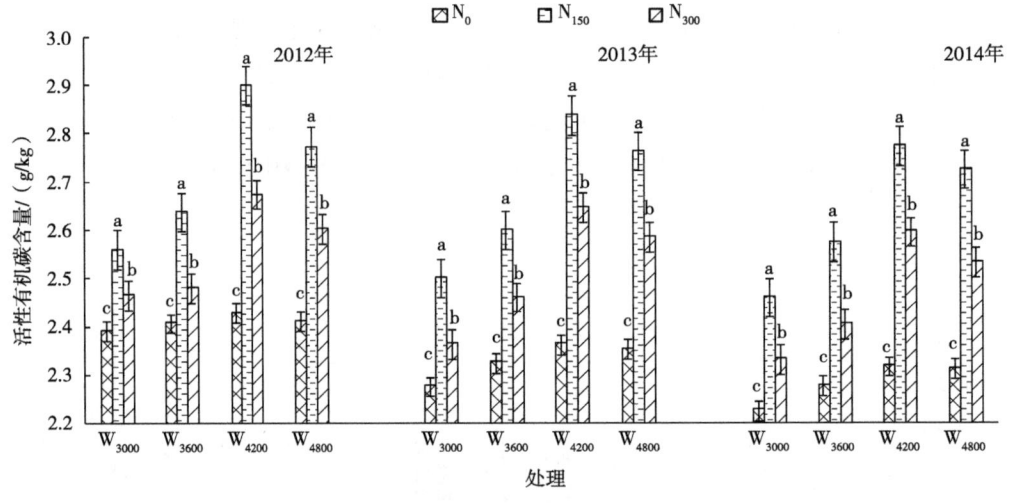

图12-6 不同水氮组合条件下土壤活性有机碳变化

12.2.3 水氮耦合对复播大豆非活性有机碳的影响

土壤有机碳组分中不易分解和氧化、具有惰性的那部分碳称非活性有机碳（NAOC），其决定土壤有机碳的储备和稳定。由图12-7可知，各年份各处理土壤的NAOC含量变化均随着施氮量和灌水量的增加呈抛物线型变化趋势，且与其土壤中SOC和AOC的变化趋势一致，均在$W_{4200}N_{150}$组合处理达到最大。说明适宜的水氮组合有利于土壤中各种碳组分含量的积累，而过多或过少的水氮量都不利于土壤中碳含量的增加。

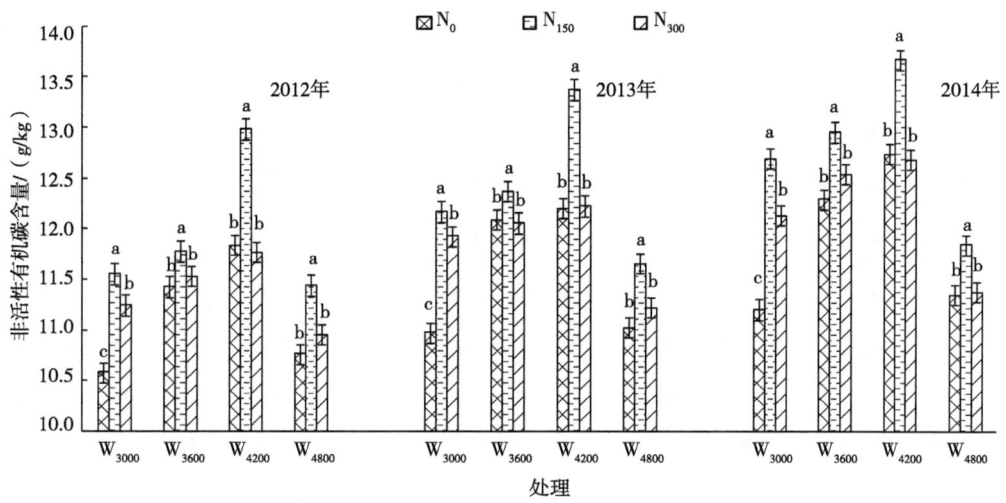

图12-7 水氮耦合对复播大豆土壤非活性有机碳的影响

12.2.4 水氮耦合对复播大豆碳库管理指数的影响

土壤碳库动态平衡与作物生长发育所需营养、土壤结构有很大关系，在一定程度上能加快作物的生长发育，也影响作物产量和土壤肥力的高低。由于三年的土壤碳库管理指数的变化趋势相同，均以$W_{4200}N_{150}$组合处理最高，且2013年的表现最好，因此以2013年测定的碳库管理指数分析水氮耦合对碳库管理指数的影响。由表12-3可知，各处理间土壤碳库活度、碳库活度指数差异均不显著，但碳库指数和碳库管理指数则存在极显著性差异。在同一灌水量或同一施氮量水平下，碳库指数和碳库管理指数均随着施氮量或灌水量的增加均呈现先增后降的趋势；且$W_{4200}N_{150}$组合处理达到最高，碳库管理指数达到146.92。说明适量的灌水量和施氮量组合改善了土壤环境，不仅有利于土壤SOC、NAOC和AOC含量的积累，还可以增加土壤碳库管理指数，提高土壤肥力。

表12-3 不同水氮耦合土壤碳库管理指数的变化

处理		碳库指数	碳库活度	碳库活度指数	碳库管理指数
W_{3000}	N_0	1.18Cc	0.21Aa	1.01Aa	118.81 ± 0.04Cc
	N_{150}	1.30Aa	0.21Aa	0.99Aa	129.36 ± 0.04Aa
	N_{300}	1.26Bb	0.20Aa	0.98Aa	122.71 ± 0.02Bb
W_{3600}	N_0	1.27Cc	0.20Aa	0.94Aa	119.40 ± 0.04Cc
	N_{150}	1.33Aa	0.21Aa	1.01Aa	134.89 ± 0.07Aa
	N_{300}	1.29Bb	0.20Aa	0.98Aa	126.02 ± 0.01Bb

续表

处理		碳库指数	碳库活度	碳库活度指数	碳库管理指数
W_{4200}	N_0	1.30Cc	0.19Aa	0.93Aa	120.87 ± 0.04Cc
	N_{150}	1.44Aa	0.21Aa	1.02Aa	146.92 ± 0.05Aa
	N_{300}	1.32Bb	0.22Aa	1.04Aa	137.24 ± 0.14Bb
W_{4800}	N_0	1.19Cc	0.21Aa	1.03Aa	122.40 ± 0.03Cc
	N_{150}	1.28Aa	0.24Aa	1.14Aa	145.67 ± 0.08Aa
	N_{300}	1.23Bb	0.23Aa	1.11Aa	135.43 ± 0.01Bb

注：同列不同小写字母为差异显著（$P<0.05$），不同大写字母为差异极显著（$P<0.01$）。

12.2.5 土壤有机碳与产量的相关分析

进一步分析土壤CPMI与产量的关系可知（表12-4），农田土壤AOC、SOC、CPMI间均存在显著相关性，AOC与CPMI存在极显著相关性，说明CPMI受土壤AOC含量影响更大。大豆产量与土壤SOC、AOC、CPMI也均达显著相关，其中与土壤AOC的相关系最为密切，充分说明土壤AOC的高低不仅影响土壤质量的高低，还直接影响作物产量的高低。

表12-4 产量与碳库管理指数的相关性

指标	SOC	AOC	CPMI	产量
SOC	1			
AOC	0.715*	1		
CPMI	0.634	0.994**	1	
产量	0.726*	0.898**	0.881*	1

注：*表示显著相关，**表示极显著相关。

12.2.6 水氮耦合下大豆固碳量

大豆固碳量包含籽粒固碳量和秸秆固碳量，本研究中大豆籽粒固碳量占总固碳量的31.1%~41.2%。由表12-5可知，在W_{3000}灌水水平下，随着施氮量的增加，大豆籽粒产量和籽粒固碳量均增大，而在W_{3600}、W_{4200}、W_{4800}水平下，大豆籽粒产量及其固碳量均随施氮量的增加呈先上升后下降的规律，说明在水分匮缺的情况下增施氮肥有利于大豆籽粒产量的提高及其固碳量的增加，而在水分充足或过多的情况下，大量增施氮肥反而不利于干物质的积累及其固碳量的增加。籽粒/秸秆固碳量比反映了不同措施对产量、秸秆的贡献率；本研究中各处理籽粒/秸秆固碳量比随着灌水量的增加呈现先增后降的变化趋势，且W_{4200}灌水量下的各处理籽粒/秸秆固碳量比值较高，均高于其他处理，其中$W_{4200}N_{150}$条件下的籽粒/秸秆固碳量比值最大，说明该灌水施肥措施对籽粒产量的贡献率大于秸秆。在同一施氮量水平下，各处理大豆总固碳量随着灌水量的增加均呈先上升后下降的趋势，其中在W_{4200}条件下，3个氮处理的平均总固碳量最大，分别比W_{3000}、W_{3600}、W_{4800}灌水条件下的氮处理平均总固碳量高出11.0%、5.8%、3.2%，这说明过少或过多的灌水量都会导致大豆总固碳量的降低。在各种处理中，总固碳量以$W_{4200}N_{150}$的最高，为13 902.53 kg CO_2/hm^2，分别比低水低肥（$W_{3000}N_0$）、高水高肥（$W_{4800}N_{300}$）处理高出16.4%和6.5%，且$W_{4200}N_{150}$籽粒产量最大，说明该处理有利于籽粒的碳物质积累，这可能是导致其总固碳量最高的原因。

表12-5　不同水氮措施下大豆籽粒、秸秆生物量及其固碳量　　　单位：kg CO_2/hm^2

处理		籽粒	固碳量	秸秆	固碳量	籽粒/秸秆固碳量	总固碳量
W_{3000}	N_0	2 424.70	3 709.79	8 230.95	8 230.95	0.45	11 940.74
	N_{150}	2 711.88	4 149.18	8 288.70	8 288.70	0.50	12 437.88
	N_{300}	2 876.93	4 401.70	8 149.05	8 149.05	0.54	12 550.75
W_{3600}	N_0	2 612.09	3 996.50	8 203.65	8 203.65	0.49	12 200.15
	N_{150}	3 282.39	5 022.06	8 492.40	8 492.40	0.59	13 514.46
	N_{300}	3 156.17	4 828.94	8 197.35	8 197.35	0.59	13 026.29
W_{4200}	N_0	3 086.41	4 722.21	8 518.65	8 518.65	0.55	13 240.86
	N_{150}	3 741.23	5 724.08	8 178.45	8 178.45	0.70	13 902.53
	N_{300}	3 522.91	5 390.05	8 463.00	8 463.00	0.64	13 853.05
W_{4800}	N_0	2 953.17	4 518.35	8 499.75	8 499.75	0.53	13 018.10
	N_{150}	3 450.16	5 278.74	8 388.45	8 388.45	0.63	13 667.19
	N_{300}	3 197.12	4 891.59	8 162.70	8 162.70	0.60	13 054.29

12.2.7　水氮耦合下大豆农田生产资料碳排放量

各处理中，除灌水量和施氮量不同，其余生产资料投入量均一致（表12-6）。各处理的农业生产资料投入中，以灌溉用电的投入碳排放量最高，其占生产资料总碳排放量的58.0%~77.1%（表12-7），是复播大豆农田生态系统农业投入碳排放的主要来源，其次为化肥（尿素和磷酸二铵）的碳排放量，其占农业生产资料总碳排放量的6.0%~21.6%，农药和人力投入所占比例较小，其碳排放量分别占农业总投入碳排放量的0.2%~0.4%、0.5%~0.8%。在相同的灌水水平下，生产资料总碳排放量随施氮量的增加而增加，在相同施氮水平下，生产资料总碳排放量随灌水量的增加而增加，其中，$W_{4800}N_{300}$处理下的生产资料碳排放量最高，为6 414.92 kg CO_2/hm^2，比$W_{3000}N_0$处理高出57.4%，主要是该处理灌水量和施氮量最大导致,也由此说明农田生产资料的投入量与碳排放量是成正比的,生产资料投入越多,农田碳排放量越大。

表12-6　各项农田生产资料投入量

种子/ (kg/hm^2)	磷酸二铵/ (kg/hm^2)	农药/ (kg/hm^2)	柴油/ (kg/hm^2)	滴灌带/ (kg/hm^2)	地膜/ (kg/hm^2)	劳力/人
180.00	150.00	2.25	82.50	198.00	52.50	3.00

表12-7　不同水氮措施下大豆农田生产资料碳排放量　　单位:$kg\ CO_2/hm^2$

处理		种子	灌溉(电)	尿素	磷酸二铵	农药	机械燃油	滴灌带	地膜	人力	总碳排放量
W_{3000}	N_0	212.40	2 760.00	171.12	171.00	14.81	273.90	168.30	271.95	30.96	4 074.44
	N_{150}	212.40	2 760.00	513.36	171.00	14.81	273.90	168.30	271.95	30.96	4 416.68
	N_{300}	212.40	2 760.00	855.60	171.00	14.81	273.90	168.30	271.95	30.96	4 758.92
W_{3600}	N_0	212.40	3 312.00	171.12	171.00	14.81	273.90	168.30	271.95	30.96	4 626.44
	N_{150}	212.40	3 312.00	513.36	171.00	14.81	273.90	168.30	271.95	30.96	4 968.68
	N_{300}	212.40	3 312.00	855.60	171.00	14.81	273.90	168.30	271.95	30.96	5 310.92
W_{4200}	N_0	212.40	3 864.00	171.12	171.00	14.81	273.90	168.30	271.95	30.96	5 178.44
	N_{150}	212.40	3 864.00	513.36	171.00	14.81	273.90	168.30	271.95	30.96	5 520.68
	N_{300}	212.40	3 864.00	855.60	171.00	14.81	273.90	168.30	271.95	30.96	5 862.92
W_{4800}	N_0	212.40	4 416.00	171.12	171.00	14.81	273.90	168.30	271.95	30.96	5 730.44
	N_{150}	212.40	4 416.00	513.36	171.00	14.81	273.90	168.30	271.95	30.96	6 072.68
	N_{300}	212.40	4 416.00	855.60	171.00	14.81	273.90	168.30	271.95	30.96	6 414.92

12.2.8　水氮耦合下大豆农田土壤呼吸碳排放量

由图12-8可知,各处理土壤呼吸碳排放量均随着灌水量和施肥量的增加呈现先增加后减小的趋势,与大豆总固碳量的变化趋势相同,说明过高或过低的土壤含水量和施氮量对土壤呼吸均有抑制作用,而适量的水肥投入有利于大豆根系生长,根系呼吸和土壤微生物呼吸加强,进而增加了土壤呼吸碳排放量。本试验中能维持较高土壤呼吸碳排放量的适宜灌水量为4 200 m^3/hm^2,且土壤呼吸碳排放量以$W_{4200}N_{150}$处理最大,为3 205.03 $kg\ CO_2/hm^2$,比低水低肥$W_{3000}N_0$处理土壤呼吸碳排放量高出10.65%。同时$W_{4200}N_{150}$处理产量最高,说明改善土壤呼吸对增加大豆产量有一定的积极作用。

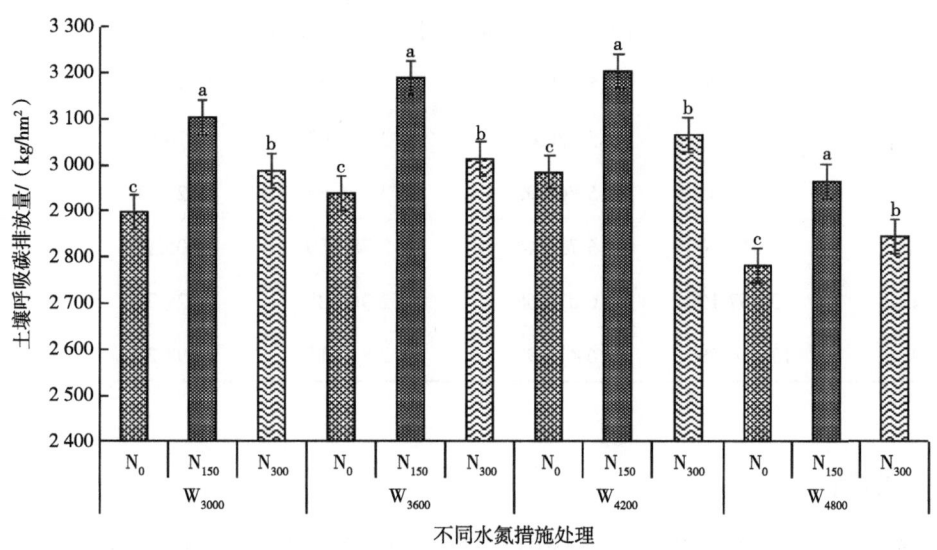

图12-8　大豆农田土壤碳排放量

12.2.9　水氮耦合下大豆农田生态系统净碳吸收量

净碳吸收量是反映植物对大气温室效应的贡献。由表12-8可知，各处理复播大豆农田生态系统净碳吸收量均为正值，表现为固碳，说明复播大豆农田为大气CO_2的"汇"。$W_{3600}N_{150}$处理下的净碳吸收量最高，为5 357.42 kg CO_2/hm²。W_{4200}灌水条件下，各施氮处理平均净碳吸收量最大，为5 059.13 kg CO_2/hm²，分别比W_{3000}、W_{3600}、W_{4800}的高出3.3%、3.3%、17.4%。综合来看，W_{4200}灌水量下的籽粒产量、大豆固碳量以及净碳吸收量的均值最高，且以$W_{4200}N_{150}$处理产量最高，说明该处理下的灌水量和施氮量更有利于产量的形成和农田生态系统的固碳。

表12-8　不同水氮措施下大豆农田生态系统净碳吸收量　　单位：kg CO_2/hm²

处理		大豆固碳量	生产资料排碳量	土壤呼吸排碳量	净碳值	平均净碳吸收量
W_{3000}	N_0	11 940.74	4 074.44	2 896.45	4 969.85	
	N_{150}	12 437.88	4 416.68	3 104.26	4 916.94	4 896.70
	N_{300}	12 550.75	4 758.92	2 988.52	4 803.31	
W_{3600}	N_0	12 200.15	4 626.44	2 938.32	4 635.39	
	N_{150}	13 514.46	4 968.68	3 188.36	5 357.42	4 898.56
	N_{300}	13 026.29	5 310.92	3 012.50	4 702.87	

续表

处理		大豆固碳量	生产资料排碳量	土壤呼吸排碳量	净碳值	平均净碳吸收量
W_{4200}	N_0	13 240.86	5 178.44	2 985.47	5 076.95	
	N_{150}	13 902.53	5 520.68	3 205.03	5 176.82	5 059.13
	N_{300}	13 853.05	5 862.92	3 066.52	4 923.61	
W_{4800}	N_0	13 018.10	5 730.44	2 782.50	4 505.16	
	N_{150}	13 667.19	6 072.68	2 965.25	4 629.26	4 309.55
	N_{300}	13 054.29	6 414.92	2 845.15	3 794.22	

12.2.10 小结

随着施氮量或灌水量的增加，土壤中有机碳、活性有机碳含量均呈现"先增后降"的趋势，且均在灌水4 200 m^3/hm^2和施氮150 kg/hm^2组合处理下达到最大，其碳库管理指数和产量也均达到最大，大豆产量与土壤有机碳、活性有机碳和碳库管理指数均存在极显著正相关关系，说明复播大豆产量的形成与土壤有机碳密切相关，在灌水4 200 m^3/hm^2和施氮150 kg/hm^2不仅能更好地促进复播大豆生长发育，提高复播大豆的产量，而且有利于土壤有机碳的积累。

各处理复播大豆农田生态系统净碳吸收量均为正值，表现为固碳，且以W_{4200}灌水量下的平均净碳吸收值最高，其中$W_{4200}N_{150}$处理的大豆籽粒产量最高，为3 741.23 kg/hm^2，分别比低水低肥（$W_{3000}N_0$）、高水高肥（$W_{4800}N_{300}$）处理高出54.29%和17.02%；其总固碳量高达13 902.53 kg CO_2/hm^2，分别比低水低肥（$W_{3000}N_0$）、高水高肥（$W_{4800}N_{300}$）处理高出16.4%和6.5%，并均达显著差异水平，说明$W_{4200}N_{150}$处理能为大豆创造良好的生长环境，促使产量提高，且有利于生态系统的固碳。在本试验条件下，灌溉用电是复播大豆农田生态系统农业投入碳排放的主要来源。因此，提高作物水分和氮肥利用效率，减少化肥的使用量，将成为提高农田生态系统净固碳能力的关键突破点。

12.3　有机肥和氮肥周年组合对麦豆轮作中复播大豆土壤碳的影响

在研究了不同土壤耕作措施和水氮耦合对土壤碳影响的基础上，为了全面揭示麦豆周年施肥措施对复播大豆农田土壤碳的影响，于2016年10月至2018年10月在伊犁哈萨克自治州伊宁县农业科技示范园又进行了有机肥和氮肥周年组合对麦豆轮作复播大豆土壤有机碳的研究。

本试验采用裂区试验设计，主因子为小麦生长阶段的施肥处理，分别是无肥（CK）、氮肥（A）、有机肥（B）、有机肥+氮肥（C）四个处理。供试有机肥牛粪（全氮20.86 g/kg，速效磷378.318 mg/kg，速效钾26.65 g/kg）22 500 kg/hm^2，有机肥于小麦播种前作为基肥施入含有机肥的小区，氮肥用量375 kg/hm²。副因子为在大豆花期设不追施氮肥和追施氮肥150 kg/hm²两个处理，供试氮肥均为尿素（含N为46%），具体施肥组合和用量如表12-9所示。在小麦试验阶段，各小区面积为60 m²（4 m×15 m），重复3次。大豆试验阶段，各处理面积是小麦处理原小区的1/2。小麦品种为新冬42，大豆品种为黑河45号，磷肥为204 kg/hm²重过磷酸钙（含磷为44%）于小麦播前作为基肥施入，全年灌溉方式为滴灌，滴灌带间距均为60 cm。

表12-9　各处理具体的施肥用量　　　　　　　　　　　　　　　　　　　　　单位：kg/hm²

处理	麦季施肥			豆季施肥
	播前	追肥		追肥
	有机肥	基肥	孕穗肥	花期肥
CK	0	0	0	0
A_1	0	100	275	0
A_2	0	100	275	150
B_1	22 500	0	0	0
B_2	22 500	0	0	150
C_1	22 500	100	275	0
C_2	22 500	100	275	150

12.3.1　周年不同施肥组合对土壤有机碳的影响

由图12-9、图12-10可知，不同年份各个处理的土壤有机碳（SOC）含量随着土层深度的增加基本上均呈现先升高后降低的趋势，两年试验均表现为A_1、A_2、B_1、B_2处理在土壤深度为20~30 cm处SOC含量达到最大值，而C_1、C_2处理的SOC含量在土壤深度为30~40 cm处达到峰值，且>40 cm各处理之间土壤有机碳含量持续减少且无显著性差异，在各个土层未施肥的CK处理SOC含量始终处于最低。在土壤深度0~40 cm处，豆季不施肥的情况下，SOC含量大小表现为C_1>B_1>A_1，其中在20~30 cm处，除对照外各处理SOC含量之间呈无显著性差异，但在30~40 cm处各处理的则达到显著性差异；在豆季追施氮肥的情况下，各处理SOC含量具有波动性但显著性差异与不施肥情况基本相同。进一步比较两种情况SOC可知，豆季未施氮肥的C_1、B_1、A_1处理的均高于对应施氮肥C_2、B_2、A_2处理的。说明周年施肥会增加豆季土壤中SOC含量，尤其是土壤0~40 cm的SOC含量。麦季单施氮肥或单施有机肥可以提高豆季20~30 cm的SOC含量，而有机肥和氮肥配施不仅可以提高20~30 cm土壤有机碳含量，而且可以提高30~40 cm SOC含量，但在大豆季追施氮肥会降低SOC含量。

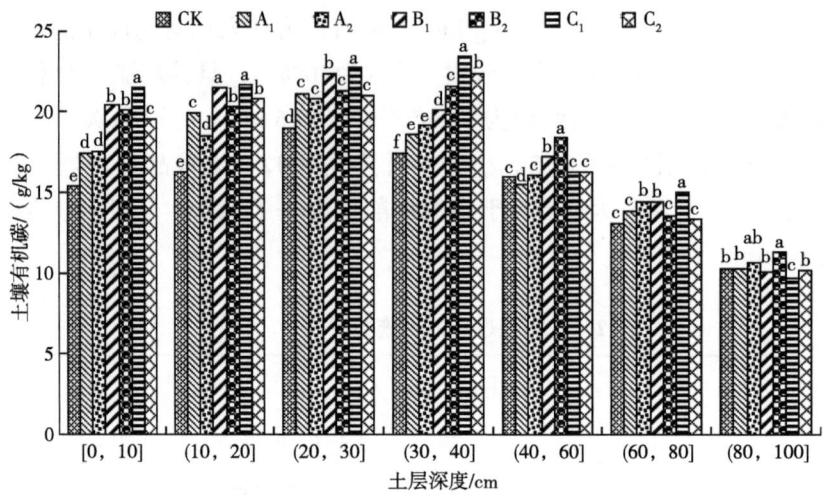

图12-9 不同施肥组合对土壤有机碳的影响(2017年)

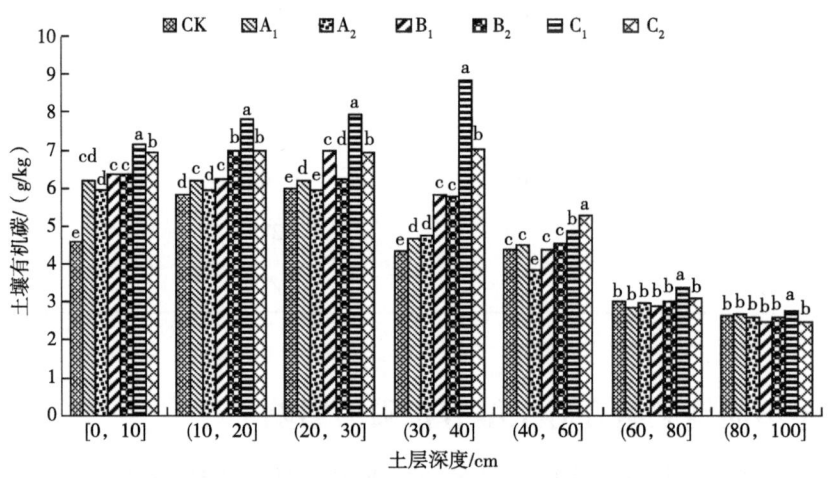

图12-10 不同施肥组合对土壤有机碳的影响(2018年)

12.3.2 周年不同施肥组合对土壤易氧化有机碳的影响

土壤易氧化有机碳(EOC)不仅是活性有机碳中最灵活的碳,还在植株养分运输过程中起着最直接的作用。由图12-11、图12-12可以看出,不同年不同施肥组合下土壤剖面EOC含量与SOC含量变化趋势基本一致,均随着土壤深度的加深而基本呈先升高后降低的变化趋势,且A_1、A_2、B_1、B_2处理的EOC含量在土层20~30 cm处达到最大值,而C_1、C_2处理的土壤EOC含量在土壤深度为30~40 cm处达到峰值,CK处理在各个土层均最小,总体表现为$C_1>C_2>B_1>B_2>A_1>A_2>$CK,说明麦季单施氮肥或单施有机肥或有机肥和氮肥配施对于豆季0~30 cm土壤EOC含量均有促进作用,但各处理间无显著性差异,然而有机肥和氮肥配施对于30~40 cm土壤EOC含量促进作用明显,各处理间达到显著性差异($P<0.05$)。说明麦季有机肥和氮肥混施、豆季不施肥组合不仅可以培肥地力,还可以增加深层土壤活性有机碳含量。

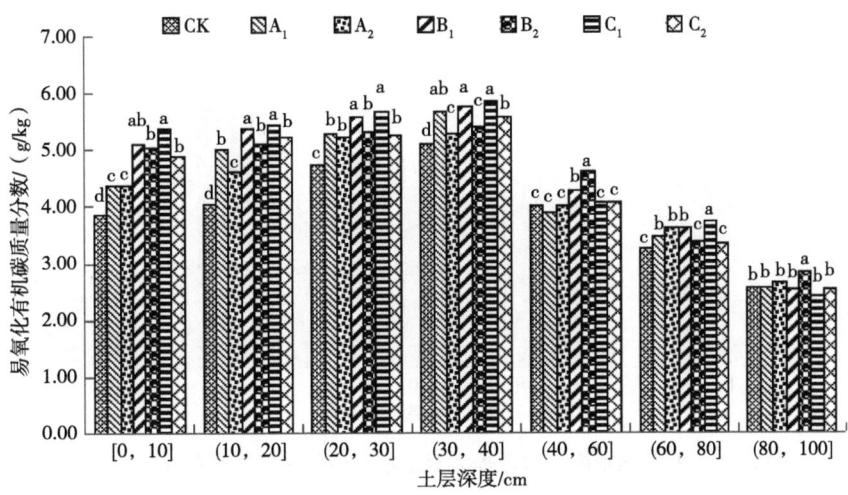

图12-11　不同施肥组合对复播大豆土壤易氧化有机碳含量的影响（2017年）

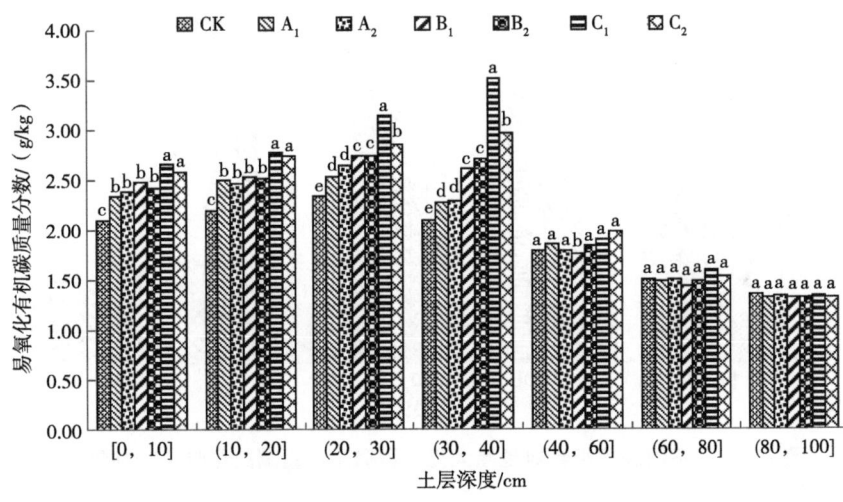

图12-12　不同施肥组合对复播大豆土壤易氧化有机碳含量的影响（2018年）

12.3.3　周年不同施肥组合对土壤微生物量碳的影响

由图12-13、图12-14可知，土壤微生物量碳（MBC）含量随着土壤深度的增加呈现先升高后降低的趋势，且在40~60 cm土层的SMBC的含量最低，而两年的麦季单施有机肥或氮肥变化趋势不尽相同，2017年麦季单施有机肥或氮肥在30~40 cm土层时土壤MBC的含量达到最高值，而2018年在20~30 cm处达到最高值，出现这样的原因可能是由于两年的地力水平的差异性，地力的肥沃程度会影响微生物的数量，两年C_1、C_2处理均在30~40 cm达到最高值，说明麦季有机肥氮肥配施有助于较为深层的土壤MBC含量的提高，而豆季施完氮肥后降低了土壤中MBC的含量，说明豆季施氮肥对于土壤中的微生物的生成有抑制作用。总体来说，麦季有机肥氮肥配施豆季不施肥的情况下，不仅可以提高30~40 cm土壤中微生物量碳的含量，而且可以影响并改善土壤结构。

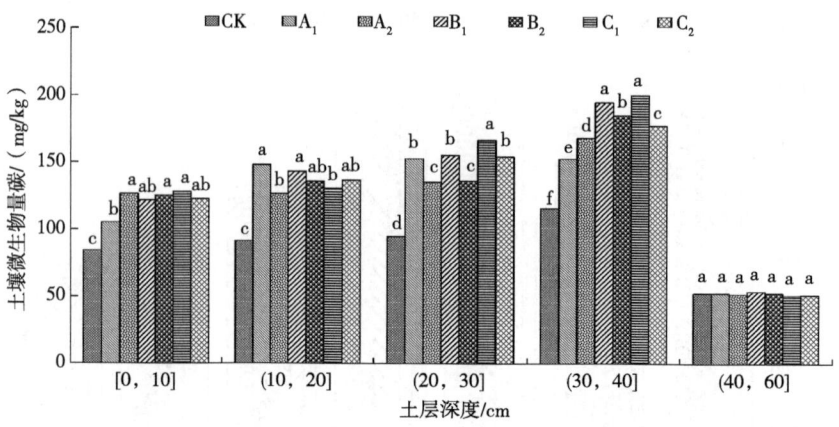

图12-13 不同施肥组合对复播大豆土壤微生物量碳的影响（2017年）

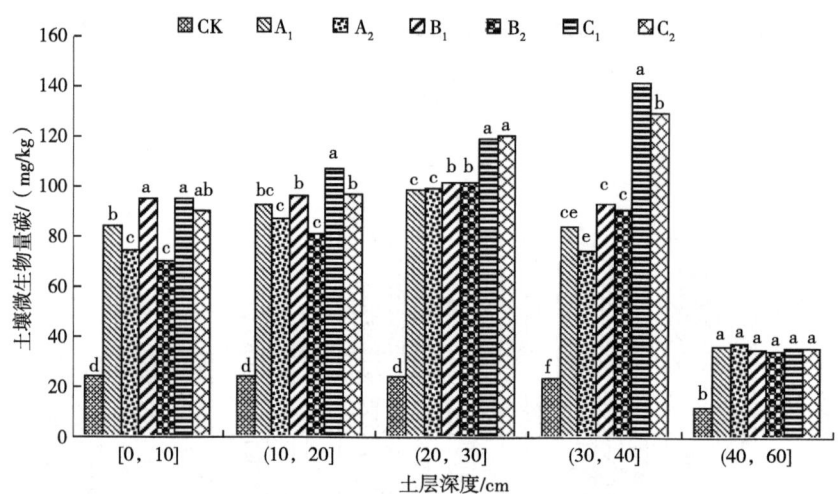

图12-14 不同施肥组合对复播大豆土壤微生物量碳的影响（2018年）

12.3.4 周年不同施肥组合对复播大豆农田土壤碳库管理指数的影响

由表12-10所示，2017年，各土层各处理对碳库管理指数（CPMI）的影响规律性不明显，但可以看出，麦季有机肥和氮肥配施可显著提高豆季土壤0～60 cm土层的CPMI，尤其是40～60 cm土层更为显著；2018年，在0～40 cm土壤深度各处理对土壤CPMI的影响基本上有规律性，麦季单施氮肥或单施有机肥可以提高0～30 cm土壤CPMI，但处理间无显著性差异，而有机肥和氮肥配施处理会影响至30～40 cm，与各处理达到显著性差异。但与2017年不同的是麦季有机肥和氮肥配施对于40～60 cm土层的影响较小，与各处理达到显著性差异，其原因可能是由于两年地力水平不同和降水量不同造成的有机质淋溶程度不同。通过2017年和2018年0～100 cm土壤CPMI均值来看，麦季有机肥和氮肥配施对于土壤0～100 cm土壤CPMI有提升作用，而且在豆季不施氮肥的情况下更有利于提高土壤CPMI。

表12-10 不同年份不同施肥组合对土壤碳库管理指数的影响

年份	处理	[0, 10]	(10, 20]	(20, 30]	(30, 40]	(40, 60]	(60, 80]	(80, 100]	均值
2017年	CK	100.00d	100.00c	100.00c	100.00c	100.00d	100.00b	100.00a	100.00c
	A_1	107.83cd	110.12b	118.12b	100.97bc	108.29c	104.17a	108.94a	108.78b
	A_2	117.08c	105.61b	109.39c	104.63b	113.08b	106.24a	109.91a	109.42b
	B_1	113.93c	104.74b	110.58c	105.73b	118.02b	107.53a	105.19a	109.39b
	B_2	116.14c	109.55b	117.92b	108.83b	112.72b	107.15a	104.95a	111.04b
	C_1	143.33ab	137.21a	155.86a	146.82a	129.07a	109.87a	109.89a	133.15a
	C_2	149.16a	132.99a	152.99a	141.23a	130.43a	107.88a	105.97a	131.52a
2018年	CK	100.00b	100.00c	100.00d	100.00e	100.00a	100.00b	100.00b	100.00c
	A_1	96.36c	119.11ab	111.71c	108.35d	103.99a	103.83a	95.28b	100.52c
	A_2	102.08b	119.36ab	124.40b	108.69d	109.63a	102.24a	99.27b	109.38b
	B_1	104.76ab	120.23ab	118.11c	116.11c	96.42b	95.54b	103.20a	107.77b
	B_2	100.84b	111.83b	127.71b	125.44b	100.54b	98.04b	96.71b	108.73b
	C_1	109.25a	122.20a	136.21a	143.42a	102.22a	101.21a	94.54b	115.58a
	C_2	105.03a	128.34a	126.67b	125.81b	104.70a	101.72a	102.69a	113.57a

注：同列小写字母表示差异显著（$P>0.05$）。

12.3.5 周年不同施肥组合下产量与SOC、EOC、CPMI的相关性

进一步分析大豆产量与0～100 cm土壤SOC、EOC含量及CPMI均值的关系可知（表12-11），农田土壤SOC、EOC、CPMI均存在显著性相关，SOC与EOC、CPMI达到极显著相关，说明碳库管理指数受SOC含量影响更大。大豆产量与SOC、EOC、CPMI也均达到显著相关。综合两年数据来看，土壤SOC、EOC含量的高低不仅影响土壤质量，而且还直接影响作物产量。

表12-11 产量与碳库管理指数的相关性

年份	项目	SOC	EOC	CPMI	产量
2017年	SOC	1			
	EOC	0.982**	1		
	CPMI	0.697**	0.611	1	
	产量	0.856**	0.784*	0.726*	1

续表

年份	项目	SOC	EOC	CPMI	产量
2018年	SOC	1			
	EOC	0.985**	1		
	CPMI	0.880**	0.948**	1	
	产量	0.791*	0.875**	0.959**	1

注释：*表示差异显著，**表示差异极显著。

12.3.6 小结

麦季混施有机肥22.5 t/hm²和氮肥375 kg/hm²、豆季不施氮肥的周年施肥组合不仅充分发挥了有机肥的后效作用，减少了周年氮肥施用量，还避免了氮肥过量可能造成的农业面源污染以及氮肥成本增加的问题，同时提高了农田的土壤碳库含量，该施肥组合的筛出为伊犁河谷地区麦豆两熟农田周年减肥固碳高产提供了重要的理论依据。

12.4 膜下滴灌量对复播大豆农田土壤有机碳的影响

水分是作物生长发育的基础，也是维持土壤中微生物活动的物质来源，更是土壤有机碳变化的重要因素。灌水量的多少影响土壤矿物质的分解和转化，进而影响土壤有机碳的改变。为此，于2017—2019年在已对复播大豆未覆膜条件下的不同灌水量进行研究的基础上，将已筛选出能获得大豆高产的最佳灌水量4 200 m³/hm²为最高滴灌量，以10%为梯度依次减量，设置6个减量水平，分别为100%（W_{4200}）、90%（W_{3780}）、80%（W_{3360}）、70%（W_{2940}）、60%（W_{2520}）和50%（W_{2100}），并以额定灌水量未覆膜为空白对照（CK），共7个处理。研究膜下不同滴灌量土壤CO_2呼吸、土壤有机碳的含量，进而揭示复播大豆产量、土壤呼吸、土壤有机碳之间的关系，明确滴灌量对土壤呼吸和土壤有机碳及其产量的影响。

12.4.1 膜下滴灌量对土壤CO_2呼吸的影响

如图12-15所示，除未覆膜W_{4200}处理外，各覆膜处理在不同测定时期土壤CO_2排放速率均随着滴灌量的增加表现为"先升后降"的变化规律。覆膜条件下，不同测定时期各处理土壤中CO_2排放速率基本表现为覆膜W_{3360}>覆膜W_{2940}>覆膜W_{2520}>覆膜W_{2100}>覆膜W_{3780}>覆膜W_{4200}，计算不同测定时期各处理平均值可得，以覆膜W_{3360}处理最大，为2.88 μmol/（m²·s），较覆膜W_{4200}、覆膜W_{3780}、覆膜W_{2940}、覆膜W_{2520}、覆膜W_{2100}各处理的平均值分别高出46.67%、30.37%、0.88%、17.74%、24.45%，且W_{3360}和覆膜W_{2940}处理之间无显著差异，均与其他处理达到显著水平（$P<0.05$）。说明在覆膜条件下，过多或过少的滴灌量可以降低土壤CO_2排放速率，减缓温室效应，但中等的滴灌量反而促进土壤CO_2排放。

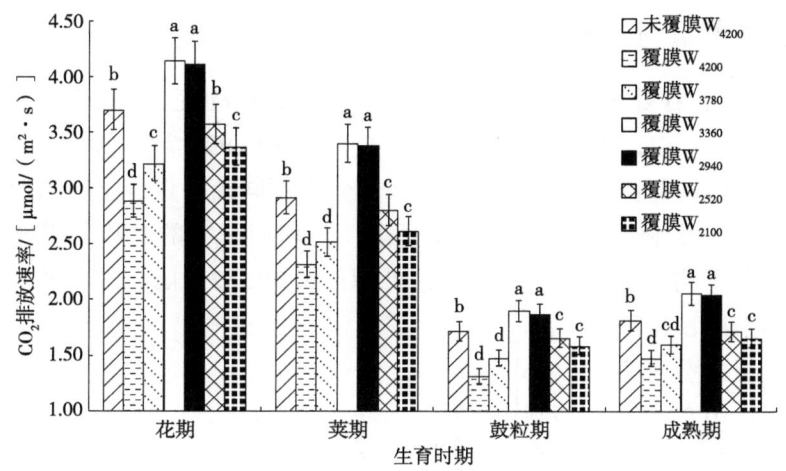

图12-15 不同滴灌量对复播大豆土壤CO_2排放速率的影响

12.4.2 膜下滴灌量对复播大豆农田土壤有机碳的影响

由图12-16可知，各处理的SOC含量均随着土层深度的增加呈现减小的变化趋势，其中各处理SOC含量在土层0~30 cm较大，为16.94~20.48 g/kg，30~60 cm土层为14.27~15.38 g/kg，60~100 cm土层为11.39~12.69 g/kg。造成这种现象是因为0~30 cm为土壤耕作层，是复播大豆根系主要集中层，再加上土壤犁地翻耕使冬小麦收获后的秸秆还田，进而促使该层次土壤积累更多的有机碳。

计算各处理0~100 cm土层SOC含量的平均值可知，同等滴灌量的覆膜W_{4200}处理比未覆膜W_{4200}处理增加0.25 g/kg，说明覆膜可增加SOC含量。进一步分析不同滴灌量，0~10 cm和10~20 cm土层的SOC含量均随着滴灌量的减少呈现"先增后降"的趋势，其平均值均以覆膜W_{2940}处理最大，分别为20.48 g/kg和18.46 g/kg，较滴灌量最大的覆膜W_{4200}处理高出8.23%和5.37%，较滴灌量最小的覆膜W_{2100}处理高出7.54%和3.44%，其中覆膜W_{3360}和覆膜W_{2940}处理之间无显著差异（$P<0.05$）；说明大豆生长期间过少或过多的滴灌量都会导致SOC含量降低，而中等滴灌量更有利于促进大豆农田SOC的积累。

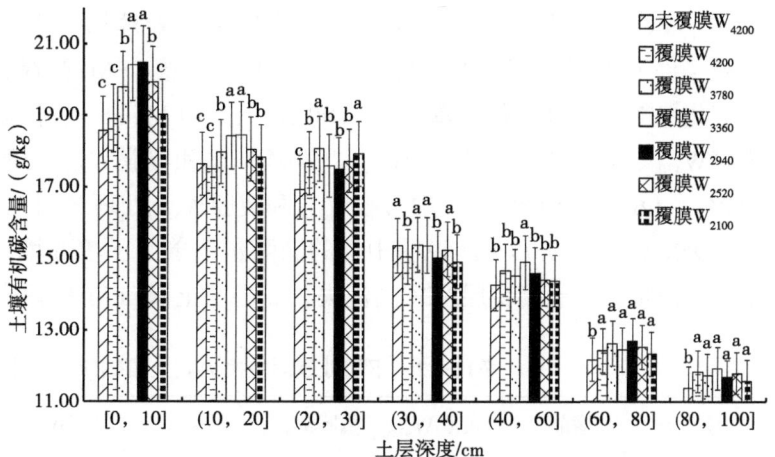

图12-16 不同处理下复播大豆土壤总有机碳的影响

12.4.3 膜下滴灌量对复播大豆农田土壤活性有机碳的影响

如图12-17所示,各处理0~100 cm土层土壤AOC含量的变化趋势与SOC相同,均随着土层的加深而降低。其中,不同土层的未覆膜W_{4200}处理AOC含量均低于覆膜W_{4200}处理,说明覆膜能够使土壤活性有机碳含量增加。进一步分析不同滴灌量各土层的AOC含量可知,0~30 cm土层AOC含量随着滴灌量的减少呈现"先增后降"的趋势,累加0~30 cm土层AOC含量并计算其平均值可得,以覆膜W_{2940}处理最大为2.62 g/kg,较滴灌量覆膜W_{4200}、覆膜W_{3780}、覆膜W_{3360}、覆膜W_{2520}、覆膜W_{2100}处理分别高出9.44%、5.90%、0.22%、7.02%、10.54%;土层40~100 cm的土壤基本不受外界灌溉、机具等作用力的影响,该层次的AOC含量也相对较为稳定,各处理之间无显著差异($P>0.05$)。说明中等的滴灌量有利于农田耕作层(0~30 cm)AOC含量的增加。

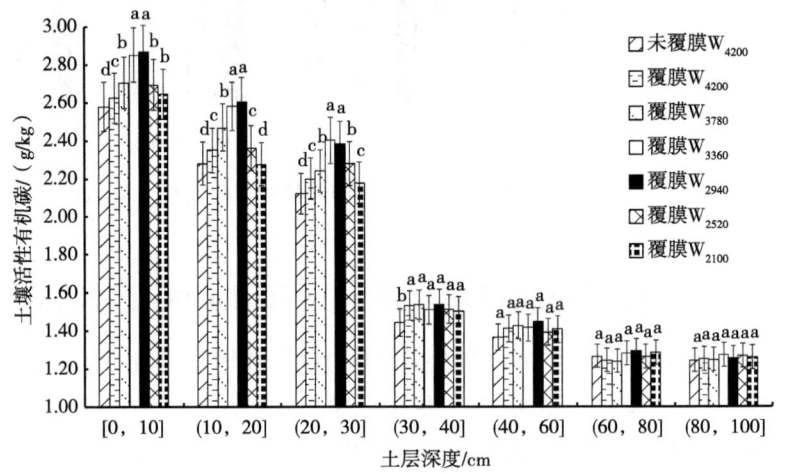

图12-17 不同处理对复播大豆土壤活性有机碳的影响

12.4.4 膜下滴灌量对复播大豆农田土壤碳库管理指数的影响

将复播大豆播种前的各土层土壤作为参考对照,对收获后各滴灌量处理不同土层的CPMI进行了计算。由表12-12可知,各处理土壤CPMI在土层0~40 cm较大,土层40~100 cm较小且稳定,且不同土层覆膜W_{4200}处理均大于未覆膜W_{4200}处理。进一步分析覆膜条件下不同滴灌量处理可知,0~30 cm土壤CPMI随着灌水量的增加呈"先增后降"的变化趋势,计算不同滴灌量0~100 cm土层CPMI的平均值以覆膜W_{2940}处理最高,相对于覆膜W_{4200}、覆膜W_{3780}、覆膜W_{3360}、覆膜W_{2520}和覆膜W_{2100}处理分别增加了5.60%、3.99%、0.83%、4.63%和5.88%,其中覆膜W_{2940}和覆膜W_{3360}处理之间无显著性差异,与其他处理均达到显著差异($P<0.05$)。说明中等的滴灌量改善了土壤环境,有利于SOC和AOC含量的积累,从而减少了土壤耕层AOC的流失,促进了土壤CPMI的提高,提高土壤肥力。

表12-12 不同处理对复播大豆土壤碳库管理指数的影响

土层/cm	播前	未覆膜W_{4200}	覆膜W_{4200}	覆膜W_{3780}	覆膜W_{3360}	覆膜W_{2940}	覆膜W_{2520}	覆膜W_{2100}
[0, 10]	100.00a	104.55a	106.38b	109.43b	115.77b	116.38b	108.82b	107.36a
(10, 20]	100.00a	104.81a	108.63b	114.53a	120.16a	121.32a	108.78b	104.44b

续表

土层/cm	播前	未覆膜W_{4200}	覆膜W_{4200}	覆膜W_{3780}	覆膜W_{3360}	覆膜W_{2940}	覆膜W_{2520}	覆膜W_{2100}
(20, 30]	100.00a	103.95a	107.77b	109.63b	119.22a	118.21b	112.15b	106.36a
(30, 40]	100.00a	102.60b	110.08a	110.06b	107.83c	110.45c	108.19b	107.85a
(40, 60]	100.00a	102.86b	106.34b	107.75b	106.41c	109.48c	104.96c	106.23a
(60, 80]	100.00a	104.62a	102.30c	101.77c	105.59cd	106.74d	103.98c	106.22a
(80, 100]	100.00a	102.23b	102.43c	102.34c	104.22d	103.05d	104.01c	103.51b

注：同行小写字母表示差异显著。

12.4.5 产量与土壤有机碳的相关分析

对土壤总有机碳（SOC）、活性有机碳（AOC）、碳库管理指数（CPMI）与其复播大豆产量进行相关性分析（表12-13）可知，农田土壤SOC、AOC、CPMI三者之间存在极显著相关关系，其中AOC与CPMI相关性最大，为0.994，说明碳库管理指数受土壤AOC含量影响最大。各处理复播大豆产量与农田土壤SOC、AOC、CPMI均达到极显著相关性，其与土壤AOC的相关关系最为密切，说明土壤AOC的高低不仅体现农田土壤总有机碳矿化分解的多少，间接影响土壤质量的高低，还对作物产量的高低密不可分。

表12-13 产量与碳库管理指数的相关性

项目	SOC	AOC	CPMI	产量
SOC	1			
AOC	0.948**	1		
CPMI	0.928**	0.994**	1	
产量	0.906**	0.929**	0.914**	1

注：*和**分别表示在$P<0.05$和$P<0.01$的水平显著。

12.4.6 小结

覆膜条件下，不同测定时期各处理复播大豆土壤中CO_2排放速率基本表现为W_{3360}>W_{2940}>W_{2520}>W_{2100}>W_{3780}>W_{4200}；土层0~30 cm的土壤有机碳、土壤活性有机碳、土壤碳库管理指数含量均以W_{3360}或W_{2940}处理达到最大，且W_{3360}和W_{2940}处理间无显著差异。复播大豆产量与农田土壤SOC、AOC、CPMI均达到极显著正相关关系，且与土壤AOC的相关系数最大达0.929。说明中等的滴灌量（2 940~3 360 m^3/hm^2）可增加耕作层（0~30 cm）土壤有机碳的积累，尽管在该滴灌量区间时土壤CO_2的排放较多，但同样能够固定更多的土壤有机碳，缓解春、夏播作物争水矛盾的同时促进复播大豆高产稳产。

参考文献

陈文婷，刘晓冰，隋跃宇，等，2013. 施肥对梯度有机质含量农田黑土各类有机碳的影响[J]. 土壤通报，44（6）：1403-1407.

陈晓芬，李忠佩，刘明，等，2013. 不同施肥处理对红壤水稻土团聚体有机碳、氮分布和微生物生物量的影响[J]. 中国农业科学，46（5）：950-960.

杜孝敬，2020. 膜下滴灌量对复播大豆产量形成及土壤有机碳的影响[D]. 乌鲁木齐：新疆农业大学.

郝维维，2016. 新疆农田生态系统碳源汇变化的研究[D]. 乌鲁木齐：新疆农业大学.

黄锦学，熊德成，刘小飞，等，2017. 增温对土壤有机碳矿化的影响研究综述[J]. 生态学报，37（1）：12-24.

李发东，赵广帅，李运生，等，2012. 灌溉对农田土壤有机碳影响研究进展[J]. 生态环境学报，21（11）：1905-1910.

李玲，李亚杰，张永杰，等，2019. 不同水氮管理措施下复播大豆农田碳平衡[J]. 生态学杂志，38（12）：3673-3679.

李硕，李有兵，王淑娟，等，2015. 关中平原作物秸秆不同还田方式对土壤有机碳和碳库管理指数的影响[J]. 应用生态学报（4）：1215-1222.

李小刚，李凤民，2015. 旱作地膜覆盖农田土壤有机碳平衡及氮循环特征[J]. 中国农业科学，48（23）：4630-4638.

李小涵，郝明德，王朝辉，等，2008. 农田土壤有机碳的影响因素及其研究[J]. 干旱地区农业研究，26（3）：176-181.

李亚杰，2016. 水氮耦合对复播大豆产量形成及土壤固碳效应的影响[D]. 乌鲁木齐：新疆农业大学.

刘巽浩，1982. 我国不同农业地区能量转换效率与自然资源利用[J]. 自然资源（4）：1-8.

罗晓琦，2019. 不同覆盖措施下农田温室气体排放特征与碳足迹[D]. 杨凌：西北农林科技大学.

牛海生，李大平，张娜，等，2014. 不同灌溉方式冬小麦农田生态系统碳平衡研究[J]. 生态环境学报，23（5）：749-755.

齐中凯，赵诣，黄智勇，等，2016. 不同施肥措施对华北平原土壤有机碳的影响[J]. 水土保持学报，30（6）：271-277，307.

尚文彬，张忠学，郑恩楠，等，2019. 水氮耦合对膜下滴灌玉米产量和水氮利用的影响[J]. 灌溉排水学报，38（1）：49-55.

史康婕，周怀平，杨振兴，等，2017. 长期施肥下褐土易氧化有机碳及有机碳库的变化特征[J]. 中国生态农业学报，25（4）：542-552.

苏丽丽，2016. 耕作方式对夏大豆农田土壤有机碳和理化性质影响的研究[D]. 乌鲁木齐：新疆农业大学.

苏丽丽，徐文修，李亚杰，等，2016. 耕作方式对干旱绿洲滴灌复播大豆农田土壤有机碳的影响[J]. 农业工程学报，32（4）：150-156.

孙华，何茂萍，胡明成，2015. 全球变化背景下气候变暖对中国农业生产的影响[J]. 中国农业资源与区划，36（7）：51-57.

唐国利，丁一汇，王绍武，等，2009. 中国近百年温度曲线的对比分析[J]. 气候变化研究进展，5（2）：71-78.

武宁，王恩慧，王充卯，等，2017. 耕作方式对小麦-玉米两熟农田生态系统碳足迹的影响[J]. 山东农业科学，49（6）：34-40.

熊简安然，张丛志，张佳宝，等，2017. 不同施氮水平下玉米农田土壤呼吸及碳平衡研究[J]. 中国农学通报，33（1）：89-95.

俞华林，张恩和，王琦，等，2013. 灌溉和施氮对免耕留茬春小麦农田土壤有机碳、全氮和籽粒产量的影响[J]. 草业学报，22（3）：227-233.

岳会锦，2014. 滴灌农田施用有机肥对土壤有机碳组分与土壤团聚体的影响[D]. 石河子：石河子大学.

张萌，2015. 不同水氮耦合方式对玉米氮素吸收积累及利用效率的影响[D]. 长春：吉林农业大学.

张赛，王龙昌，黄召存，等，2014. 保护性耕作下小麦田土壤呼吸及碳平衡研究[J]. 环境科学，35（6）：2419-2425.

张永杰，2019. 有机肥和氮肥周年组合对麦豆轮作中复播大豆产量形成及土壤碳的影响[D]. 乌鲁木齐：新疆农业大学.

张玉铭，胡春胜，张佳宝，等，2011. 农田土壤主要温室气体（CO_2、CH_4、N_2O）的源/汇强度及其温室效应研究进展[J]. 中国生态农业学报，19（4）：966-975.

SAKSCHEWSKI B，BLOH W V，BOIT A，et al.，2016. Resilience of Amazon forests emerges from plant trait diversity[J]. Nature Climate Change，6（11）：1032-1036.

第13章 冬小麦复播大豆周年高产栽培技术

冬小麦复播大豆一年两熟已成为当前新疆主要的多熟种植模式之一，尤其是北疆多熟种植面积逐年增加。为了从理论和实践两方面阐述麦豆两熟周年高产的机理，自2012年开始从冬小麦滴灌带配置、水肥一体化、麦后复播大豆品种、种植方式、耕作措施和水肥一体化及周年耕作措施等方面开展了大量且长时间的系统研究，基于研究结果，结合多年的推广实践，以农业生产可用、能用为目标，修正、整理形成了冬小麦复播大豆周年高产高效栽培技术措施，通过该技术措施的应用，两熟种植下冬小麦产量可达7 500 kg/hm^{2}以上，复播大豆的产量也可达2 700 kg/hm^{2}以上，真正实现了"小麦不减产，多收一茬豆"，不仅缓解了新疆"粮经、粮粮"作物间的"争地"难题，也是对我国"扩豆增产保供给"国家战略的有效补充，对保障粮食安全具有重要意义。因此，依据课题组的研究成果和生产实践，进一步详细归纳总结出一整套冬小麦复播大豆水肥一体化"促早、增产、增效"的综合高产栽培技术体系，其为发展新疆麦豆两熟及促进新疆麦豆两熟高产高效种植的现代化、标准化、产业化发展提供了操作性强的技术范本，以供广大农民参考应用。

13.1 冬小麦高产栽培技术

13.1.1 选地与整地

耕地应选择地势平坦、土层厚、较疏松、肥力中等以上且肥力均匀，土壤弱酸或弱碱性为宜。耕作层有机质含量≥10 g/kg，全氮含量≥0.7 g/kg，碱解氮≥60 mg/kg，速效磷≥8 mg/kg，速效钾≥100 mg/kg，土壤pH值6.0~7.5。一般前茬作物可为大豆、棉花、甜菜、马铃薯等。由于冬小麦属须根系作物，根量多、分布广，吸肥力强，要求土壤疏松、透气好，土壤水肥供应良好。因此，整地时要做到适时翻地。一般冬翻深度不低于25 cm，做到前茬作物的根茬和秸秆翻埋严密，无漏耕、不起泥条、不拉沟。同时结合翻耕施用腐熟农家肥37.5~45 m^3/hm^2（3年左右施用1次），磷酸二铵270~300 kg/hm^2，尿素45~120 kg/hm^2。犁地后及时整地，翻地与整地的间隔不宜要超过1 d。如果是壤土或重壤土质，翻耕后晾晒1~2 d再进行整地，翻地与整地的间隔不宜超过2 d。整地前喷施双子叶封闭式除草剂，减少田间杂草。整地做到地面平整无沟坎、无大土块，表土细碎，无残茬，达到"齐、松、碎、平、净、墒"的要求，整好的地块土壤上虚下实，虚土厚度不超过5 cm。

13.1.2 种子播前准备

作物要高产,种子要先行。种子的选择要根据当地的气候条件选择适宜的高产、稳产、抗逆性强、分蘖力强的品质,种子纯度≥99%,净度≥99%,发芽率≥90%,水分≤13%,生育期为270~290 d。保证种子质量,籽粒饱满、无病虫害和杂质,剔除病粒、虫食粒、破损粒及杂质,尽量选择一代或二代原种。参考品种为新冬53、新冬52、九圣禾D1508、石冬0358等品种。

播种前需要测定种子发芽率和发芽势。在农业生产中,测量种子发芽率和发芽势的方法很多。对于农户,毛巾法是最便捷和实用的方法。其操作方法是准备一条毛巾,将毛巾用30℃左右的温水浸透,然后拧干,确保毛巾湿润但不滴水,然后将种子均匀地撒在毛巾上,卷起来,再放在一个密封的盒子或袋子里,发芽温度保持在25℃左右较好。为保持毛巾湿度促进种子发芽,根据毛巾湿度情况补充水分,不宜过多或过少,以毛巾不滴水为标准。第3天统计发芽势,第7天统计发芽率。按以下公式计算发芽势和发芽率。

$$发芽势(\%) = \frac{发芽初期(3\text{ d}内)正常发芽的种子数量}{供试种子总数量} \times 100 \quad (13-1)$$

$$发芽率(\%) = \frac{发芽终期(7\text{ d}内)正常发芽的种子数量}{供试种子总数量} \times 100 \quad (13-2)$$

种子准备好后,确定适宜的种植密度,称量好所需要的播种量,其是构造合理群体结构的关键。生产上一般通过"以田定产,以产定穗,以穗定苗,以苗定籽"的"四定"方法结合当地土壤肥力和施肥水平制定出各地块的产量指标;产量确定后,对穗粒重做出估计,确定收获穗数;对单株成穗率做出估计,确定基本苗数;再根据1 kg种子粒数、发芽率和田间出苗率,计算出单位面积理论播种量。

$$播种量(\text{kg/hm}^2) = \frac{计划基本苗数(万株/\text{hm}^2)}{1\text{ kg}种子粒数 \times 发芽率 \times 田间出苗率} \quad (13-3)$$

$$1\text{ kg}种子粒数 = \frac{1\,000\text{ g} \times 1\,000}{千粒重(\text{g})} \quad (13-4)$$

田间实际播种量计算:首先需要测量播种机播盘的半径(r, cm),通过播盘的半径计算播盘的周长(C, cm);继续测量播种机第一个播盘到最后一个播盘的距离(a, m),明确交接行行距(b, m),其中($a+b$)为播盘转一圈播种机作用宽度(L, m),计算播种机播盘转动一圈的面积(S, m²)。加入一定量种子后将播种机提升,铺一块干净的塑料膜用于接种子,将播种机播盘转动一圈,收集所有掉落的种子并称重(W, g),进而计算田间播种量。具体计算公式如下:

$$C(\text{m}) = 2\pi r \div 100 \tag{13-5}$$

$$S(\text{m}^2) = L \times C \tag{13-6}$$

$$\text{田间播种量}(\text{kg}/666.67\text{m}^2) = \frac{666.67 \text{ m}^2}{S} \times W \div 1\,000 \tag{13-7}$$

注意：计算过程需要统一单位后再进行运算。

播种量确定后最好使用经过包衣的良种，因为小麦专用种衣剂中，含有防病和防虫的药剂、微肥以及生物调节剂，有利于综合防治病虫害，培育壮苗。若种子没有包衣，可在播种前对种子进行包衣处理。根据目前市场实际情况，可选用氟环·咯·苯甲100~200 mL或3%苯醚甲环唑（敌委丹）悬浮种衣剂100~200 mL或适乐时种衣剂600~800 mL拌100 kg小麦种子。种子拌种后需用塑料薄膜闷种10~12 h，然后摊开晾晒至种皮干燥即可播种。

13.1.3 播种技术

适期播种是获得小麦高产的重要措施之一。根据当地的气温、土壤及品种特性等具体情况，选择适宜的时间进行播种，不宜过早或过晚，播种过早容易导致冬小麦旺长，增加冬小麦安全越冬风险；播种过晚，有效积温不足，影响冬小麦分蘖和成穗，容易形成弱苗，也不利于冬小麦安全越冬。另外，地块、肥水、品种等不同，播期也应该有所差别。一般外界气温稳定维持在15~17℃时播种较为适宜。综合前期研究及近年经验来看，北疆适宜的播期在9月中旬至10月初，最晚不要晚于10月20日。

播种确定后需要确定播种方式。当前冬小麦播种方式较多，有等行距播种、宽窄行播种、立体匀播、"井"字形播种、起垄播种等。基于前期多年研究和实践的结果，从增产和节水的角度，推荐两种播种方式供参考：一是15 cm等行距条播（图13-1）。即小麦每行间距均为15 cm，每4行冬小麦铺设一条滴灌带（1带4行）。该播种方式的优点是技术成熟，机械配套度高，适合机械化作业，是目前新疆冬小麦播种中常用的播种方式。二是宽窄行播种方式（图13-2）。新疆农业用水形势严峻，在水资源紧张依然会持续存在的大背景下，协调好节水和冬小麦增产稳产十分必要。经过多年研究，提出了滴灌冬小麦"扩边缩中"的宽窄行节水增产播种方式，即通过将传统的冬小麦15 cm等行距播种方式优化调整为30 cm+（10+10+10）cm宽窄行播种方式，在不改变1带4行滴灌带铺设方式的前提下，通过缩小滴灌带所管的4行冬小麦的行间距，压缩单条滴灌带滴灌作用面积，增大有效营养面积，同时扩大每4行的间距，改善群体通风透光，发挥群体边际优势，不仅实现了较常规播种方式（正常年份一般为返青后滴灌量4 800 m³/hm²左右）节水20%左右，节省灌溉时间2~3 h/次，同时还实现冬小麦的增产。此播种方式只需调整现有冬小麦播种机的行间距即可完成播种，不需要再研发新机械，也是便于机械化作业实施的一种播种方式。

图13-1　15 cm等行距播种　　　　　图13-2　30 cm+（10+10+10）cm播种

具体播种时需要做好田间的区划工作。一是要确定播种方向和方法；二是要插好标杆，定出第一趟行程指标，保证播行端直；三是要区划出机械转弯地，打好起落线；四是要设置好种子和肥料的补充点。播种机行走时要播行端直、下籽均匀、接茬准确、深浅一致、行距不变、提放整齐、覆土良好、镇压确实。

13.1.4　播种量和滴水出苗

15 cm等行距的播种量在270~450 kg/hm², 宽窄行播种方式播种量为225~375 kg/hm², 保障冬前基本苗数在450万~600万株/hm², 收获株数在600万~900万株/hm²。若10月中旬及之后播种，因分蘖较少，需要适当增大播种量，但不要超过450 kg/hm²。对于没有施用基肥的农田则需分箱带肥下种，带肥量分别是磷酸二铵120~150 kg/hm², 尿素45~75 kg/hm²。播种不宜过深或过浅，过深容易导致出苗慢、出苗不齐、地中茎长、次生根弱、麦苗容易出现发黄的现象；过浅不耐旱，并且容易受冻，导致麦苗发黄，严重的小麦直接冻死，因此，冬小麦播种深度在3~4 cm为宜。播种后要进行镇压，一般应随播随压，尤其是土壤墒情较差的要重压。另外，当前多为干播湿出，播种后及时滴出苗水，一般出苗水的滴灌量为450~600 m³/hm²。

13.1.5　田间管理

秋冬季管理。冬小麦从出苗到翌年麦地解冻这一阶段的管理称为秋冬季管理，包括冬小麦的出苗期、分蘖期、越冬期。此阶段，是决定单位面积穗数的关键时期，需促根增蘖、促弱控旺、培育壮苗，使麦苗安全越冬，提高冬前分蘖成穗率，为成穗打下良好的基础。具体做法如下。

及时查苗补缺。新疆秋季温度相对较高，出苗较快。因此，在冬小麦播后7~10 d内，及早查苗补缺。对断垄较长的要及时补种，保证苗全、苗匀。补种的种子可用温水（30℃左右）浸种8~10 h后进行播种，能促进早出苗。

根据苗情及时提墒保墒控旺。近年来，新疆地区出现了冬前（10—11月）降温慢，日平均温度2℃以上的天气较长，使除晚播种的冬小麦外，其他播期下的冬小麦出现不同程度旺长和土壤干旱，冬小麦苗表现为冬前分蘖达到4个左右，总叶片数达十几个叶片，叶色偏黄，返青后死苗严重，并且冬小麦麦田表现为表土已干至分蘖节。针对此类干旱且已出现旺长的麦田要及时采取镇压的方法控旺、提墒、保墒，一般早压比晚压的效果好。若较晚镇压时则要选择晴天的中午或下午抓紧作业，早、晚有冻不能镇压。另外，如果土壤墒情较好，则不适宜用镇压的方法控旺，可通过喷施适量的矮壮素等药剂抑制冬小麦冬前旺长，保障安全越冬。

适时冬灌。若条件允许，建议越冬前滴越冬水一次，滴灌量450 m^3/hm^2左右，标准是"夜冻日消"，日平均气温5℃左右。冬前灌溉可以起到增湿保墒的作用，防止冬小麦冻害死苗，为来年春天小麦返青积蓄水分。

防止啃青。严禁麦田放牧啃麦。越冬期间保留下来的绿色叶片，返青后即可进行光合作用，它是刚恢复生长时所需养分的主要来源，冬季放牧会使这部分绿色叶片遭受大量破坏，抗寒能力下降。

春夏季管理。冬小麦从起身到成熟这个阶段的管理称为春夏季管理。包括返青期、起身期、拔节期、孕穗期、抽穗期、开花期、灌浆期、成熟期。该阶段是决定冬小麦穗数及穗粒数的关键时期。麦田管理主要围绕促弱转壮、保穗增粒、穗大粒重开展相关田间管理工作。

水肥管理。新疆干旱、半干旱灌区水资源不足，密植作物冬小麦基本采用滴灌技术实行灌溉，且结合近年发展起来的水肥一体化滴施，新疆冬小麦较好地实现了节水、节肥、省力且增产，达到降低成本、提高资源利用效率和增产增效，促进了冬小麦高产栽培的快速发展。冬小麦水肥一体化灌溉基本原则为不旱不浇、有风不浇、雨前不浇，避免灌水后大风天气造成倒伏。根据项目组多年多点研究结合农业生产实际经验，提出了以下水肥一体化滴施技术措施供参考。在有利灌溉条件的地块，冬小麦返青时滴返青水450～750 m^3/hm^2，并随水滴施尿素45～75 kg/hm^2，促苗生长。拔节期灌水量为675～750 m^3/hm^2，并随水追施尿素150～225 kg/hm^2、磷酸二氢钾15～16.5 kg/hm^2。孕穗期—抽穗期灌水量为600～675 m^3/hm^2，并随水追施尿素75～90 kg/hm^2、磷酸二氢钾15～16.5 kg/hm^2。抽穗期—开花期灌水量为600～675 m^3/hm^2，并随水追施尿素45～75 kg/hm^2、磷酸二氢钾19.5～22.5 kg/hm^2。灌浆期灌水量1 050～1 200 m^3/hm^2，7～10 d灌水1次，每次灌水525～600 m^3/hm^2，并随水追施磷酸二氢钾19.2～22.5 kg/hm^2。收获前5～7 d，若条件允许可滴水225～300 m^3/hm^2，为复播大豆高质量整地、抢时播种奠定基础。

13.1.6 病虫草害防治和化控

要重视对病虫害的预防，把握好防治时期，根据病虫害防治指标，选用合适的药剂开展防治，大力应用杀虫剂与杀菌剂混合施药技术，实行科学防治。做到提早预防、及早发现、用药适量、适当替换。根据小麦返青后各生育期的气候变化特点、病虫害发生规律和小麦生长发育情况，结合农机或者无人机将杀虫剂、杀菌剂、植物生长调节剂、微肥等混合在一起喷施，做好"一喷三防"工作，达到防虫、防病、防干热风、抗倒伏、养根护叶、保花增粒、提高粒重。

冬小麦生长期间主要发生的病虫害有小麦锈病、白粉病、蚜虫、皮蓟马、麦秆蝇和甜菜夜蛾等。小麦锈病会使叶片出现黄色、绿色、红色斑点，白粉病在叶片、叶鞘和穗部上形成白色粉状物。这两种病害会导致小麦植株生长缓慢，显著减产和品质下降。可用20%丙环唑乳油375~495 mL/hm^2，兑水450~675 kg进行喷雾防治。小麦蚜虫会导致植株特定部位出现红色或黄色黏稠斑点，植株生长受阻、分蘖减少、叶片黄化，影响光合作用，导致产量下降；吸浆虫会在小麦茎秆中吸取汁液，使小麦抗逆性下降，容易受到其他病虫害的侵害，造成减产和经济损失。可选用啶虫脒22.5~37.5 g/hm^{2}和噻虫嗪45~60 g/hm^{2}混合，兑水300~450 kg进行喷雾防治。皮蓟马会导致小麦叶片出现损伤、斑点和畸形，叶片黄化，植株生长受阻，从而使小麦显著减产和降低品质。此外，蓟马还会通过传播病毒性疾病从而加剧小麦植株的损害。当小麦百穗有虫200头以上时，可喷洒10%吡虫啉300 g/hm^2，兑水50 kg左右，或用2.5%氟氯氰菊酯乳油300~600 g/hm^2，兑水450~900 kg进行喷雾防治。小麦麦秆蝇会导致小麦茎秆内部出现空洞，导致植株生长受阻、分蘖减少、抗逆性下降、容易倒伏，从而显著减产和降低品质。网捕平均每百网25头时，可用4.5%高效氯氰菊酯乳油450~750 mL/hm^2，兑水1 125~1 875 kg，或20%的氰戊菊酯乳油300~450 mL/hm^2，兑水750~900 kg进行喷雾防治。小麦甜菜夜蛾会导致叶片出现损伤和孔洞，叶片黄化，传播病毒和病原体，使植株生长受阻，从而降低产量。当前部分地区的麦田出现甜菜夜蛾，根据经验可选用甲维（100 g）·虫螨腈（100 g）悬浮剂（5%甲氨基阿维菌素360 g/L虫螨腈）600 g/hm^2，兑水225~300 kg喷施。

小麦起身拔节期，是小麦除草的最佳时机，除草可以根据杂草种群选用相应的除草剂。拔节前打10%苯磺隆粉剂180 g/hm^2、15%炔草酯水乳剂300~450 mL/hm^{2}防除田间杂草。除草剂的用量和方法要严格按照说明书上的标准使用，要求喷湿，喷透，及时灭除田间杂草。

返青后对于生长过于旺盛、群体偏大的麦田，在小麦起身期喷施多效唑等植物生长调节剂，能够阻止麦苗顶端生长优势，控制小麦植株旺长，抑制茎秆伸长，缩短节间，促进根系下扎，增加小麦抗逆性。对出现旺长的麦田，返青期喷施矮壮素3 750~4 500 g/hm^{2}或喷施多效唑3 000~3 750 mL/hm^2，控旺防倒伏促分蘖。为了预防干热风，在冬小麦进入扬花灌浆期时，若不能及时滴水，可向小麦茎叶喷施磷酸二氢钾溶液1~2次，用量为2 250~3 000 g/hm^{2}磷酸二氢钾，兑水750~900 kg，两次施用间隔时间为10 d左右，喷施时间应赶早或者傍晚喷施。

13.1.7　适时早收

冬小麦成熟后，尽可能适时早收获，以便为复播大豆提早播种抢时间，延长复播大豆的生育期，保障成熟，促进增产。一般腊熟末期，即小麦籽粒接近该品种固有的颜色，内部呈现出蜡质状态，植株中下部叶片干枯，上部叶片变黄，茎秆仍然有弹性，籽粒干重达到最高值即可收获。收获时要精收细打，颗粒归仓。北疆地区均可在7月5日前完成收获。

13.2 麦后复播大豆高产栽培技术

13.2.1 选地与整地

复播大豆一般为麦后种植,因此对选地的要求参照小麦要求即可,但当地的水资源要能够满足大豆生长发育全过程需求。另外,为保障复播大豆能有较高的产量,要求7月初至10月中旬≥10℃积温要高于2 200℃·d,且早霜时间一般出现在10月初。

在冬小麦收获后,尽可能早犁地整地。一般犁地深度达到20~30 cm,翻地前基施磷酸二铵225 kg/hm²、硫酸钾75 kg/hm²。整地前可喷施封闭式除草剂(如精异丙甲草胺900~1 275 mL/hm²或二甲戊灵3 000~4 500 mL/hm²),减少田间杂草。整地做到地面平整无沟坎、无大土块,表土细碎,无残茬,达到"齐、松、碎、平、净、墒"的要求,耕层上松下实达适播状态。

13.2.2 种子播前准备

选择适宜当地气候条件且出苗快、早熟、高产、抗逆性强的亚有限结荚习性大豆品种。复播大豆的株高在65~75 cm,百粒重20 g左右,主茎节数13~15节,蛋白质含量(干基)40%以上,脂肪含量(干基)18%以上,生育期为100~108 d的早熟或特早熟品种。参考品种为黑河45号、黑河43号、佳豆30、贺豆9、来豆1号等品种。为了保证种子质量,一定要选用粒大、饱满、无病虫害和杂质的早熟大豆种子,种子纯度≥96%,净度≥98%,发芽率≥90%,水分≤12%。参照冬小麦种子发芽势和发芽率测定方法提前测定种子发芽率。最好使用经过包衣的良种,有利于综合防治病虫害。购买的种子如果没有包衣,则需要在播种前对种子进行拌种处理,一般生产上选用以精甲霜灵成分为主的种子包衣剂,精甲霜灵13 g拌100 kg大豆种子,也可用0.3%~0.4%多菌灵加福美双(1∶1),或用0.3%~0.5%多菌灵加克菌丹(1∶1)拌种,拌种的种子闷种10~12 h,摊开晾晒至种皮干燥即可播种。

13.2.3 播种技术

复播大豆播期的确定对于大豆的正常成熟至关重要。麦后复播大豆由于生长季节较短,适期早播非常重要,若播种晚容易遭早霜危害,影响大豆成熟且减产严重。因此,整地要及时,不能耽误。多年田间试验研究和实践经验总结,复播大豆在北疆要正常成熟一般在7月8日前要完成播种。为实现麦后复播大豆早播种建议采用干播湿出来提早播种。

在确定了播期后,采取适宜的播种方式是获得大豆高产的重要措施之一。依据多年田间试验,复播大豆播种方式有两种方式供参考。一是无地膜覆盖滴灌栽培方式,二是膜下滴灌栽培方式。无地膜滴灌栽培即翻耕整地后直接进行机械播种,播种机不带地膜。一般有两种播种方式,一是等行距播种(图13-3),即大豆的行距为30 cm,株距为6 cm,一条滴灌带管两行大豆;另一种为宽窄行播种方式,其中宽行行距30 cm,窄行行距15 cm,大豆的株距为8 cm,滴灌带铺设在窄行行间,一条滴灌带管两行大豆,该播种方式基本实现行行为边行，有利于群体的通风透光且边际效应较好，使群体产量和品质较高。膜下滴灌栽培方式是基于当前新疆水资源紧张、北疆地区周年积温不足而提出的一种节水、促早、增产的栽培技术措施。在当前播种、覆膜、滴灌一体机械化发展下，可实现与无膜栽培大豆同期播种。同时，因大豆生育期间均有地膜覆盖能够有效抑制蒸发，保墒抗旱，提高水分利用效率；抑制农田杂草，一年生杂草大多出苗后被闷死于膜中；同时提高地温，增加有效积温，在加速复播大豆生育进程的同时实现产量增加。另外，经过前期研究发现，虽然增加了地膜用量，但基于增产、节水、抑草效果较好，综合经济效益相对较高。该播种方式（图13-4）采用的地膜宽度为90 cm，地膜厚度为0.01 mm。净膜面60 cm，一膜种植四行大豆，一膜铺设两条滴灌带，滴灌带间距30 cm，膜间距45 cm，行间距15 cm，株距8 cm。

图13-3　复播大豆等行距无膜滴灌栽培

图13-4　复播大豆覆膜宽窄行栽培

各种播种方式下播种量90~120 kg/hm^2，苗期适当间苗，保苗数39万~52.5万株/hm^2，土地贫瘠的地块可以适当增加密度。若条件允许，种子质量好，可采用精量播种机播种。均采用干播湿出，无膜栽培大豆播深应控制在3~4 cm，足水出苗（600~750 m^3/hm^2）。覆膜栽培大豆需一次性完成布带、铺膜、播种、覆土和压膜，覆土厚度以能覆盖住播种穴为宜，不能覆太厚的土壤，影响出苗。为了防止膜下高温烧种，保障大豆出苗率，促进一播全苗，调整播种深度为2~3 cm，灌出苗水2次（第1次375~450 m^3/hm^2、第2次225~300 m^3/hm^2），两次间隔3~5 d，保障田间出苗率达到85%以上。出苗后7~10 d对田间出苗情况进行查漏补缺，及时补种。苗全、苗壮是复播大豆增产的基础。

13.2.4　水肥管理

不同播种方式的水肥管理不同。无膜滴灌栽培条件下，为避免后期低温影响大豆生长发育，复播大豆整个生育期滴水6~8次，总灌水量3 150~3 675 m^3/hm^2，开花、结荚期是大豆需水的关键时期，灌水间隔周期应在7~10 d。其中，苗期到开花期的滴灌量为900~1 050 m^3/hm^2；开花期到结荚期的滴灌量为900~1 050 m^3/hm^2；结荚期到鼓粒期的滴灌量为900~1 050 m^3/hm^2；鼓粒期到成熟期的滴灌量为450~525 m^3/hm^2。根据天气情况，若某一时期降雨较多则需酌情减量。大豆是需肥较多的作物，需氮量是谷类作物的4倍。从大豆需氮量来说，根瘤菌所提供的氮只占1/3左右。大豆开花初期施氮肥，是公认增产措施。因此，于复播大豆见花时随水追施尿素120~150 kg/hm²，结荚期、鼓粒期各喷施叶面肥磷酸二氢钾一次，用量分别为4.5 kg/hm²左右和5.25 kg/hm²左右。膜下滴灌条件下，复播大豆苗后灌水5~6次，总灌水量1 875~2 625 m³/hm²，若某生育时期内降水过多或者气温过高，则需酌情减增。在大豆出苗的13~15 d需要进行滴水，滴灌量为375~600 m³/hm²。开花期是大豆需水的关键时期，见花滴水150~450 m³/hm²，同时随水滴施尿素150~195 kg/hm²。当田间大豆植株中上部均长出豆荚时，此时灌溉尤为重要，继上一次灌水的间隔应为7~10 d，滴灌量为150~450 m³/hm²。鼓粒期大豆对水分需求量大，需灌水2~3次，继上一次灌水的间隔应为7~10 d，每次滴灌量为150~375 m³/hm²，第一次灌水时随水滴施硫酸钾75 kg/hm²，以促进大豆籽粒灌浆。9月中旬停水。

13.2.5　病虫草害防治

整地前没有进行封闭的农田，可在复播大豆播种后出苗前喷施90%乙草胺乳油1 800~2 250 mL/hm²，进行封闭除草。另外，在大豆封行前，根据大气温度和田间杂草情况，于杂草出土3 cm左右，将中耕与培土结合同时进行，除草1~2次，同时将行间土培向大豆根部，扩大根系活动范围，固定植株，防止倒伏。封垄后根据田间大草长势情况拔1次大草，保证田间清洁。在复播大豆进入初花期后根据大豆长势及田间病虫害情况，对症用药，开展"一喷多促"工作。将叶面肥、调节剂、抗逆剂、杀菌杀虫剂等药剂充分混合，采用无人机一次性实施喷施作业，防治大豆病虫害，促进壮苗稳长、灌浆鼓粒、单产提高等，其中叶面肥主要以磷酸二氢钾为主，用量一般为2 250~4 500 g/hm²。

复播大豆农田主要发生的病虫害有大豆细菌性斑点病、根腐病、甜菜夜蛾、斜纹夜蛾、蚜虫、红蜘蛛（叶螨）等。大豆细菌性斑点病主要危害幼苗、叶片、叶柄、茎及豆荚。可以选用辛菌·四霉素（有效成分辛菌胺醋酸盐1.7%，四霉素2%）975 g/hm²，兑水225~300 kg进行喷雾防治。根腐病是大豆主要根部病害，苗期发病影响幼苗生长甚至死苗。成株期由于根部病害，影响根瘤生长与数量，造成地上部生长不良以致矮化，影响结荚与粒重，产量降低。在发病初期，可以用50%多菌灵可湿性粉剂或50%甲基托布津可湿性粉剂进行叶面喷施，用药量为15~30 kg/hm²，或者使用30%甲霜·恶霉灵稀释1 200~1 500倍液喷洒，间隔7 d喷1次。甜菜夜蛾、斜纹夜蛾主要蛀蚀大豆叶片、茎和豆荚，形成不规则的孔洞，影响光合作用和降低产量。若苗期出现该虫害，可选用甲维（100 g）·虫螨腈（100 g）悬浮剂（5%甲氨基阿维菌素·360 g/L虫螨腈）975 g/hm²，兑水225~300 kg进行喷雾防治。在开花初期和结荚后期，可选用溴虫氟苯双酰胺（有效成分100 g/L）195 mL/hm²，兑水225~300 kg进行喷雾防治，外加施虱螨脲悬浮剂（5%有效成分）975 g/hm²，兑水225~300 kg喷施，能有效控制虫害。大豆蚜虫大部分集中于大豆植株顶端幼嫩部位，吸食汁液，严重时布满茎秆及幼荚，导致植株叶卷缩。可选用噻虫·吡蚜酮水分散粒剂（有效成分35%）300 g/hm²，兑水225~300 kg喷施。大豆红蜘蛛会导致叶片出现黄色小点，严重时叶片干枯死亡，此外，还会侵染豆荚和籽粒，进而影响大豆产量。红蜘蛛要早发现、早防治，将其消灭在点片发生阶段。可选用乙唑螨腈悬浮剂（有效成分30%）495 mL/hm²左右，兑水225~300 kg喷施。打药注意喷头朝上，上下喷透，喷匀。

13.2.6　适时收获

一般大豆叶片变黄，大部分叶片脱落，茎秆外黄内枯，大豆荚壳全部变黄，此时大豆籽粒含水量在13%~14%，即可机械收获。过早收获籽粒含水量过高，不利于机械脱粒，过晚收获收割机采收时容易导致炸荚且籽粒容易破碎。选择晴天进行机械收获，保证机械收割产量损失率≤5%。

参考文献

冯锋，张志楠，谷勇哲，等，2022. 提升我国大豆供给能力路径刍议[J]. 中国科学院院刊，37（9）：1281-1289.

王善高，薛超，徐章星，等，2019. 中国大豆种植技术效率及其增产潜力分析——兼论效率优先还是面积优先[J]. 世界农业（12）：96-106，135.

牛海生，徐文修，徐娇媚，等，2014. 气候突变后伊犁河谷两熟制作物种植区的变化及风险分析[J]. 中国农业气象，35（5）：516-521.

田彦君，张山清，徐文修，等，2016. 北疆农业热量资源时空变化及其对熟制的影响研究[J]. 干旱地区农业研究，34（5）：227-233，239.

张娜，徐文修，李兰海，等，2016. 施氮量对滴灌冬小麦冠层垂直结构特征、粒叶比及经济效益的影响[J]. 应用生态学报，27（8）：2491-2498.

唐江华，苏丽丽，李亚杰，等，2016. 不同耕作方式对复播大豆光合特性、干物质生产及经济效益的影响[J]. 应用生态学报，27（1）：182-190.

徐文修，万素梅，刘建国，2018. 农学概论[M]. 北京：中国农业大学出版社.

崔少彬，于晓光，陈祥金，等，2024. 大豆高产栽培及病虫害防治对策分析[J]. 河北农业（6）：57-58.

王佳武，唐永清，2009. 新疆伊犁大豆菌核病发生规律及综合防治[J]. 陕西农业科学，55（5）：221-222.

刘进谦，张素梅，刘凌宵，等，2022. 夏大豆主要病害的发生特点及绿色防控集成技术[J]. 园艺与种苗，42（11）：75-76，78.

毛鹏志，刘志中，侯国庆，等，2020. 新疆奎屯垦区大豆花叶病的发生与综合防控[J]. 农业科技通讯（5）：249-251.